最受养殖户欢迎的精品图书

兔病

第二版

朱瑞良 编著

中国农业出版社

作 者 简 介

朱瑞良：山东农业大学预防兽医学教授、博士、博士生导师，中国兽医微生物学会委员，国家自然科学基金和中国博士后科学基金评审专家，国家兽用药品工程技术研究中心学术委员会委员，山东省实验动物学会副理事长，山东省微生物学会常务理事、副秘书长，山东动物生物制品和动物药品专业委员会理事长，山东省中青年学术骨干及学科带头人，山东省青年科技奖获得者。从事动物传染病诊断、预防和治疗的教学、科研和科技推广工作28年，共承担国家、省、厅级课题47项，主持国家自然科学基金4项等；获国家科技进步二等奖、教育部科技进步三等奖、山东省科技进步一等奖和二等奖等多项荣誉；发表SCI论文16篇、国内研究论文217篇，主编或参编著作27部。曾主持研究与开发推广了预防动物传染病的20多种疫苗，并与多家国内外大型企业进行技术合作，取得了显著的经济效益和社会效益，为畜牧业的发展作出了一定的贡献。

第一版编写人员

主　　编　朱瑞良

副 主 编　徐胜林　吴占运

参　　编（按姓氏笔画排序）

石　峰　朱瑞良　闫振贵

杨萍萍　吴占运　张西营

徐胜林

第二版说明

本书自从2010年8月出版以来，得到同行及广大养兔业者的支持与认可，很荣幸此书被收入《最受养殖户欢迎的精品图书》。中国农业出版社要求再版，编者反复琢磨、不断地思考，究竟中国的兔病如何防治？还需要坚守过去的防病方式吗？思路又该如何？防病理念怎样改变？编者根据多年的实践经验和与多位国内外知名专家的交流体会，深刻感触到，鉴于目前兔病多发、群发，老病未去、新病又来的局面，中国的兔病防治绝不能再走就病论病、就病治病的路子，必须改变原来的思维模式，树立新的防病理念：把好“三道门”理念。第一道“门”：建立生物安全体系，是控制病原侵入兔体的关键之“门”；第二道“门”：疫苗的免疫接种，是一对一控制病原侵入之“门”；第三道“门”：正确的诊断与治疗，是对侵入兔体内的病原及时清除之“门”。

因此，根据这种新的防病理念，本书在原来基本知识点的基础上，重新构架，增加了引言（SPF家兔饲养管理带给我们防控家兔疫病的启示），由原来的两篇调整为四篇，强调把好“三道门”理念。

编者在最近一些年越来越认识到理念的重要性，只有正确的理念，才能指导产生正确的行动，只有正确的行动，才能达到好的结果，收到好的效益。

希望这种理念得到大家的认可，真正更好地防控兔病，为我国养兔业的健康发展保驾护航。

重新审视兔病

（代序）

近些年来，我国的养兔业也和其他养殖业一样得到了蓬勃发展，已初步达到了规模化、集约化、现代化的水平。但是，我国的养兔业和兔病防治水平与世界发达国家相比，还存在一定的差距。由于一些养兔场（户）防病理念的错误，忽视养殖环境控制和改善，忽视防疫工作；在兔病防治方面滥用抗生素、化学药物，过分依赖疫苗等，导致耐药菌株不断产生，兔的发病率与死亡率升高，防治难度加大，疾病变得更加复杂化。很多临床技术人员抱怨现在的兔病越来越难于正确诊断，越来越难于预防和治疗。

自20世纪80年代以来，我国已出版了许多有关兔病的书，再出版兔病方面的书，很难再有新意和特色了。但是，我们需要用不同的思维方式来读已经出版的兔病方面的书，也包括这本书，也需要用不同的思维方式来看待在生产中遇到的兔病。

过去人们普遍认为，一种兔病是由一个病因引起的，一种病因也总是引起一类具有典型病理表现的病。

过去人们普遍认为，只要打了疫苗，家兔就不会再得相应疾病。

过去从病（死）兔的内脏器官中分离到一种病毒或细菌及其他微生物时，就习惯认为它是致病的原因。

但是，随着近二十年来养兔业的规模化程度越来越大，随着对兔病知识的全面把握及对临床经验和实验室化验结果的积累，面对目前发生的兔病，不仅要不断地再学习再认识，而且对学习和认识兔病的理念也要有所更新。当兔群大批发病死亡时，人们往往首先考虑传染病，这在多数情况下是对的。但实际上，兔舍环境中某种特定极端的物理、化学因素，饲料成分的改变、毒素的污染，管理中关键环节的失误，都有可能诱发兔群发病或大批死亡。在养兔场的环境中，可能有十多种不同的病毒、二十多种不同的病菌可以感染兔群。因此，即使在以传染病为主的群发病中，也要考虑不同病原的共感染情况。此外，疫病也是病原与宿主之间相互作用的结果，不仅病原毒力的强弱，而且宿主个体和群体的健康状态也影响着感染的过程和结局。兔舍的物理、化学环境及饲养管理的好坏对兔群的健康状态的影响也是相当大的。显然，我们必须认识到，每一次兔病的发生，实际上都是病原体、兔群的状态、不当的环境与饲养管理相互作用的结果。

因此，我们需要重新审视兔病，要不断地再学习和再认识兔病。不仅要学会采用新的分子生物学诊断方法，也要学会采用多种必要的实验室诊断方法对兔病作出正确的诊断；同时，还要不断更新思维方式，以正确看待当今在我国现有条件下养兔生产中所遇到的疫病问题。

鉴于此，笔者在编写本书时做了适当的内容调整和更新。全书共分为四篇：第一篇，兔传染病及其发生与流行现状。第二篇，把好兔传染病防控的第一道“门”——建立兔场的生物安全体系，分两章介绍了生物安全体系的建立与兔病防控、微生态制剂与兔病防控。第三篇，把好兔传染病防控的第二道“门”——疫苗的免疫接种。第四篇，把好兔传染病防控的第三道“门”——兔病的正确诊断与治疗，分三章介绍了兔病诊断的基本技术、兔场用药与兔病控制、兔病的防控技术。

本书注重理论与实践相结合，突出技术要点，力求通俗易懂，内容新颖，科学实用。主要面向生产实际，适合于兔场技术人员使用。

笔者在本书撰稿、审阅过程中尽管作了很大努力，但由于时间紧，任务重，水平有限，书中难免存在缺点或错误，敬请广大读者批评指正！

山东农业大学预防兽医学教授、博士生导师　朱瑞良

2013年9月

目　　录

引　　言

SPF 家兔饲养管理带给我们防控家兔疫病的启示：

请您先仔细看图并反复琢磨，图 0－1 至图 0－3 是 SPF 家兔饲养场的外貌和 SPF 家兔饲养舍空气进口、物料进口的图片。

图 0－1　SPF 家兔饲养场外貌

（青岛康大生物科技有限公司　姜浩提供）

您了解 SPF 动物吗？

所谓 SPF 动物就是指无特定病原菌动物，也就是在这种动物体内不存在任何感染该种动物的细菌、病毒及其抗体和寄生虫的动物。

SPF 家兔是指在兔体内不存在任何感染家兔的细菌、病毒及其抗体和寄生虫的家兔。

图 0－1 为 SPF 家兔饲养场的外貌，从外观来看与普通兔场没有多大区别。但内部结构差异比较大：它是完全密闭的，所有进到兔舍内的物质都经过严格把关，空气是经过过滤装置过滤的

图 0-2　SPF 家兔饲养场空气过滤风口

（青岛康大生物科技有限公司　姜浩提供）

图 0-3　SPF 家兔饲养舍物料进出口

（朱瑞良提供）

（图 0－2），饲料饮水是经过消毒、通过独特的通道（图 0－3）进入到兔舍的；工作人员必须健康，进入兔舍需经过严格消毒，并做好防护。因此，SPF 家兔呼吸的空气、喝的水、吃的饲料、接触到的人员都不携带病原微生物，结果是在整个饲养过程中，SPF 家兔不需要接种任何疫苗，也不需要使用任何药物。

而在普通兔场的饲养过程中，大家总认为不接种疫苗、不使用药物是不可能的，SPF 家兔为什么就可以呢？关键在于把好了“门”（入口关）。由此带给我们的启示：在家兔饲养过程中并不是必须接种疫苗、使用药物才能控制疫病，最关键的是把好“门”。因此，笔者根据 SPF 家兔饲养过程带给我们的启示，再结合多年的实践和思考，提出了动物防病把好“三道门”理念。

第一道“门”最重要，是我们防病中应该做的主要工作，也是图 0－4 所展示的，即在兔场周围建好“墙”——建立起一道“钢铁长城”，可以有效阻止细菌、病毒、寄生虫及其他微生物侵入兔体内，减少疫病的发生。

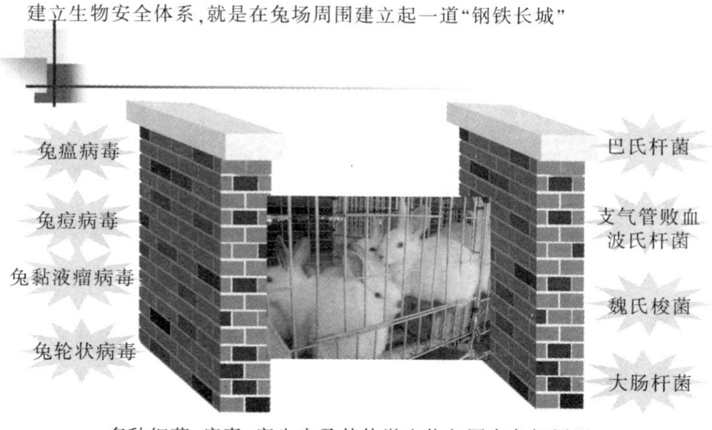

图 0－4　生物安全体系建好了就相当于一道隔离“墙”

第二道“门”是一对一控制病原侵入之“门”，是辅助第一道“门”防控危害严重的病原入侵的主要措施。

第三道“门”是对侵入兔体内的病原及时清除之“门”。由于第一、二道“门”没有把好，病原侵入兔体引起发病。在这种情况下，被动之举多为及时正确的诊断及切实可行、有效的治疗措施，以尽量减少损失。

有人说，普通兔场无法与SPF兔场相比较，没有那么严格的隔离措施，虽然如此，但普通兔场应该在现有的基础上，改善环境，加强管理，把“墙”（图0－4）建得尽量坚固，以减少疫病发生。

总之，防控家兔疫病关键是把好第一道“门”，坚持长久，逐渐转变被动防控为主动防控，从而改变家兔疫病防控的现状。

第一篇 兔传染病及其发生与流行现状

第一章　兔传染病及其发生与流行现状

一、兔传染病发生的基本条件

兔病是兔与其生存环境各种致病因素之间相互作用的复杂过程。病原微生物侵入兔体内，并在一定的部位定居、生长、繁殖，与机体各种防卫机能相互作用，从而引起机体一系列的病理反应。如果侵入机体的病原微生物具有相当的毒力和数量，而机体的抵抗力比较小，不能抵抗病原的感染时，家兔会在临床上出现一定的症状和病理变化，甚至发病死亡；如果侵入机体的病原微生物毒力弱、数量少，机体的抵抗力又比较强，家兔一般不会发生传染病。

传染病的发生与传播决定于三个基本环节，即传染源、传播途径和易感兔群，其中缺少任何一个环节，传染病都不可能流行和传播，只有同时存在并相互联系时，才会造成传染病的蔓延。因此了解和掌握传染病流行过程的基本条件及其影响因素，有助于我们制定正确的防疫措施，控制疾病的发生和传播。

（一）传染源

传染源指某种传染病的病原体在其中寄居、生长、繁殖，并能排出体外的动物机体。具体地说，传染源就是受到感染的病兔，包括传染病病兔和带菌（毒）兔、死兔、野鸟、鼠类和其他动物。兔群在急性暴发疾病的过程中或在病情急性发作期可排出大量病原体，故此时传染源的危害作用最大。

1. 病兔 病兔是重要的传染源。不同发病期的病兔，其作为传染源的意义也不相同，前驱期和症状明显期的病兔因能排出病原体且具有症状，尤其是在急性过程或者病程转为急性阶段可排出大量毒力很强的病原体，因此，作为传染源的作用也最大。潜伏期和恢复期的病兔则随病种不同而异，同样具有传染源和潜在传染源的作用。

病兔能排出病原体的整个时期称为传染期，不同传染病的传染期长短不同。各种传染病的隔离期就是根据传染期的长短来制订的。为了控制传染源，对病兔原则上应隔离至传染期终了为止。

2. 带菌（毒）兔 病原携带者是指外表无症状，但携带并排出病原体的兔只。病原携带者是一个统称，如已明确所带病原体的性质，也可以相应的称为带菌者、带毒者、带虫者等。病原携带者排出病原体的数量相对发病兔要少，但因缺乏症状不易被发现，有时可成为十分危险的传染源，如果检疫不严，还可以随兔的运输散播到其他地区，造成新的暴发或流行。研究各种传染病存在着何种形式的病原携带状态，不仅有助于对流行过程特征的了解，而且对控制传染源、防止传染病的蔓延或流行也具有重要意义。

病原携带者一般分为潜伏期病原携带者、恢复期病原携带者和健康病原携带者三类。

潜伏期病原携带者是指感染后至症状出现前即能排出病原体的兔只。在这一时期，大多数传染病的病原体数量还很少，同时此时一般没有具备排出条件，因此，不能起传染源的作用。但有少数传染病在潜伏期后期能够排出病原体，因此，就有传染性了。

恢复期病原携带者是指在临诊症状消失后仍能排出病原体的动物。一般来说，这个时期的传染性已逐渐减少或已无传染性了。但还有不少传染病在临诊痊愈的恢复期仍能排出病原体。在很多传染病的恢复阶段，机体免疫力增强，虽然外表症状消失，但病原尚未清除，对于这种病原携带者除应考查其过去病史，还应做多次病原学检查，才能查明。

健康病原携带者是指过去没有患过某种传染病，但却能排出该种病原体的兔只。一般认为这是隐性感染的结果，通常只能靠实验室方法检出。这种携带状态一般为时短暂，作为传染源的意义有限，但是巴氏杆菌病、沙门氏菌病等病的健康病原携带者为数众多，可成为重要的传染源。

病原携带者存在着间歇排出病原体的现象，因此，仅凭一次病原学检查的阴性结果，不能得出正确的结论，只有反复多次地检查才能排除病原携带状态。消灭和防止引入病原携带者是传染病防控的艰巨任务之一。

（二）传播途径

病原体由传染源排出后，经一定的方式再侵入其他易感动物所经的途径为传播途径。了解传染病传播途径的目的在于切断病原体的继续传播，防止易感动物受到感染。从传播方式上，它可分为直接接触传播和间接接触传播两种方式。

1. 直接接触传播　直接接触传播是在没有任何外界因素的参与下，病原体通过被感染的病（死）兔（传染源）与易感动物直接接触而引起的传播。仅能以直接接触而传播的传染病，其流行特点是一个接一个地发生，形成明显的链锁状。这种方式使疾病的传播受到限制，一般不易造成广泛的流行。

2. 间接接触传播　是在外界环境因素的参与下，病原体通过传播媒介使易感动物发生传染的方式，称为间接接触传播。从传染源将病原体传播给易感兔的各种外界环境因素称为传播媒介。传播媒介可能是生物（媒介者），也可能是无生命的物体（媒介物）。主要通过以下几种途径传播：

（1）经空气传播　空气不适于任何病原体的生存，但空气可作为传染的媒介物，它可作为病原体在一定时间内暂时存留的环境。经空气而散播的传染主要是通过飞沫、飞沫核或尘埃为媒介而传播的，如兔的鼻炎、支气管败血波氏杆菌病等。这类病兔的呼吸道往往积聚不少渗出液，刺激机体发生咳嗽或喷嚏，很强的气流把带着病原体的渗出液从狭窄的呼吸道喷射出来形成飞沫，飘浮于空气中，被易感兔吸入而感染。动物体正常呼吸时，一般不会排出飞沫，只有在呼出的气流强度较大时（如喘鸣、咳嗽）才能喷出飞沫。一般飞沫中的水分蒸发变干后，成为蛋白质和细菌或病毒组成的飞沫核，飞沫核越大，落地越快；越小，则越慢。这种小的飞沫核能在空气中飘浮时间较久，距离较远。但总的来说，飞沫传染是受时间和空间限制的，从病兔一次喷出的飞沫来说，其传播的空间不过几米，维持的时间最多只有几小时。但为什么不少经飞沫传播的呼吸道疾病会引起大规模流行呢？这是由于传染源和易感动物不断转移和集散，到处喷出飞沫所致。一般来说，干燥、光亮、温暖和通风良好的环境，飞沫飘浮的时间较短，其中的病原体（特别是病毒）死亡较快；相反，潮湿、阴暗、低温和通风不良的环境，飞沫传播的时间较长。

（2）经尘埃传播　从传染源排出的分泌物、排泄物和处理不当的尸体散布在外界环境的病原体附着物，经干燥后，由于空气流动冲击，带有病原体的尘埃在空气中飘扬，被易感兔吸入而感染，称为尘埃传播。尘埃传染的时间和空间范围比飞沫传染要大，可以随空气流动转移到别的地区。但实际上尘埃传染的传播作用比飞沫要小，因为只有少数在外界环境生存能力较强的病原体能耐过这种干燥环境或阳光的曝晒，如结核病、兔痘等通过尘埃传播。

经空气飞沫传播的传染病的流行特征是：因传播途径易于实现，病例常连续发生，患者多为传染源周围的易感兔群。在潜伏期短的传染病，易感兔群集中时可形成暴发。未进行有效控制时，此类传染病的发病率多有周期性和季节性升高现象，一般以冬、春季多见，病的发生常与兔舍条件及拥挤有关。

（3）经污染的饲料和饮水传播　以消化道为主要侵入门户的传染病，如大肠杆菌病、沙门氏菌病等，其传播媒介主要是污染的饲料和饮水。传染源的分泌物、排出物和病兔尸体及其流出物污染了饲料、饲槽、水池、水井、水桶，或由于某些污染的管理用具、车船、兔舍等辗转污染了饲料、饮水而传给易感动物。因此，在防疫上应特别注意防止饲料和饮水的污染，防止饲料仓库、饲料加工厂、兔舍、水源、兔场有关人员和用具的污染，并做好相应的防疫消毒卫生管理。

（4）经污染的土壤传播　随病兔排泄物、分泌物或其尸体一起落入土壤而能在其中生存很久的病原微生物可称为土壤性病原微生物。它们可以在土壤中存活数天或更长。经污染的土壤传播的传染病，其病原体对外界环境的抵抗力较强，因此，应特别注意病兔排泄物和尸体的处理，防止病原体进入土壤，以免造成病源隐患。

（5）经活的媒介物传播　在节肢动物中作为兔传染病的媒介者主要是蚊、蠓、蜱、家蝇等。传播主要是机械性的，它们通过对病兔和健康兔之间的刺螫吸血而散播病原体，亦有少数是生物性传播，某些病原体在感染家兔前，必须先在一定种类的节肢动物（如库蠓、蜱）体内通过一定的发育阶段，才能致病。蚊能在短时间内将病原体转移到很远的地方去，可以传播各种脑炎和兔痘等。家蝇虽不吸血，但活动于兔体与排泄物、分泌物、尸体、饲料之间，在传播一些消化道传染病方面的作用也不容忽视。

（6）经野生动物传播　野生动物的传播可以分为两大类：一类是野生动物与家兔直接接触传播；另一类是间接接触传播。

（7）*经人类传播* 由于人的活动、职责、好奇心、无知、粗心大意或一味地追求利润，不经意间使用了污染过的设备，或者是在管理兔群时大意，从而造成疾病的散播。人的衣物、鞋子和手是最容易传播疾病的媒介物。在检查病变和排泄物时，手会被污染。衣服和鞋子则会受到灰尘、被毛和粪便的污染。兽医的注射器、针头及其他器械，如消毒不严就可能成为疾病的传播媒介。兔场的很多工作需要临时雇佣一些工作人员，如血检、免疫接种、人工授精、称重及转运兔群等。这些人出入于兔场，并且要同许多兔群接触，也是传染的潜在来源。

（8）*养兔者互相走访造成传播* 常常是散播疾病的又一种方式，因此，邻居兔群患有一种非常不常见的疾病，最好是通过电话进行讨论。当兔群正发病时，应告诫邻居最好不要参观，更不要在邻近牧场闲逛。疾病在兔群的暴发，有时发生在有来访者之后。

综上所述，传播途径是十分复杂的，但就目前所知，病原体在更迭其宿主时主要有两种形式，即水平传播和垂直传播。大多数传播途径是同一代的动物之间的传播，可经消化道、呼吸道或皮肤黏膜创伤等在同一代动物之间横向传播，为水平传播。有的传染病经卵巢、子宫内感染而传播到下一代，即为垂直传播。

（三）易感兔群

易感性是指兔对于某种传染病病原体感染时的敏感程度。兔群中易感个体所占的百分率和易感性的高低，直接影响到传染病是否能造成流行及疫病的严重程度。兔群易感性的高低虽然与病原体的种类和毒力强弱有关，但主要还是由兔体的遗传特征、疾病流行之后的特异免疫等因素决定的。外界环境条件，如气候、饲料、饲养管理、卫生条件等因素，都可能直接影响到兔群的易感性和病原体的传播。

1. 兔群的内在因素 不同种类的动物对于同一种病原体表现的临诊反应有很大的差异，这是由其遗传性决定的。某一种病原体可能使多种动物感染而引起不同的表现。这种传染病的相对特异性在流行病学方面有特殊的意义，使之可能不时地出现所谓“新”的传染病。

一定年龄的兔对某些传染病的易感性较高，如幼兔对大肠杆菌病、沙门氏菌病的易感性较高，青年兔只对一般传染病的易感性较高，这与兔的特异免疫状态有关。

2. 外界因素 饲养管理因素包括饲料质量、兔舍卫生、粪便处理、拥挤、饥饿及隔离检疫等都是与疫病发生有关的重要因素。在考虑同一地区、同一时间内类似农场和兔群的差别时，很明显地可以看出饲养管理条件是非常重要的疾病影响因素。但对于这些饲养管理因素在农场条件下实际重要性的研究进行的很少，因此，很难具体评价它们对疫病发生的影响。

3. 特异性免疫状态 在某些疾病流行时，兔群中易感性最高的个体易于死亡，余下的兔或已耐过，或经过无症状传染都获得了特异性免疫力。因此，在发生流行之后该地区兔群的易感性降低，疾病停止流行。此种免疫的兔所生的后代常有先天性被动免疫，在幼龄时期也具有一定的免疫力。

免疫性是指兔群对病原的抵抗力。如果兔群中有抵抗力的兔占百分比高，一旦有病原体入侵后出现疾病的危险性就较少，通过接触可能只出现少数散发的病例。因此，发生流行的可能性不仅取决于兔群中有抵抗力的个体数，而且也与兔群中个体间接触的频率有关。一般如果兔群中有70%～80%具有抵抗力，兔群就不能发生大规模的暴发流行。这个事实可以解释：为什么通过免疫接种兔群常能获得良好的保护。

当新的易感动物引进一个兔群时，兔群免疫性的水平可能会出现变化。这些变化就是使兔群免疫性逐渐降低，以至引起流行。在一次流行之后，兔群免疫性保护了这个群体，但是，由于新生的幼兔增加，易感动物的比例加大，在一定情况下足以引起新的流行。

二、兔传染病与自然因素的关系

在传染病流行过程中，各种自然因素和社会因素对传染源、传播媒介和易感动物三个环节的某一环节会起到影响作用。自然因素包括气候、气温、湿度、阳光、雨量、地形、地理环境等，它们对上述三个环节的影响相当复杂。选择有利的地理条件设置养兔场，常可构成天然隔离和天然屏障，保护兔群不被传染源感染；气温、雨量等影响到病原体在外界生存时间长短，对吸血昆虫的繁殖、活动影响尤为明显，这也是呼吸道传染病常在冬季发生，以及血液原虫病多发生于夏季，并呈一定程度分布的原因；自然因素可以增强或减弱机体的抵抗力，这也是某些疾病的发生常有较明显季节性的原因之一。

某些家兔传染病经常发生于一定的季节，或在一定的季节出现发病率显著上升现象，称为流行过程的季节性。出现季节性的原因，主要有下述几个方面：

季节对病原体在外界环境中存在和散播的影响：夏季气温高，日照时间长，这对那些抵抗力较弱的病原体在外界环境中的存活是不利的。例如，炎热的气候和强烈的日光曝晒，可使散播在外界环境中的病毒很快失去活力，因此，病毒病的流行一般在夏季减缓和平息。

季节对活的传播媒介（如节肢动物）的影响：夏秋炎热季节，蝇、蚊、库蠓类等吸血昆虫大量孳生，活动频繁，凡是能由它们传播的疾病，都较易发生，如兔痘、原虫病等。

季节对兔活动和抵抗力的影响：冬季舍内温度降低，湿度增高，通风不良，常易促使经由空气传播的呼吸道传染病暴发流行。季节变化，主要是气温和饲料的变化，对兔抵抗力有一定的影响，这种影响对于由条件性病原微生物引起的传染病尤其明显。如在寒冬或初春，容易发生某些呼吸道传染病等。

三、兔传染病的表现形式

某些传染病经过一定的间隔时期，还可能表现再度流行。在传染病流行期间，易感兔除发病死亡或淘汰以外，其余由于患病康复或隐性感染而获得免疫力，因而使流行逐渐停息。但是经过一定时间后，由于免疫力逐渐消失，或新的一代出生，或引进外来的易感兔，使兔群易感性再度增高，结果可能重新暴发流行。兔群每年更新或流动的数目很大，疾病可以每年流行。

1. 散发性 发病数目不多，并且在一个较长的时期内只有个别家兔零星地散发。传染病为什么会出现这种散发的形式呢？可能因为兔群对某病的免疫水平较高，如兔瘟本是一种流行性很强的传染病，但按免疫程序进行防疫注射后，易感动物这个环节基本上得到控制，如平时补防工作不够细致，防疫密度不够高时，还有可能出现散发病例。某病的隐性感染比较大，如钩端螺旋体病等通常在兔群中主要表现为隐性感染，仅有一部分个体偶尔表现症状。某病的传播需要一定的条件。

2. 地方流行性 在一定的地区和兔群中，带有局限性传播特征的，并且是比较小规模流行的兔传染病，可称为地方流行性。一般认为，地方流行性有两个方面的含义：一方面表示在一定地区、一个较长的时间里发病的数量稍为超过散发性；另一方面，除了表示一个相对的数量以外，有时还包含着地区性的意义。某些散发性病在兔群易感性增高或传播条件有利时也可出现地方流行性，如巴氏杆菌病、沙门氏菌病。

3. 流行性 所谓发生流行是指在一定时间内、一定兔群出现比平常多的病例，它没有一个病例的绝对数界限，而仅仅是指疾病发生频率较高的一个相对名词。因此，任何一种病当其称为流行时，各地兔群所见的病例数是很不一致的。

流行性疾病的传播范围广、发病率高，如不能及时控制常可传播到乡、县，甚至省的范围。这些疾病往往是病原的毒力较强，能以多种方式传播，兔群的易感性较高，如兔瘟等重要疫病可能表现为流行性。

4. 大流行 是一种规模非常大的流行，流行范围可扩大至全国，甚至可波及几个国家或整个大陆。

上述几种流行形式之间的界限是相对的，并且不是固定不变的。

四、兔场疫病发生及流行现状

1. 发病率高，死亡率高 养兔生产中引起兔只发病和死亡率高的原因很多，但主要还是由于发生传染病和管理不善造成的。不少养兔场采用的仍是非标准化养殖模式。随着养兔生产经营主体多元化，一些养兔场为扩大生产盲目引种，由于检测手段不健全，防疫队伍不稳定，致使流通领域的疫病管理疏漏，兔场不时受到外来病原的侵袭而暴发传染病。长期大范围盲目滥用抗菌药物，人为造成了养殖场中一些常见的细菌产生广而强的耐药性，导致兔群发病后治疗效果不佳。自然野毒株在免疫兔群中长期存在，一旦兔群中某些个体抵抗力低下或遇到应激时，就可引起传染病的发生和流行。从业人员缺乏相关专业知识，集约化饲养管理经验不足，对大规模控制疫病的认识不够，对兔病未能做到以防为主；加上片面追求一时的经济效益，使用低劣饲料、兽药、疫苗，不能严格执行卫生防疫制度等，导致疫病难以控制。

2. 发病种类多，防治难度大 由于养兔业的迅猛发展，以及流动频繁，防疫卫生技术跟不上等原因，兔病不断发生和流行。据有关资料统计，对我国养兔业构成威胁和造成危害的疫病已达几十种，涉及传染病、寄生虫病、营养代谢病和中毒性疾病等。兔病中以传染病为最多，约占兔病总数的75%以上，且防治难度增大。病毒性疾病是养兔生产中最主要的威胁，在已经发生的传染病中以病毒性传染病最多，占传染病总数的70%～75%，所造成的损失也最大。在规模化养兔生产中，病毒性疾病的发生越来越严重，控制难度越来越大，新的疫病又不断出现。随着集约化养兔场的增多和规模的不断扩大，环境污染越来越严重，细菌性疾病和寄生虫病明显增多，危害越来越大，如大肠杆菌病、兔沙门氏菌病、鼻炎、球虫病等。其中不少病原体广泛存在于养兔环境中，可通过多种途径传播。由于饲养密度过大，通风换气条件差，各种应激增多等不利因素，导致兔的抵抗力降低，进而造成兔对致病菌感染加强。更重要的原因是多重耐药菌株的普遍存在，诸多抗菌药物都难以奏效，使得某些兔场因细菌性疾病造成的损失高达30%。

3. 老病未除，新病又来 近年来，随着大量种兔的引进和活疫苗产品多渠道进入我国市场，由于没有得到严密地检测和监控，配套的防疫卫生技术不完善等原因，导致一些新的传染病不断传入和发生。同时也由于国内家兔交易活跃，不受地域限制，致使一些疾病长期存在，不断流行。

4. 多重混合感染 随着疫病的增多，两种或两种以上的病原多重感染、继发感染或病原的混合感染在许多养兔场变得很普遍，特别是当病毒性疾病和各种呼吸系统疾病发生的过程中，兔群的发病率、死亡率、淘汰率都要超过任何一种原发病。目前，生产中发生的许多兔病是多病原因子引起的疾病，常见的多病原因子引起的兔病包括：①病毒＋病毒；②病毒＋细菌；③病毒＋寄生虫；④细菌＋寄生虫等。由于多病原因子的相互作用，给诊断和防治工作带来了很大困难。

5. 发病呈非典型化 在疫病的流行过程中，由于多种因素的影响，病原的毒力常发生变化，出现亚型株，且变异速度明显加快，表现出临床症状加剧或出现新的血清型等。另外，由于免疫兔群中免疫水平不高或不一致，致使某些兔病在流行特点、症状和病变等方面出现非典型变化。

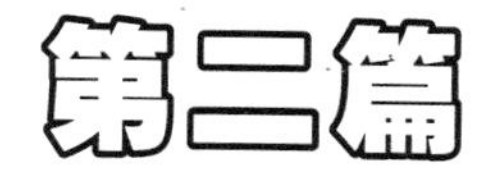

把好兔传染病防控的第一道“门”

——建立兔场的生物安全体系

第二章　生物安全体系的建立与兔病防控

一、生物安全的基本概念

生物安全是近年来国内外提出的有关集约化生产过程中保护和提高兔群健康状况的新理论，也是最有效、最经济的控制疫病发生、传播的方法。生物安全性的提出与养兔业生产及科技水平的发展有关。烈性动物传染病，尤其是人兽共患传染病的暴发和流行，严重威胁着人类和动物的健康。各国政府和畜牧业相关行业从生物安全性角度对待畜牧业生产、加工及疫病预防和控制工作，加强立法和行为规范，通过实施生物安全性，使兔产品达到一定技术标准，无病原或减少病原，为人们提供安全的兔产品。

生物安全是指用于预防动物疾病和人兽共患病的病原体进入畜兔群的全部管理实践（Winkel，1997）。生物安全包括阻断致病性的病毒、细菌、真菌、寄生虫和原生动物等侵入畜兔群并进行增殖而采取的各项措施。它不仅重视整个生产体系所有部分的联系及其对动物安全的影响，而且强调从实践上贯穿于生产管理始终，因此，生物安全是阻断引起畜兔疾病及人兽共患病的病原体进入畜兔群体，排除疾病威胁的多种预防措施而集成的一个综合措施，是减少疾病威胁的最佳手段，可以对多种疾病同时起到预防和净化作用。

总体来说，我们对生物安全性概念的理解应是：生物安全性是预防临床或亚临床疾病（包括人兽共患病）的总规则及措施，是一项系统工程，既给畜兔生产创造了一个良好的环境，同时也照顾了动物的福利，其应用措施是总的畜兔管理工作的一部分，而不是分开的个别条款。生物安全性是保证畜兔正常“生活之道”的措施。生物安全性的规则不是一成不变的，合适的生物安全措施应强调根据养殖场的具体外界环境来制定，是减少畜兔疾病的极好手段，但并不意味着它能预防所有的传染病。

实现生物安全要通过构建生物安全体系来完成。生物安全体系是系统工程，是疫病的预防体系，主要着眼于为畜兔生长提供一个舒适的生活环境，从而提高畜兔机体的抵抗力，同时尽可能地使畜兔远离病原体的攻击。目前，针对现代化饲养管理体系下疫病控制的新特点，生物安全体系已经与疫苗免疫、药物治疗等共同组成了疫病防控的“三道门”。通过生物安全的有效实施，可为药物治疗和疫苗免疫提供一个良好的应用环境，获得药物治疗和疫苗免疫的最佳效果，进而减少在饲养过程中的抗生素的使用。生物安全体系是贯彻对疾病预防为主，防重于治方针的主要体现，是生产绿色无公害畜产品的必由之路。

二、生物安全与传染病三大要素的关系

传染病发生的三个基本要素，即传染源、传播途径和易感动物之间相互作用，构成传染病发生和流行的必要条件。传染源、传播途径和易感动物三要素形成传染病发生的环节，缺少任何一个要素，传染病都不可能发生和流行。

生物安全措施是预防传染病的总规则及措施。针对疫病发生的三个基本要素之间的复杂联系和相互作用，通过完善养殖场设计，建立对动物健康有利的生态环境，以改善环境、营养和管理措施，使动物体质加强，以有利于免疫效果。通过全员防疫、全面监测来加强安全管理系统，在整个生产系统和生产过程中贯彻生物安全措施，从而防止在集约化条件下饲养时疾病的发生和流

行。生物安全措施的重点是消除传染源和切断传播途径。针对疫病的循环过程，抓住生产过程的每一个环节，消灭传染源，切断传播途径，这是生物安全措施的特点和要求。

众所周知，一个疾病的发生必然是病因通过一定途径作用于动物机体冲破了动物的防御能力而致。通过病原的消灭和培育具有遗传抗病能力的动物新品种，从而形成对疾病不易感的动物。因此，有效减少和暂时、局部消灭病原，切断传播途径，增强动物抵抗力，降低易感性是防止疾病发生的关键。生物安全就是一种以切断传播途径为主的包括全部良好饲育方法和管理实践在内的预防疾病发生的生产体系。推行生物安全措施是降低传染病暴发的重要部分。

三、养兔场实施生物安全的可行性

近年来，我国家兔传染病种类不断增多，病原体不断变异进化，细菌感染和寄生虫病不断出现混合感染，成为疾病发生的主流，影响到家兔的健康和生产性能，甚至造成死亡，危害严重。据估计，每年因疾病死亡造成的直接经济损失可达几亿元，因疾病引起的生产性能下降、兽医卫生开支加大和间接经济损失更是难以估量。疾病的发生造成了大量的人力、物力和财力资源浪费，经济效益下降，还影响畜兔产品出口创汇，因此，寻求有效措施彻底消灭和控制家兔疫病，应是当前养兔业的头等大事。

单纯依靠疫苗和药物控制疫病不彻底。随着家兔传染病的不断发生，传染病研究不断发展和预防疾病技术不断提高，家兔饲养和疫病防治知识的普及推广，人们虽然树立了预防为主，防重于治的观念，但在生产中人们仍普遍重视免疫接种和药物防治，忽视生物安全体系的建立。这对控制疫病流行和降低家兔死亡率起到一定作用，特别是在产品流通范围小、饲养数量少、集约化程度低、疫病种类少，且病因单一的情况下曾起过重要作用。但是现在，单纯依赖疫苗和药物已不能有效控制疫病。疫苗种类、免疫次数越来越多，药物种类不断增加，使用剂量越来越大，疫病仍频频发生，把疫苗和药物当作“灵丹妙药”过分依赖，难以奏效，因为疫苗和药物有很大的局限性。

行之有效的生物安全措施应该是多层次的，并且无处不在，包括设施性的：选址、布局、兔舍建筑、隔离消毒设施等；制度性的：计划、规章制度、管理办法等；技术性的：技术规程、技术标准、操作方法等。生物安全已被国外采用而且获得成功。生物安全措施已成为养殖业发达国家控制疫病的有效手段，通过实施严格的隔离消毒和防疫等措施来预防和净化多种疫病，排除疫病威胁。伴随养殖业的规模化、集约化的发展，家兔始终受到病原的威胁，生物安全措施成为养殖业能否成功和获利的关键，它具有较大的经济意义。虽然生物安全措施需要一定投入，但比发生疫病后治疗疫病的费用、死亡淘汰、生产性能下降等造成经济损失要小得多，因此，生物安全措施是经济的。生物安全措施已被发达国家养兔业采用而获得成功。如新西兰是世界上兔病最少的国家，其肉兔死亡仅局限于代谢性疾病，这些都得益于生物安全措施。巴西的养兔业由于保持了高水平的生物安全和强化免疫，从而使肉兔的死亡率下降至5%。发达国家针对不同疾病而采取的防控策略与我国有很大的不同，它们注重从根本上解决问题。生物安全措施可以针对所有疫病。养兔场采取高水平生物安全措施，可以保护兔群免遭病原微生物的侵袭，提高兔群的生产性能和饲料转化率，降低兔群的死亡率和养兔业生产成本。

国内养殖业规模化、集约化及家兔产品在国内外的广泛流通，为病原传播、疫病流行创造了条件。生物安全措施可以减少和避免疫病在国内和地区间广泛发生。我国近年来推行的“无规定动物疫病区”可以说是实施国内以及地区间的生物安全的尝试。所谓“无规定动物疫病区”是根据我国幅员辽阔，动物饲养量大的特点划定区域，实行区域化管理，加强动物防疫基础设施建设，采取行政、法律、经济、技术等手段在内的综合措施，把规定的疫病消灭或控制在规定的范围之内。我国目前生物安全的核心是检疫，包括动物产品产地检疫、出场检疫、活兔检疫、种兔检疫等，以及时发现疫情；封锁：发现疫情及时报告并封锁疫点，防止蔓延；处理：按照有关的法律和规程进行有效处理，消灭疫源。

保持环境清洁卫生和消毒是生物安全措施的一个重要方面，如进行彻底清扫可减少约 90%的病毒含量；如喷洒常规消毒剂可降低 95%以上病毒；如进行福尔马林和高锰酸钾熏蒸，病毒和细菌的杀灭率可达 99.9%；如同时使用则可基本杀灭环境中的病原。而免疫接种和药物防治只能针对某些疫病。因此，生物安全与疫苗接种和药物防治疫病的范围有很大不同。

生物安全与免疫接种、药物防治相辅相成，现代化饲养管理体系下的疫病防控中，生物安全已经与免疫接种、药物防治共同组成了疫病防控“三道门”。良好的生物安全措施可以为免疫接种和药物防治提供一个良好的使用环境，提高免疫接种和药物防治效果。如果一个兔场生物安全做不到位，环境污染严重，免疫接种和药物防治也难以奏效。免疫接种和药物防治针对某些疾病效果良好，可以提高兔群的特异性抗体水平和抵抗力，弥补生物安全措施的不足。因为生物安全是一个系统的、持续的动态管理过程，需要多人去操作运行，难免会出现纰漏。生物安全、免疫接种和药物防治有机结合是控制疾病的法宝。

实践证明，可靠的生物安全措施，可以将传染性疾病的危害降到最低限度。一位世界著名兽医专家早就指出：“一个好的养殖经营业者，不需要知道那些太过详尽的传染病的理论知识，也不需要成为疾病的治疗专家。因为，通过一系列措施和有效手段可以把疫病拒之养殖大门之外。”

四、兔传染病防治工作的基本原则和基本内容

（一）基本原则

现代养兔业发展的一个特点就是集约化饲养，饲养规模越来越大，这样对兔病预防，特别是对传染病的免疫防治就显得更为重要，否则，一旦引起兔病的发生与流行，将给饲养者造成极大的经济损失。能否预防好传染性疾病的发生，是家兔饲养成败的关键。

兔病的防治是一项复杂的系统工程，它的目的是要采取各种措施和方法，保证兔群免遭疾病侵害，尤其是传染病的感染。涉及兔场建设、环境净化、饲养管理、卫生保健等环节。兔病（传染病）的基本特点是兔群之间直接接触传染或间接传染，即传染病发生与流行的三个基本环节及与疾病防治的关系。因此，根据传染病发生与流行的特点，掌握流行的基本条件和影响因素，针对兔病采取综合防治措施，可以有效地控制兔病的发生和流行。

防治的基本原则包括建立健全防疫机构和疫病防治制度，树立“预防为主，养防结合，防重于治”的意识。搞好饲养管理、卫生防疫、预防接种、检疫、隔离和防治等综合性防治措施，以达到提高兔群的健康水平和抗病能力的目的，杜绝和控制传染病的传播和蔓延。只有做好平时的预防工作，兔病防治处于主动，才能保证养兔业的健康发展。

（二）基本内容

防治措施的根本是：根据每个兔病的特点，对不同的流行环节，分清轻重缓急，找出重点，采取措施，达到在短期内以最少的人力、财力控制传染病的流行。例如，对兔瘟等应以预防接种为重点措施，而对传染性鼻炎则以控制病兔和带菌兔为重点措施。但是任何一项单独措施是不够的，必须采取包括“养、防、

检、治”四项基本环节的综合性措施，即分为平时的预防措施和发生疫病时的扑灭措施。

1. 平时的预防措施 加强饲养管理，搞好卫生消毒工作，增强机体的抗病能力，如做好“三定”（定饲养员、定时、定量）、“四净”（饲料、饮水、兔舍、器具洁净）。贯彻自繁自养原则，减少疫病传播；拟订和实施定期的预防接种计划，保证健康水平，提高抗病力；定期杀虫、灭鼠，消除传染源隐患。

2. 发生疫病时的扑灭措施 及时发现疫病，尽快作出准确的诊断。迅速隔离病兔，对污染场舍进行紧急消毒；及时用疫苗（或抗血清）实行紧急接种，对病兔进行及时合理的处理和治疗；对病死兔和淘汰病兔进行合理处理。

以上预防措施和扑灭措施是不能截然分开的，而是相互联系、互相配合和互为补充的。

五、养兔场建立生物安全体系是防控疫病的第一道防线

生物安全体系是针对所有病原，其核心是控制病原体进入兔体造成危害，是疾病综合防治措施的重要环节。广义的生物安全体系是指生命的安全，包括兔体的舒适、安宁、福利等，因此，可以说，生物安全体系是兔生长处于最佳状态的生产体系。随着科学技术的发展，最佳的含义应是动态的、不断提高和完善的。不同生产类型需要的生物安全水平不同，其体系组成中各基本要素的作用和重要性也有所不同。

在当前市场经济条件下，养兔生产中的疾病，尤其是传染病的发生与否已成为企业经济好坏的重要制约因素。为了控制疾病的发生及向人类提供安全可靠的食品，建立具有良好生物安全水平的生产体系就显得极为重要。

众所周知，传染病是由传染源、传播途径和易感动物三要素

决定的。彻底消除病原和培育具有遗传抗病能力的动物新品种，目前技术上仍是不可能的。因此，有效减少和暂时、局部消灭病原，切断传播途径，增强动物抵抗力，降低易感性，是防止疾病发生的关键。生物安全就是一种以切断传播途径为主的包括良好饲育方法和管理实践在内的预防疾病发生的生产体系。

生物安全体系是最经济、最有效的预防和控制传染病和人兽共患病传播流行的重要手段和方法。实践证明，兔场建立生物安全体系所投入人力、物力、财力的总和要比不建立或建立不完善而发生疫情所造成兔的生产性能下降、用药、消毒、扑杀、死亡等所带来的经济损失小得多。与用药、疫苗防治相比，加强卫生防疫制度建设，把病原微生物拒之门外，不仅兔群更安全，还可以有效地降低成本，减少药物残留，生产出优质、安全、卫生、无污染的绿色兔产品。养兔业要提高兔产品质量，降低成本，提高出口竞争力，建立完善的生物安全生产体系迫在眉睫。随着我国养兔生产的现代化、集约化和规模化，生物安全体系的建立和应用已成为历史的必然。

生物安全体系是保障动物福利的具体体现，动物福利的核心内容是动物生活舒适，生活条件比较适宜。而生物安全体系就是采取各种有效措施防范各类疾病发生，使兔健康生长，充分发挥其生产性能，生产出量多质优的兔产品。

六、养兔场生物安全体系建设的内容

（一）环境及设施控制

兔场良好的建筑及设施配备，可有效防止兔舍外的有害病原进入兔群。

1. 场址选择 兔场场址应选择在地势较高、采光充足、排水和隔离条件良好的区域。兔场应远离（1～3 千米）化工厂、矿厂、集贸市场、食品厂、其他动物养殖场、屠宰加工厂、干线公路、村镇居民区等，这样有利于避免外界病原的传入。

2. 兔场内部布局与设计要科学合理 兔场的布局分区要根据场区的自然条件、地势地形、主导风向和交通道路的具体情况而定。兔场内部布局严格执行生产区和生活区相隔离，兔舍建筑应符合卫生要求，具有防鼠、防虫和防鸟的设施。办公和生活场所尽量不受饲料粉尘、粪便气味和其他废弃物的污染。为杜绝各类传染源对兔群造成的危害，依地势、风向排列各类兔舍顺序，仔兔舍位于上风，顺风向依次为育成舍和成年兔舍。根据兔场条件，可用林带相隔，拉开距离，使空气自然净化。对人员流动方面的改变，可建筑隔墙并仅设一个进出口。兔场分区规划的总原则是人、兔、污三者以人为先，污为后，风与水以风为主的排列顺序。

3. 合理设计场内道路 道路是场区之间、建筑物与设施、场内与场外联系的纽带。场内道路应净、污分道，运兔车和饲料车走净道，出粪车和死兔处理走污道，两道互不交叉，出入口分开。场区道路要硬化，道路两旁设排水沟，沟底硬化，不积水，有一定坡度，排水方向从清洁区向污染区。

（二）严格人员控制

人是兔病传播中潜在的危险因素之一，是极易忽略的传播媒介，因此，一定要高度重视人在兔病传播中的影响和作用，防止因人员流动带来的危害。

全部生产安排、全体人员的活动都应服从生物安全要求，减少病原体及其媒介与兔群接触的可能性。严格管理，非生产人员不得进入生产区，维修人员需经严格消毒后方可进入。严把入口关，在兔场入口、生产区入口、兔舍入口、配料间入口，都应设有消毒更衣设施，制定详细的规章制度并严格贯彻实施。所有进入兔场的人员要严格遵守卫生安全制度，经淋浴消毒、更衣后方可入内。如无法进行淋浴，必须更换洁净并经消毒的工作服和工作靴、帽。兔舍门口设脚踏消毒池或消毒盆，消毒剂每天更换一次。工作人员进入兔舍必须洗手，脚踏消毒剂，穿工作服、工作靴。工作服不能穿出兔舍，饲养期间每周至少清洗消毒一次。不同兔舍的饲养员之间不应串舍，不同功能区人员尽量避免流动。兽医等主管人员进入各类兔舍时，一定要按场内分区走访，兔群的次序按饲养日龄由小到大，由健康群到发病群走访。

饲养人员远离外界兔群，禁止携带与饲养家兔有关的物品进入场区，尤其禁止家兔及其产品进入场内。搞好个人环境卫生，定期进行健康检查，经常进行生物安全培训，提高防范疾病的卫生意识。对人员流动要做好详细的登记、统计记录，并作为档案保留一定时间。

（三）严格兔群控制

杜绝兔群入场前的病原携带，减少兔群在场内各环节、各阶段的病原侵袭，降低兔群的易感性。

1. 加强检疫 检疫是指用各种诊断方法对兔及其产品进行疫病检查，及时发现病兔，采取相应措施，防止疫病的发生和传播。兔场检疫的主要任务是杜绝病兔入场，对本场兔群进行监测，及早发现疫病，及时采取控制措施。

2. 引进兔群检疫 要从管理水平高、质量信誉好、具有种兔经营许可证、没有垂直传播疾病的种兔场引种，最好不要同时从两个以上种兔场引种，防止交叉感染。新进兔群经隔离检疫、健康检查，兽医确认健康后方可入场继续饲养。有条件的进行严格的血清学检查，以免将病原带入场内。进场后严格隔离观察，一旦发现疫情，立即进行处理。只有通过检疫、消毒、隔离饲养20～30天确认无病后才准进入兔舍。

3. 定期检疫与监测 对危害较大的疫病，根据本场情况应定期进行监测。如常见的兔瘟，采用血凝抑制试验检测兔群的抗体水平。有实验室条件的，还可定期对粪便、墙壁灰尘抽样进行微生物培养，检查病原微生物。

4. 对饲料、水质和舍内空气监测 除对每批购进饲料的饲料能量、蛋白质等营养成分检测外，还应对其是否含沙门氏菌、大肠杆菌、链球菌、葡萄球菌、霉菌及有毒成分进行检测；对饲喂用水进行细菌总数和大肠菌群最近似数（MPN）的测定；对兔舍空气中氨气、硫化氢和二氧化碳等有害气体浓度测定等。

同一场内最好饲养同品种、同日龄的兔群，实行“全进全出”饲养制度，最好以场为单位“全进全出”，最低也要以栋为单位。当兔群淘汰后，至少有 15 天的清洗、消毒、空舍时间，以切断病原体的循环感染和交叉感染，给新进兔群创造一个安静、稳定、舒适、卫生的生活环境条件，尽可能减少日常饲养管理中的应激反应，防止生产操作中的污染和感染。做好兔群的日常观察、健康检查和病情分析，建立免疫和检查档案。减少生产性转群，对物品、设施、工具进行严格清洁消毒处理，减少流通环节的交叉污染。

（四）加强消毒

彻底消毒是从根本上消灭病原并切断疫病传播的“链条”，将病原拒之门外，从而控制疫病的发生。对于兔场而言，消毒工作是一项很重要的日常管理工作，是贯彻“预防为主”方针的重要措施。消毒的特点是：第一，不受兔体影响，可使用大剂量、高效药物；第二，消毒药药价低，可节省开支，降低成本；第三，减少药物残留，一般消毒剂不会造成肉品的药物残留。

1. 根据消毒目的不同

（1）*预防性消毒* 是在正常情况下，为了预防兔传染病的发生所进行的定期消毒。

（2）*应急消毒* 是在传染病发生时，为了及时消灭由病兔排于外界环境中的病原体而进行的紧急消毒。

（3）*终末消毒* 是在传染病扑灭后，为消灭可能残留于疫区内的病原体所进行的全面消毒。

2. 根据消毒方法不同

（1）*机械性消毒* 用机械的方法，如清扫、冲洗、洗擦、通风等，达到清除病原体的目的，是最常用的一种消毒方法，也是日常卫生工作之一。机械清除并不能杀灭病原体，但可使环境中病原体的量大大减少，这种方法简单易行，而且使环境清洁、舒适。从病兔体内排出的病原体，无论是从口腔咳出的，还是从分泌物、排泄物及其他途径排出的，一般都会附着于尘土及各种污物上，因此，通过机械清除，环境内的病原体会大量减少。为了达到彻底杀灭病原体的目的，必须把清扫出来的污物及时进行掩埋、焚烧或喷洒消毒药物处理。兔舍适当的通风，不但可以保持空气新鲜，而且也能减少舍内病原体的数量。因此，采取各种方法使兔舍保持适度的通风，是保持兔体健康的一项重要措施。

（2）*物理消毒法* 常用的方法有高温、干燥、紫外线照射等。高温是最常用且效果最确实的物理消毒法，包括巴氏消毒、煮沸消毒、蒸汽消毒、火焰消毒、焚烧等。在兔场消毒工作中，应用较多的是煮沸消毒及蒸汽消毒。①煮沸消毒就是将要消毒的物品置于容器内，加水浸没，然后煮沸。煮沸消毒是一种经济方便、应用广泛、效果良好的消毒法。一般细菌在 100℃沸水中 3～5 分钟即可被杀死，煮沸 2 小时以上，几乎可以杀死一切传染病的病原体。如能在水中加入 0.5％氢氧化钠或 1％～2％小苏打，可加速蛋白质、脂肪的溶解脱落，并提高沸点，从而增加消毒效果。②蒸汽具有较强的渗透力，高温的蒸汽透入菌体，使菌体蛋白质变性凝固，微生物因之死亡。饱和蒸汽在 100℃时经过 5～15 分钟，就可以杀死细菌的繁殖体。蒸汽消毒按压力不同可分为高压蒸汽消毒和流通蒸汽消毒两种，高压蒸汽消毒主要用于实验室玻璃器皿的消毒。③紫外灯照射也是养兔场常用的消毒方法。紫外线照射可使病原微生物的核酸和蛋白质发生变性。应用紫外线消毒时，室内必须清洁，最好能先洒水后再打扫，人离开现场，消毒的时间要求在 30 分钟以上。

（3）*化学消毒法*　是指用化学药物把病原微生物杀死或使其失去活性。能够用于这种目的的化学药物称为消毒剂。理想的消毒剂应对病原微生物的杀灭作用强大，而对人、兔的毒性很小或无，不损伤被消毒的物品，易溶于水，消毒能力不因有机物存在而减弱，价廉易得。

（4）*生物消毒法*　是指对粪便、污水和其他废弃物的生物发酵处理，简便易行，适于普遍推广。在粪便和土壤中有大量的嗜热菌、噬菌体及土壤中的某些抗菌物质，它们对于微生物有一定的杀灭作用。在养兔生产中，常利用嗜热菌参与粪便的生物发酵过程来消灭其中各种非芽孢型菌、寄生虫幼虫及虫卵。兔粪便的生物消毒可采用堆沤法。堆沤粪便的场地应距离生活区及兔舍、水池、水井100～200米。堆沤粪便前，应先在地面挖一条浅沟，深度约25厘米，宽1.5～2米，长度视粪便多少而定，为了防止苍蝇幼虫爬出，可于两侧各挖一条深、宽各30厘米的小沟，沟的底面最好砌砖并抹以水泥，以防渗漏及便于清理。堆沤时，底层先放厚25～30厘米的稻草或干草，后堆放欲消毒的粪便、垫料，然后于粪堆外面铺上10厘米左右的稻草，并覆盖10厘米的泥沙，堆沤时间一般为3周至2个月。

七、养兔场生物安全方面存在的主要问题

（一）生物安全系统不健全

缺乏统一规划、设施不够完善、防范范围较窄、缺乏职能岗位等。具体表现在：通常缺少关于生物安全的总体规划方案；生物安全大环境普遍不好，如场区过密、选址不良等；习惯于历史形成的管理模式，如饲养员集体住宿、兔舍内外一套衣、后勤人员不住生产区、没有专门物品的交接间等；生物安全设施不完善，如隔离设施不完善、卫生死角多、交叉污染解决得不好等；消毒漏洞多，如饲料、垫料、进出用具等因缺乏消毒设施而不能

彻底消毒，人员不换衣物或不消毒等；重兔群、轻环境，重消毒、轻生态养护，重病毒和细菌、轻蚊蝇和昆虫。

（二）卫生防疫制度不尽完善、标准不高，缺乏全面性、系统性

标准不高，甚至缺乏标准；执行中打折扣；缺乏监督。如原有的卫生防疫制度涉及面较小，不能涵盖生物安全的方方面面；对做与不做强调较多，对做得怎样要求不细；有的制度弹性较大，留有缩水的余地；存在一些“良心活”，容易打折扣；缺乏有效的监管机制，监管体系也不够规范化。

（三）隔离消毒技术规程不健全，执行不严格、不到位

还没有做到每个环节、每种对象都有特定技术规程，技术要求标准低，执行中打折扣，缺乏监督。如与隔离消毒有关的环节、项目、对象涉及100多种，都需要有技术规程，而我们仅有很少一部分；有的对步骤、数量、时间、做法、达到的要求规定不细，甚至执行人理解、操作出现差距；具体要求的技术来源不一，缺乏验证；对消毒剂本身质量缺乏验证；员工技术素质参差不齐，对技术规程的理解不一致；技术不到位或错误；现场操作有效的监管不够等。

（四）缺乏新技术手段

有时技术要求局限于经验而非科学依据；存在不足、过度或重复现象；对疫苗和药物的依赖和担心；实验室检验手段急需充实、提高。

（五）生物安全危机意识尚未完全体现出来

缺乏生物安全危机意识，一旦发病，高度紧张后随之出现麻痹意识。

八、养兔场生物安全的主要做法

（一）场址与布局

兔场选址在隔离条件好的区域，离最近的畜牧场或其他可能的污染源至少 3 000 米以上，距离居民区 3 000 米以上。远离被工厂排放物、家兔粪便及处理物污染过的土地或水源。交通方便，连接兔场与交通要道的道路应是供兔场运输专用。兔场离主要交通要道至少 500 米，离饲料厂不超过 30 千米，离冷藏厂距离不超过 50 千米。

地势高燥向阳，通风良好，便于排除雨水和污水，不受洪水影响。地面平整，用做净道、净区的地方不能低于污道、污区。水源充足，能满足生产、生活和消防需要。水质良好，符合饮用水标准。排水系统符合生物安全要求，道路两旁修排水沟，路面及水沟要求硬化，排水顺畅，不可渗水或积水。

兔场周围建完整的防护设施，与外界彻底隔离。实行封闭式生产。生活区、生产区、污物处理区等各功能区的划分明确，留有足够的间距与缓冲区。净道与污道分开，净门与污门分开，不要交叉，进出合理。场区植树和全面绿化。

（二）兔舍建筑

净污分清，净门、净道、污门、污道设在合适的位置；排污合理，排水顺畅，地面做防渗处理；纵向通风与横向通风结合，通风合理顺畅；保温和隔热性能好；房舍墙壁和地面做防水处理；结构严密，封闭性好，有铁丝网或纱网等防鸟、鼠、蚊、蝇设施。

（三）卫生防疫

多级隔离的消毒设施：场外、大门口设车辆冲洗场、车轮消毒池、冲洗消毒设备；场内各功能区及出入口也要设车轮消毒池、冲洗消毒设备，建物品交接间、人员淋浴消毒室，传入式的专用饲料库、垫料库。兔舍等房舍出入口设脚踏消毒池、洗手消毒盆、消毒喷壶、冲刷消毒设备。净、污接近处要明确标示，建隔离物，设消毒池。

兽医卫生基础设施：建立兽医实验室，有专用房舍、设备和人员；建专用病死兔处理设施，如焚尸炉等，防止污染扩散；建专用兔粪、污物处理设施，可防渗、防污染扩散。

其他常用卫生消毒设施：如各生产区、各功能区的器具冲洗场、浸泡池、熏蒸室、洗刷灭菌设备等；建封闭式、水冲式厕所。

常用消毒方法与程序：日常消毒可采取烧、泡、煮、埋、洗、刷、喷、熏、紫外线照射、阳光照射、发酵等。发生传染病时的消毒原则是“早、快、严、小”，“隔、封、消、杀”。在隔离的前提下消毒。先喷药后清扫；用消毒剂连续多次冲洗消毒后封闭门窗。饲养员走污道出场，不与外人接触。彻底淋浴、消毒、更衣后再回无疫区。发生传染病的兔舍至少空舍 4 周以上才能重新使用。

清扫是一切消毒工作的基础，务必要完全彻底，更不要因清扫而使污染扩散。清扫应自上而下、由里到外。干燥时先洒水再清扫，明显污染的撒药后清扫。对污染物就地初步消毒后，再运出处理。

清扫后冲洗，对附着物要刷洗或高压清洗，严重污染的用消毒液清洗。冲洗要自上而下、由里到外，完全彻底，不使污染扩散。

一般冲洗程序：喷洒消毒液→清水冲洗→洗涤剂刷洗→清水冲洗→消毒剂冲洗→清水冲洗。

对清洗人员要求：作业中不擅离岗位，不与他人接触，工作服就地消毒，走污道回指定消毒场所，淋浴、消毒、更衣后再回净区或生活区。

（四）病死兔尸体和粪便的无害化处理

病死兔尸体要及时处理，严禁随意丢弃，严禁出售。尸体处理最好采用焚烧炉焚烧的方法，不具备焚烧条件的养兔场应设置2个以上安全填埋井，填埋井应为混凝土结构，深度大于2米，直径1米，井口加盖密封。在每次投入尸体后，应覆盖一层熟石灰或喷洒大量消毒液，井填满后，必须用土填埋压实并封口。装载尸体的容器必须采用蒸汽灭菌，运输尸体的车辆应清洗、消毒。对粪便进行堆积发酵或机械膨化、干燥、消毒等无害化处理。

（五）小环境控制

场区绿化、美化；种植高低植物或与水塘相结合，以改善空气质量；开放式兔舍之间的植被高度控制在30厘米以下。

（六）隔离制度

实行场、区、舍、群多级隔离，人、车、物、料、水、环境、局部空气有效消毒。

场内外隔离：封闭生产，进入必须经过相应的消毒。

生产区隔离：限制出入，进入必须经过相应的消毒。

兔舍间隔离：固定人员、消毒入内，固定工具、专舍专用，进入物消毒。

员工在场外的要求：不从事畜兔养殖、加工、经营、诊治等工作，家中不养畜兔，不经营处理兔粪，不接触畜兔及其产品生产、加工、经营、诊治、处理等易污染场所。

（七）“全进全出”制度

饲养场区“全进全出”。独立的饲养区，一个饲养区内饲养来源相同的幼兔。一同入舍、一起出栏。彻底清洗、消毒，空舍一定时间后再进兔。

（八）饲料卫生

提倡饲料塔（罐）自动喂料系统。使用饲料库周转的，要加强饲料库卫生管理。两个以上饲料库轮流使用，“全进全出”。饲料出库后彻底清扫、消毒后再进料。饲料库建于生产区入口，车辆及外人不得入内。尽量使用颗粒料。不买霉变、脏、发病区的饲料。营养成分测定合格，微生物、药残测定合格。

运输：清洁卫生的车辆和驾驶员。装车前车体、驾驶员要消毒。途中注意卫生，防止污染。进入兔场全面消毒。

储存：料库、料塔清洁卫生，防霉、潮、虫、鼠、热、晒。

饲喂卫生：确认无异常再喂。随时检查采食状况。料槽（桶）内不存过夜料。防止饲料进水、污染。

垫料卫生：选购垫料力求清洁、干燥、卫生。购入的垫料在垫料库用 3 倍量甲醛和高锰酸钾熏蒸消毒 72 小时以上，经细菌检验合格、确认无异常再出库使用，使用中保持卫生、松软，防止过干、过湿。

（九）饮水卫生

每季度检验一次水质，每月进行一次细菌检测，不合格的水源要经处理后方可使用。每月清理一次水塔和输水管道，定期清理一次水线、饮水器或水槽。

（十）培育健康兔群

挑选来自无疫场、健康、品系好、健壮整齐的兔；严格按技术标准提供饲养管理条件，包括温度、湿度、密度、卫生、通风、营养、饮水、光照等。提供全群均一的饲养环境，培育兔群良好的整齐度。健康仔兔质量标准应为外观精神好，被毛整洁光亮，体型正常，体重达标。

（十一）计划免疫

建立合理的基础免疫程序。每批兔入舍前，根据季节、环境、来源、健康、抗体、疫情、疫苗等实际情况，对基础免疫程序合理调整，确立本批兔的免疫程序。加强疫苗管理，选用优质疫苗，安全运输，合理保管，把握有效期，实施规范接种。加强日常管理，合理使用抗应激药物，减少应激，尤其要减少接种疫苗时的应激。

（十二）观察报告和逐级负责

根据养兔场大小及组织结构，建立从饲养员→生产主任、技术员或生产场长→场长的逐级报告和负责程序。要明确职责：饲养员负责现场操作，生产主任、技术员或生产场长主管现场管理、安排、指导、协助解决问题，场长全面掌控、决策、对企业负责。

观察报告对象主要是兔群、兔舍、环境等，包括饲养日记、工作记录、日报表、周报表、汇总表等。

九、卫生防疫技术规程和实施细则

养兔场常用的卫生防疫技术规程有几十个重点环节和项目，各场应根据自己的实际情况制定出实施细则。如场内外隔离和卫生管理制度，饲养生产区隔离和卫生管理制度，兔舍间隔离制度，“全进全出”实施办法，进入场区消毒规程（车辆、人员、物品），进入生产区消毒规程（车辆、人员、物品），淋浴消毒规程，进入兔舍消毒规程，隔离服装使用管理办法，饲料卫生和消毒管理办法，垫料卫生和消毒管理办法，饮水卫生和消毒办法，生物制品管理办法，免疫程序，免疫接种技术规程，投药技术要求，兔舍及设施、设备清理消毒规程，兔舍环境监测制度，兔舍及设施设备日常卫生管理办法，带兔消毒办法，兔群观察报告和逐级负责制度，兔群检测制度，重点疾病净化制度，病弱死兔淘汰处理制度，场区净、污区和净、污道管理办法，消毒剂使用管理办法等。

十、养兔场主要卫生标准

生产区环境卫生：环境绿化，净污区、净污道分开。隔离消毒设施齐全。厕所常冲水、无异味。严防鼠类，解决水沟污染、蚊蝇害虫孳生地的问题。污染废弃物无害化处理。场区清洁，物料摆放整齐，消毒剂常更换。

备用兔舍卫生：建筑完好，封闭严密，兔舍内外彻底清理、消毒 3～4 遍。所有设施设备完好无损，清洁卫生。空舍 2 周以上，最后以细菌检测结果作为是否合格的依据之一。

使用兔舍卫生：门口设脚踏消毒池，每天换消毒液。管理间要整洁卫生。兔舍内所有设施设备、地面、墙壁、垫料经常消毒。

十一、兔群日常观察

注意观察兔群状态，随时发现疫情，尽早采取有力措施，是兔场生物安全管理的一项重要工作。

观察行为状态：正常情况下，幼兔反应灵敏，精神活泼，眼睛明亮有神。

观察被毛：正常情况下，被毛整洁、光滑。若全身被毛蓬乱、无光泽，多为发病征兆。

观察粪便：正常的粪便规则成形。当兔患病时，往往排出异样的粪便，如血便多见于球虫病、出血性肠炎等。

观察呼吸：当天气急剧变化、接种疫苗后、兔舍灰尘多时，容易激发呼吸系统疾病，故应在此期间注意观察呼吸频率和呼吸姿势，有无鼻涕、咳嗽、异样的呼吸音。

观察饲料、饮水用量：在正常情况下，兔采食量、饮水量保持稳定的缓慢上升。一旦发现异常，应及时找出原因。摄食、饮水异常多为发病的早期表现。

残、弱、病兔隔离：把残弱兔和病兔挑出单独饲养观察，以提高成活率和出栏均匀度。如发现有传染病流行，要及时隔离、淘汰病兔。

第三章　微生态制剂与兔病防控

一、兔肠道正常微生物菌群的构成

兔与其他动物一样，其生理活动受外环境和内环境的影响。外环境是指兔体生存环境周围的空气、水、粪尿、土壤、各种用具、饲料中的微生物及各种药物等对兔的影响。人们对兔体与外部环境之间的关系认识比较清楚，而且比较重视；而对于内环境，即正常微生物群与其宿主（兔）所构成的内环境的微生态关系，却因不能直观而认识浮浅，且常常被忽视。正常微生物群与兔体内环境相互之间的关系，是指兔体内存在的数量和种类繁多的正常微生物与兔体的免疫、营养、生物屏障、生物颉颃、急性和慢性感染等的关系。而正常微生物是在兔体长期历史进化过程中形成的，不但无害，而且有益；不仅有益，而且是必要的，不可缺少的。微生物与微生物之间在健康兔体内都保持相对稳定的平衡状态，它们之间的关系主要表现为栖身、互生、偏生、竞争（颉颃共生）、吞噬、寄生等。兔体内环境与外界环境之间的关系，主要指兔体消化道、呼吸道等部位的正常微生物群与兔舍土壤、粪便、饲料、饮水、空气等的微生物及有毒有害物质之间的关系。如饲料中有毒有害成分对兔体内正常微生物群易造成损害，影响机体的健康，并且兔肉的药残增加，品质下降。

兔消化道内存在大量的微生物，它们并不引起兔体发病，这些微生物就是正常微生物群。兔在胚胎期一般是无菌的，但在出生后，幼兔接触到外界环境微生物后，在消化道内很快就有大量微生物生长繁殖，逐渐适应定植下来，形成一个微生物群体。按传统观念，肠道内容物中需氧菌或兼性厌氧菌占绝大多数，但事实上，像大肠杆菌和肠球菌这些需氧菌或兼性厌氧菌只占肠道菌群的5%以下，而占95%以上的都是厌氧菌。这些厌氧菌，以往由于技术上的原因，很难培养出来，因而认为无此类菌存在。随着厌氧培养技术的不断提高，占多数的厌氧菌都能分离培养。厌氧性细菌，如双歧杆菌、乳杆菌和类杆菌主要在大肠和盲肠段。肠内正常菌群的平衡是相对的，饲料的种类、抗菌药物、疾病、气候变化及日龄等因素，均可对菌群种类和数量产生一定的影响。研究发现，随着兔日龄的增长，其体内双歧杆菌和大肠杆菌数量明显增加，肠球菌等逐渐减少；乳杆菌、消化球菌、类杆菌、葡萄球菌和芽孢杆菌的变化不大。

食道内的菌群以乳酸菌为主，还有肠球菌、大肠杆菌。胃中的pH非常低，微生物在此部位能否存活取决于对酸的耐受性。在小肠中存活的主要有乳酸菌、肠球菌、链球菌、大肠杆菌、葡萄球菌和芽孢杆菌。此外，还有少量的酵母菌。小肠前段细菌数量较少，后段数量逐渐增多。微生物很少在十二指肠内增殖，因其液体内容物的流动性很高，但在生长停滞的兔中，小肠肠球菌可以在十二指肠绒毛上形成集落。盲肠充满黏稠黏液，内有数量很高的微生物，且微生物菌群种类繁多，十分复杂。盲肠内的正常微生物主要是厌氧性细菌，如乳酸菌、双歧杆菌和类杆菌等，兼性厌氧菌如大肠杆菌、沙门氏菌、变形杆菌等也存在，但数量少。另外，还存在少量的其他微生物如酵母菌等。

兔肠道正常微生物群大致有三大类型：①共生性类型，这一类微生物对家兔有益无害，是生理性细菌，数量大，恒定存在，主要有乳酸菌、双歧杆菌、类杆菌、肠球菌。在微生态平衡时，不会对兔产生不良反应，具有维生素、蛋白质合成和辅助消化、吸收作用，可防止外袭菌侵入，刺激免疫功能，保持机体健康。

②致病性类型，此类菌在生态平衡时数量少，不会致病，而且作为保持微生物群落中生态平衡的必要组成部分，如果数量超出正常水平则可引起兔的疾病。这类细菌主要有大肠杆菌、葡萄球菌等。③中间性类型，此类菌具有生理性作用和病理性作用，换言之，它们具有潜在的危害性，中间性类型微生物群的增加可导致腐败物质和毒素的增加。

二、兔肠道正常微生物菌群的作用

在正常情况下，家兔正常菌群区系中的各种微生物在种类、数量及栖居部位及微生物间、微生物与宿主间，形成了一个相互依从、相互制约的动态平衡的生态系统，这种平衡是家兔保持健康和发挥动物正常生产性能的必要条件。正常菌群与家兔之间形成的是共生关系。

（一）促进营养物质的消化吸收

兔肠道正常微生物群可产生大量的酶类，用于分解饲料中的碳水化合物、脂肪、含氮物质等。碳水化合物主要在盲肠细菌作用下发酵，其产物主要是二氧化碳和甲烷。另外，还有挥发性的脂肪酸，如醋酸、丙酸和高级脂肪酸。消化道内微生物利用蛋白质产生兔可吸收利用的氮，脂肪被分解成可吸收利用的短链脂肪酸。

（二）补充营养成分

兔肠道菌群对维生素具有合成作用，经常被认为是菌群所具有的重要作用之一。如参与维生素 B_1、维生素 B_2、维生素 B_6、维生素 B_{12}、维生素 K、烟酸、叶酸等的合成，这些都是机体营养和代谢所必需的物质。有些细菌产生多种氨基酸及其他代谢物质被兔作为营养物质吸收利用，从而促进兔的生长发育。

（三）菌群的生物屏障作用

家兔消化道的正常菌群对过路菌的侵袭具有很强的屏障作用和颉颃作用。如肠道中厌氧菌占优势，可与兼性菌竞争营养，且这些菌在代谢过程中可产生挥发性脂肪酸和乳酸，从而抑制过路菌的生长与繁殖。厌氧菌产生 H_2O_2、H_2S，能抑制某些细菌的生长，而且正常菌群在黏膜表面形成一层生物膜，这层膜对宿主起到了占位性保护作用。如果这层膜遭受到了抗生素或辐射的破坏，兔就会因过路菌的侵入而发生疾病。

正常菌群为原籍菌，可直接参与消化道黏膜菌群的构成，与兔肠道黏膜受体形成特异性可逆性结合，既坚固了机械屏障，又构成了生物屏障，对于阻止致病菌、条件致病菌定植具有重要的生物屏障作用，同时还表现为对已定植细菌的制约作用，从而维持了肠道的微生态平衡。

三、微生态平衡与微生态失调

（一）微生态平衡

微生态平衡是指正常微生物群与微生物群之间、正常微生物与宿主之间的动态平衡状态。这种平衡状态包括微生物群相对固定的位置、种类和数量。肠道菌群一旦丧失平衡，则将出现菌群失调，此时有益菌数量减少，有害菌增多，导致机体发病。

微生态平衡与兔的营养、免疫状况和生物颉颃关系密切。

微生态平衡与兔的营养关系主要表现在维生素、含氮物质、糖类、脂肪等的代谢方面。①兔肠道正常微生物群可以合成B族维生素、维生素K等。当日粮中缺乏核黄素、维生素 B_6、叶酸、烟酸时，一些缺乏症状可因肠道微生物合成的维生素而缓解。但是，这并不意味着在饲养过程中不需要添加维生素，因为合成维生素的细菌多在肠管后部，该部位已不能充分吸收利用细菌合成的维生素，所以在兔的饲养中，仍需添加足够的 B 族维生素。有研究证明，一种能合成 β-胡萝卜素的细菌——黄杆菌在家兔的肠道中定植，使兔维生素 A 缺乏的症状大大减轻。除了肠道微生物群对兔具有正面作用外，也存在一定的负面作用，如无菌兔对维生素 B_1 的吸收比普通兔良好，有些微生物会消耗硫胺素，产生硫胺素酶，增加对硫胺素的需要量；乳酸菌可降低肉兔肝脏生物素沉积，增加了肉兔生物素需要量等。②兔肠道微生物对蛋白质的利用具有双重作用：一方面，具有分解蛋白质的能力，甚至几乎可以分解所有的含氮化合物；另一方面，兔肠道微生物又具有利用氮源合成氨基酸和蛋白质的能力。此外，排泄于肠道和泄殖腔中的尿素氮，也可通过肠管逆蠕动，转移到盲肠，由盲肠微生物分解，进入再循环，使饲料中的氮得到更充分的利用。

兔肠道微生物菌群处于平衡状态时，兔的免疫功能正常，感染疾病的机会较少。大量研究表明，普通健康兔或添加益生菌饲喂的兔肠道内微生物作为一种抗原物质，促进了免疫器官的综合发育，从而有更多的淋巴细胞分化成浆细胞，产生抗体。还有试验表明，兔肠道微生物菌群处于平衡状态时，正常菌群与疫苗接种在抵抗病原菌方面具有协同作用。

（二）微生态失调

正常情况下，正常菌群内部及其与宿主之间处于共生、协调的平衡状态，但是，这种平衡是相对的、可变的和有条件的。许多因素可导致正常菌群中的微生物种类、数量发生改变，菌群平衡受到破坏，即菌群失调。由于正常菌群失调，使某些潜在的致病菌得以迅速繁殖而引起的疾病称为菌群失调症。可引起菌群失调的因素很多，包括环境、宿主和微生物等因素。如在生产中，由于日粮突然变化，导致正常菌群失调，经常出现消化不良、腹泻、生长缓慢等。

兔的集约化饲养所致的密度大、通风换气条件差、应激、抗生素的使用、细菌毒素、化学毒素、疾病等都可造成肠道内微生态平衡的破坏，导致微生态失调。由于饲养密度大，兔运动量不足，空气污浊，有害菌更易增殖。温度高，易发生应激反应，肠道内抑制病原菌侵入的能力降低。长期连续或短期大量口服抗生素等抗菌药物，会使有益菌大量被杀死而失去优势，使潜在的致病菌大量繁殖引起消化道疾病，或维生素缺乏症和胃肠炎等，因此，在生产中应注意不滥用抗菌药，在进行治疗时，除使用药物来抑制或杀灭致病菌外，还应考虑调整菌群，恢复肠道正常菌群生态平衡的问题。

四、微生态制剂及其种类

一切外环境的变化，归根结底都必然影响微观生态平衡。抗生素、农药、化肥及其他化学药品的使用，以及物理、化学因素等，无不直接或间接对微观生态平衡产生有利或不利影响。抗生素的广泛使用，导致动物体内菌群失调、抗药性产生及免疫功能下降等，许多国家都颁布了对某些抗生素禁用的命令。在此情况下，无毒副作用、无残留，既能促进动物生长，又能防治疾病的微生物添加剂已引起人们的重视，是当今饲料添加剂工业发展中又一新型添加剂。

（一）微生态制剂

微生态制剂又名饲用微生物添加剂、活菌制剂等，是利用兔体内的优势菌群经人工繁殖，再与促进物质结合而制成。该制剂是天然的绿色添加剂，无毒副作用，无残留污染，不产生抗药性，使用方便，能有效补充兔消化道内的有益微生物，改善消化道内菌群平衡，提高机体抗病能力、代谢能力和对饲料的消化吸收能力，达到防治消化道疾病和促进生长的双重作用。

（二）兔用微生态制剂的种类

1. 乳酸菌类制剂 本类制剂添加后在肠道中内分解糖类产生乳酸，使肠内酸度升高，抑制病原菌的存在，同时产生天然的抗生素类物质。

2. 酵母类制剂 富含B族维生素、消化酶和核苷酸，能参与兔机体内蛋白质、脂肪和糖类的代谢，促进胃肠道发酵功能，增强兔的消化作用。

3. 芽孢杆菌类制剂 多用蜡样芽孢杆菌、枯草芽孢杆菌、地衣芽孢杆菌等制成。芽孢杆菌类制剂利用氧气的能力很强，能大大消耗肠道内的氧气，造成肠道内厌氧环境，使需氧的病原菌难以生存，而厌氧菌这类优势菌群则大量繁殖，从而抑制病原菌的生长。

（三）微生态制剂应用于兔的生物学依据

健康的兔肠道内栖息着多种微生物，彼此之间相互依存、相互制约，维护着兔肠道微生态平衡及机体健康。当兔处于应激、消化紊乱、饲料改变、育肥、抗生素治疗时期，会引起肠内菌群的变化，当应激超过其生理范围时，则引起消化道菌群失调，微生态平衡破坏，甚至表现出病理状态，造成兔的生产性能下降，死亡率上升。额外添加有益微生物，可以调节肠道微生态的平衡，使肠道有益菌占优势，有害菌被抑制，维持兔体健康。

微生态制剂的应用与营养之间关系密切，微生态制剂在肠内定位繁殖，不仅会产生生长素、生长刺激因子等生理活性物质，促进兔体对营养物质消化、吸收，还产生B族维生素、氨基酸、多种淀粉酶、脂肪酶、蛋白酶等，提高饲料转化率。

需氧芽孢杆菌能在宿主肠道内迅速地定植并生长繁殖，消耗氧气，又称生物夺氧，从而降低局部的氧化还原电势，扶植和促进正常厌氧菌群的生长繁殖，从而使失调的微生态恢复平衡，达到治疗疾病的目的。酵母则通过分泌一些生长因子并消耗对肠道有益微生物不利的氧气，进而在肠道中促进有益菌的生长，维护菌系平衡。

微生态制剂中的活菌大多为机体中的正常菌群，具有定植性、排他性、繁殖性，进入机体内迅速繁殖，对有害微生物产生颉颃作用；有些益生菌还产生细菌素、有机酸、过氧化氢等直接抑制病原菌；还有一些微生物在发酵和代谢过程中通过提高或降低某些酶的活性改变有害微生物的代谢，而不利于其生长。正常微生物群有序地定植于消化道黏膜表面或细胞之间，构成机体的防御屏障，阻止病原微生物的定植，起着占位、争夺营养、互利共生作用。

（四）应用微生态制剂应注意的问题

1. 微生态制剂的添加方式 一般粉状饲料使用微生态制剂效果较好。在颗粒饲料和膨化饲料加工过程中，高温高湿可造成10%～30%的芽孢杆菌的损失，肠球菌可损失 90%以上，乳杆菌几乎全部被杀灭，酵母的活细胞损失达 99%以上。因此，在制粒饲料中不宜用微生态制剂，但可使用耐热（90～100℃）、耐挤压的芽孢杆菌制剂。乳酸菌不耐高温，因此，应采用冻干后包被或采用喷雾干燥的方式制成的乳酸菌制剂，活菌数量高，保存期长。

2. 微生态制剂的保存 微生态制剂均为活菌制剂，应密封保存于阴凉避光处，储存时间不宜过长。有效期根据所选用的菌种不同，差异较大，芽孢杆菌类型微生态制剂的有效期比其他类型的有效期长，可达 1 年左右。

3. 微生态制剂不宜与抗生素同时使用 使用微生态制剂的前后 2 天应停止使用抗生素，也不宜用吸附剂、酊剂、鞣酸等，以防降低效果或失效。

4. 微生态制剂的适宜添加量 微生态制剂添加到饲料中的

比例并不是越高越好，因为兔的胸腺、脾脏对微生态制剂的耐受有一定范围，过高反而是一种应激。不同的微生态制剂应用于不同品种、年龄、健康状况的兔，必须达到一定数量才能形成微生物的生物屏障，过多过少均达不到预期的效果，其适宜的剂量有待进行规范化、标准化。

5. 复合微生态制剂中各菌种间的配伍 应用两种微生物制成的微生态制剂属于简单复合微生态制剂，如乳酸菌与酵母共生，具有协同作用。但是有些复合微生态制剂含有多种菌种。多菌种之间是否均起协同作用，菌种的种类、含量配比如何才能使制剂的效果达到最佳，在保质期内它所发挥的作用是否稳定等，有待进一步深入研究。

6. 影响使用效果的气候因素 在高温、高湿的夏天，微生态制剂的使用效果要比在气候宜人的季节使用效果更明显。饲喂微生态制剂的兔排出的粪便比对照组的干燥，从而减少粪臭味，也减少了应激。

7. 使用微生态制剂存在的误区 需要明确的是微生态制剂不是灵丹妙药，并不能包医百病，对某些发生机理尚不清楚、尚无有效疗法的兔病，寄希望于微生态制剂来完全解决，是缺乏科学依据的。多种实验表明，微生态制剂的预防效果要好于治疗效果。在当前饲养环境及饲养技术仍不完善的条件下，抗生素在治疗疾病方面仍起作用，但是随着条件的改善，微生态制剂作为绿色添加剂在家兔养殖业中的作用将日渐突出。

8. 应用前景 尽管我国对微生态制剂的研究和应用比一些发达国家起步晚，但起点比较高，它的开发和应用对我国畜牧业的发展起到了积极的推动作用，且潜力很大。微生态制剂不仅具有营养保健作用，而且避免了抗菌药物等在动物体内的残留，是一类绿色环保产品。

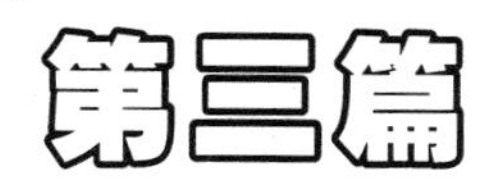

把好免传染病防控的第二道“门”

——疫苗的免疫接种

第四章　兔传染病的免疫防治

免疫是指兔对病原微生物侵入所表现的不同程度的不感受性，即指兔有抵抗病原微生物侵害的能力。感染与免疫是个统一的过程。当兔受到感染后，因病原微生物的作用而发生正常生理平衡的失调，与此同时，机体动员一切防御因素，抵抗病原微生物的侵袭。由于病原微生物的刺激作用，感染向免疫方面转化，机体逐步建立起免疫状态。由此看来，感染与免疫不是彼此孤立，而是相互联系、相互制约的统一过程，并在一定条件下相互转化，从而影响和决定传染病的发生、发展和结局，使兔体得到保护。

兔体对病原微生物的免疫力可分为非特异性免疫和特异性免疫两种。非特异性免疫是动物在种族进化过程中由于机体长期与病原体斗争而建立起来的天然防御机能，它可以和其他生物学特性一起遗传。该种免疫可对各种抗原物质都同样产生一系列生理排斥反应，其作用范围广泛，对任何抗原无特异选择性。特异性免疫指兔个体在发育过程中受到病原体及其产物的刺激而获得的免疫力，它具有高度的特异性，当兔体再次受到该种抗原刺激后，可产生针对该种抗原物质的专一性免疫反应。该免疫包括细胞免疫和体液免疫两方面。

机体的免疫虽然有非特异性免疫和特异性免疫之分，但实际上它们都是共同协助、互相配合，以维持机体的内在平衡与统一。对大部分致病微生物而言，如果没有吞噬细胞对抗原的吞噬及处理，特异性免疫反应就不会发生，但就最终清除病原微生物而言，除了特异性抗体及淋巴因子的直接作用外，大多数情况下，也还需要网状内皮系统的吞噬作用及补体等参与才能最后完成，所以它们二者是不可分割的。

特异性免疫又可分为主动免疫和被动免疫。主动免疫是由于机体患过某种传染病或隐性感染之后，所产生的对某种病原微生物的抵抗力，或是人工预防注射，促进机体产生对某种特定病原微生物的免疫力，前者称为天然主动免疫，后者称为人工主动免疫。被动免疫是机体通过卵黄获得的免疫力，或通过注射高免血清及卵黄抗体而被动获得的免疫力，前者称为天然被动免疫，后者称为人工被动免疫。被动免疫与主动免疫比较，后者保护力出现较慢，但出现后持续时间长，免疫力也较坚强；前者则出现快，消失也快，免疫力也不十分坚强。

免疫接种是预防传染病的有效方法之一，但是免疫接种能否获得成功，不但取决于接种时疫苗的质量、接种途径和免疫程序等外部条件，还取决于机体的免疫应答能力这一内部因素。接种疫苗后的机体免疫应答是一个极其复杂的生物学过程，许多内外环境因素都影响机体免疫力的产生。因此，接种过疫苗的兔群不一定都能产生坚强的免疫力。近年来，一些免疫兔群常常暴发传染病，给养兔生产造成了较大的损失。

一、兔的免疫程序

（一）免疫程序

现代化养兔业都具有一定的规模，采取集约化生产的形式，为了提高兔群对特定疫病的特异性免疫力，必须搞好免疫接种。免疫接种不仅需要质量优良的疫苗，正确的接种方法和熟练的技术，还需要一个合理的免疫程序，才能充分发挥各种疫苗应有的免疫效果。一个地区、一个兔场可能发生多种传染病，而可以用来预防这些传染病的疫苗的性质又不尽相同，免疫期长短也不一，因此，需要根据各种疫苗的免疫特性来合理地制订预防接种的次数和间隔时间，这就是所谓的免疫程序。

（二）兔免疫程序制订的依据

疫苗的免疫程序在各个养兔场，各种不同用途的兔群，各种不同饲养方式的情况下是不可能相同的。要达到免疫程序和实施方案的合理，应根据不同情况制订切合实际的程序。

1. 免疫基础 应考虑各个不同品种兔群间的免疫基础，即种兔群的免疫状况决定了仔兔母源抗体的水平，因而决定了疫苗首次免疫的日龄。

2. 家兔品种 应考虑各种不同用途品种间的差异，对于种用兔、毛用兔等饲养周期较长的兔群，其免疫程序应综合考虑系统免疫，而且各种疫苗的免疫接种时间，尽可能地在产仔前全部结束。

3. 当地疫病发生状况 应考虑本地区内发生疫病的种类、流行情况。一般情况下，常发病、多发病，而且有疫苗可预防的应重点安排；而本地从未发生过的疫病，即使有疫苗，也应慎重使用。

4. 兔场的饲养管理水平 应考虑兔场的管理水平和环境控制程度，管理制度严格，各种防疫措施有力，环境控制得较好，各种病原入侵的机会相对减少，即属于相对安全区域；反之，管理松散，防疫制度名存实亡，各种疫病常发，则属于多发病区域。这两种不同区域的免疫程序和疫苗种类的选择是不同的。

5. 选用疫苗的特点 应考虑选用疫苗的免疫特性，产生免疫力的时间，免疫期的长短。各种疫苗的免疫期及产生免疫力的时间是各不相同的。一般情况下，应首先选用毒力弱的疫苗做基础免疫，然后再用毒力稍强的疫苗进行加强免疫。

6. 免疫监测 为使免疫程序更合理、更科学化，应考虑建立免疫监测制度，根据免疫监测修正免疫程序。

二、影响免疫苗免疫效果的因素

预防兔传染病的疫苗种类很多，同种类疫苗中还有不同品种、不同毒株型号的疫苗之分。尽管许多疫苗对预防各种传染病都有一定的免疫效果，但各种疫苗应用后免疫效果的差异与多方面因素有关：兔群饲养管理水平及饲料中营养成分的平衡与否，直接影响兔体的非特异性免疫力，也间接影响疫苗的免疫效果；疫苗的种类、质量与运输、贮存条件及操作技术是影响免疫效果的最基本因素；母源抗体水平高低对仔兔早期应用疫苗的免疫效果有干扰；免疫程序及疫苗的免疫接种方法是否合理直接决定免疫效果的好坏；兔群的免疫状态对疫苗免疫回忆反应的作用，在不同兔群中有不同的反应；兔群中处于免疫临界线以下易感兔的比例与兔体免疫水平状况有密切关系；日龄因素及免疫器官的发育程度对疫苗免疫应答反应有影响；疫苗免疫接种过程中，应激因素的强弱程度，对免疫效果有很大影响。

（一）疫苗因素

疫苗的质量：疫苗不是正规生物制品厂生产、质量不合格或已过期失效。疫苗因运输、保存不当或疫苗取出后在免疫接种前受到日光的直接照射，影响疫苗的效价，甚至失效。

疫苗间干扰作用：将两种或两种以上抗原同时免疫接种时，有时抗原间会产生相互干扰或抑制，机体对其中一种抗原的免疫应答显著降低，从而影响这些疫苗的免疫效果。

（二）兔群机体状况

遗传因素：动物机体对抗原有免疫应答，在一定程度上是受遗传控制的，不同品种兔的免疫应答有差异，即使同一品种不同个体的兔，对同一疫苗的免疫反应强弱也不一致。有的兔甚至有先天性免疫缺陷，从而导致免疫失败。

母源抗体干扰：由于种兔个体免疫应答差异及不同窝幼兔母源抗体水平参差不齐，如果所有幼兔固定同一日龄进行接种，则母源抗体高的会干扰后天免疫，不产生应有的免疫应答。

应激因素：动物机体的免疫功能在一定程度上受到神经、体液和内分泌的调节，在过冷过热、湿度过大、通风不良、拥挤、饲料突然改变、运输、转群等应激因素的影响下，机体肾上腺皮质激素分泌增多，损伤 T 淋巴细胞，对巨噬细胞也有抑制作用，增加 IgG 的分解代谢。因此，当兔群处于应激反应敏感期时接种疫苗会降低兔自身的免疫能力，影响免疫效果。

营养因素：维生素及许多其他养分都对兔免疫力有显著影响。营养缺乏，特别是维生素 A、维生素 D、B 族维生素、维生素 E 和多种微量元素及蛋白质缺乏时能影响机体对抗原的免疫应答，免疫反应明显受到抑制。

（三）病原微生物

血清型：许多病原微生物有多个血清型，甚至有多个血清亚型，某兔场感染的病原微生物与使用的疫苗毒株在抗原上可能存在较大差异或不属于一个血清（亚）型，从而导致免疫失败。

野毒早期感染或强毒株感染：兔体接种疫苗后需要一定时间才能产生免疫力，而这段时间恰恰是一个潜在的危险期，一旦有野毒入侵或机体尚未完全产生抗体之前感染强毒，就导致疾病的发生，造成免疫失败。

免疫程序不合理：兔场应根据当地兔病流行规律和本场实际，制订出适合本场的免疫程序。特别在疫区，盲目搬用别人的免疫程序往往会导致免疫失败。

（四）其他因素

饲养管理不当：消毒卫生制度不健全，兔舍及周围环境中存在大量的病原微生物，在使用疫苗期间兔群已受到病毒或细菌的感染，这些都会影响疫苗的效果，导致免疫失败。饲喂霉变的饲料或垫料发霉，霉菌毒素能使胸腺萎缩，毒害巨噬细胞而使其不能吞噬病原微生物，从而引起严重的免疫抑制。

化学物质的影响：许多重金属（铅、镉、汞、砷）均可抑制免疫应答而导致免疫失败；某些卤化苯、卤素、农药可引起兔免疫系统部分组织，甚至全部组织萎缩，以及活性细胞的破坏，进而引起免疫失败。

滥用药物：许多药物（如氯霉素、卡那霉素等）对B淋巴细胞的增殖有一定抑制作用，能影响疫苗的免疫应答反应。有的兔场为防病而在免疫接种期间使用抗菌药物或药物性饲料添加剂，从而导致机体免疫细胞的减少，以致影响机体的免疫应答反应。

免疫接种器械和用具消毒不严：免疫接种时不按要求消毒注射器、针头、刺种针及饮水器等，使免疫接种成了带毒传播，反而引发疫病流行。

（五）采取的主要对策

1. 正确选择和使用疫苗 选择国家定点生产厂家生产的优质疫苗，到经兽医部门批准经营生物制品的专营商店购买。免疫接种前对使用的疫苗逐瓶检查，注意瓶子有无破损、封口是否严密、瓶内是否真空和有效期，有一项不合格就不能使用。疫苗种类多，选用时应考虑当地疫情、毒株特点。

2. 制订合理的免疫程序 根据本地区或本场疫病流行情况和规律、兔群的病史、品种、日龄、母源抗体水平和饲养管理条件，以及疫苗的种类、性质等因素制订出合理科学的免疫程序，并视具体情况进行调整。

3. 采用正确的免疫操作方法，保证免疫质量 疫苗接种操作方法正确与否直接关系到疫苗免疫效果的好坏。用连续注射器接种疫苗，注射剂量要反复校正，使误差小于 0.01 毫升，针头不能太粗，以免拔针后疫苗流出。

4. 建立健全防疫制度，提高防疫人员免疫操作技能，严格防疫操作规程 接种疫苗前应对兔群健康状况进行详细调查，以确定接种时间。若有严重传染病流行，则应停止接种。若是个别病兔，应该剔除、隔离，然后接种健康兔。对怀疑有疫病流行的地区，可在严格消毒的条件下，对未发病的兔作紧急预防接种。免疫接种时间应根据传染病的流行状况和兔群的实际抗体水平来确定。兔体对抗原的敏感程度呈 24 小时周期性变化，不同时间内免疫反应不同。清晨兔体内肾上腺素分泌较其他时间少，对抗原的刺激也最敏感，此时疫苗接种效果最好。

必须对饲料进行监测，以确保不含霉菌毒素和其他化学物质。

加强饲养管理，减少应激和各种疾病发生，合理选用免疫促进剂。在免疫前后 24 小时内应尽量减少兔的应激，不改变饲料品质，不安排转群，减少意外噪声。控制好温度、湿度、饲养密度、通风，饲喂全价配合饲料。适当增加蛋氨酸、复合维生素用量。接种疫苗时要处置得当，防止兔群惊吓。遇到不可避免的应激时，应在接种前后 3～5 天内，在饮水中加入抗应激剂，如电解多维、维生素 C、维生素 E 等，能有效地缓解和降低各种应激反应。在免疫的前后 2 天最好不使用抗生素、抗球虫药、抗病毒药。合理选用左旋咪唑、干扰素等免疫促进剂，增强免疫效果。

5. 做好消毒工作 良好的环境卫生质量是提高免疫接种效果的基本保证。进兔前对兔舍和所有用具彻底清洗消毒，进兔后经常进行带兔消毒。

三、兔常用的疫（菌）苗的品种及使用方法

家兔常用的疫（菌）苗的品种、接种对象、方法和说明见表 4－1。

表 4-1 家兔常用的几种疫（菌）苗

疫（菌）苗名称	预防疾病	接种对象、方法和说明	免疫期
兔瘟灭活苗	兔瘟	按瓶签说明使用。断乳日龄以上的家兔，每只兔皮下注射 1 毫升，7 天左右产生免疫力。每只兔每年注射 2 次	6 个月以上
纤维瘤病毒疫苗	黏液瘤病	按瓶签注明的剂量加生理盐水稀释。断乳日龄以上的兔，每只兔皮下或肌内注射 1 毫升，4 天后产生免疫力	1 年
黏液瘤兔肾细胞弱毒苗	黏液瘤病	同纤维瘤病毒疫苗	1 年
巴氏杆菌灭活苗	巴氏杆菌病	30 日龄以上的家兔，每只兔皮下注射 1 毫升，7 天后产生免疫力。每只兔每年注射 2 次	4～6 个月
支气管败血波氏杆菌灭活苗	支气管败血波氏杆菌病	怀孕兔在产前 2～3 周，或配种时，断乳前 1 周的仔兔及青年、成兔，每只兔皮下或肌内注射 1 毫升，7 天后产生免疫力。每只兔每年注射 2 次	6 个月
魏氏梭菌性肠炎灭活苗	魏氏梭菌性肠炎	30 日龄以上的家兔，每只兔皮下注射 1 毫升，7 天后产生免疫力。每只兔每年注射 2 次	4～6 个月
伪结核病灭活苗	伪结核耶尔森氏菌病	断乳前 1 周的仔兔及青年、成兔，每只兔皮下或肌内注射 1 毫升，7 天后产生免疫力。每只兔每年注射 2 次	6 个月

（续）

疫（菌）苗名称	预防疾病	接种对象、方法和说明	免疫期
沙门氏菌病疫苗	沙门氏菌病（下痢和流产）	断乳前1周的仔兔、怀孕初期的母兔及其他青年、成兔，每只兔皮下或肌内注射1毫升，7天后产生免疫力。每只兔每年注射2次	6个月
呼吸道疾病二联苗	波氏杆菌病、巴氏杆菌病	仔兔断乳前1周，怀孕兔妊娠后1周，其他青年、成兔，每只兔皮下或肌内注射1毫升，7天后产生免疫力。每只兔每年注射2次	波氏杆菌病6个月，巴氏杆菌病4～6个月
巴氏杆菌病-魏氏梭菌性肠炎二联苗	巴氏杆菌病、魏氏梭菌性肠炎	20～30日龄仔兔，每只兔皮下注射1毫升，7天后产生免疫力。每只兔每年注射2次	巴氏杆菌病4～6个月，魏氏梭菌性肠炎4～6个月以上
兔瘟-巴氏杆菌病二联苗	巴氏杆菌病、兔瘟	断乳日龄以上的家兔，每只兔皮下注射1毫升，7天后产生免疫力。每只兔每年注射2次	巴氏杆菌病4～6个月，兔瘟6个月以上
兔瘟-魏氏梭菌性肠炎二联苗	魏氏梭菌性肠炎、兔瘟	断乳日龄以上的家兔，每只兔皮下注射1.5毫升，7天后产生免疫力。每只兔每年注射2次	魏氏梭菌性肠炎4～6个月，兔瘟6个月以上

第四篇

把好兔传染病防控的第三道“门”

——兔病的正确诊断与治疗

第五章　兔病诊断的基本技术

当家兔突然死亡或怀疑发生传染病时，应根据发病特点、流行特点、临床症状、病理变化，结合实验室检查，及时作出正确的诊断。及时而准确的诊断是预防、控制和治疗家兔疾病的重要前提和环节，要达到快速而准确的诊断，需要具备全面而丰富的疾病防治和饲养管理知识，运用各种诊断方法，进行综合分析。同时，为了控制传染源，防止健康兔群继续受到传染，将疫情控制在最小范围内。根据诊断结果将兔群分两类：可疑感染兔群和假定健康兔群。对病兔和可疑感染兔群进行隔离，针对不同情况、不同程度进行处理、药物治疗、紧急免疫接种或预防性治疗；对假定健康兔群严格隔离饲养，加强防疫消毒和相应的保护措施，并立即进行紧急免疫接种。当暴发某些重要传染病时，除严格隔离外，还必须遵循“早、快、严、小”的原则，采取划区封锁措施，以防止疫病向安全区扩散。

家兔疾病的诊断方法有多种，而实际生产中最常用的是：临床诊断检查技术、病理学诊断技术和实验室诊断技术。各种家兔疾病的发生都有其自身的特点，只要抓住这些疾病的特点，运用恰当的诊断方法就可以对疾病作出正确的诊断。

一、临床诊断检查技术

临床诊断是兔病检查技术最基本的方法。在兔病的诊断中，临床诊断是检查兔病不可缺少的一步，特别是对兔整体状态的观察，可帮助兽医尽早地发现兔群病症，及时采取防治措施。在临诊检查时，我们应从以下几个主要方面进行。

（一）询问调查

它包括病史情况、饮食变化、季节气候、周围环境情况、舍内小环境、兔自身防疫接种与疫病发生情况等，为疾病的诊断提供依据。

1. 病史与疫情 询问家兔的疫病免疫情况，曾经发生过的疾病、附近兔场的疫情等。对于曾经发生的疾病，则是怀疑和防范的重点内容，在诊断中应给予排查。

2. 饮食情况 询问在日常饲养管理中兔群的饮食情况。采食时间延长或缩短、饮水减少或增加都有可能是疾病发生的表现。

3. 兔舍周围环境情况 噪声，夜晚的闪电，猫、犬、鼠、蛇的窜入，捕捉、转群、运输等物理性情况，周围有害气体、农药等有毒物质的化学情况，都可能是一些疾病的诱发因素。

4. 当地气候情况 季节气候的变化与疾病的发生有很大的关系，有些疾病发生有明显的季节性，如兔痘多发生在春秋季节，有些疾病则是气候变化引起，如天气突变、气温剧烈变化等都可能诱发兔瘟。

5. 饲养管理情况 询问饲料及添加剂使用情况，查问饲料原料是否霉变，饲料是否全价，询问饮水情况，特别是了解盐分摄入量是否充足；了解饲养密度是否过大，通风是否良好，温度、湿度和光照是否适宜；寄生虫、蚊蝇等有害昆虫袭扰的情况，根据这些情况来寻找病因。

6. 查问病况，检查发病情况 主要询问何时发病、病兔的日龄、发病症状、疾病传播速度等情况，以推测是急性或慢性、细菌性或病毒性及怀疑是何种兔病。

7. 防治情况 了解免疫情况包括免疫程序、免疫方法、疫苗种类、使用剂量等；查问用药情况，了解病兔用过什么药物治疗，是否合理有效。

（二）兔群观察与病兔检查

1. 兔群一般状态的观察 在舍内一角或场外直接观察全群状态，以防止惊扰兔群。注意观察兔只精神状态，对外界的反应，观察呼吸、采食和饮水的状态、运动时的步态等。正常健康兔听觉灵敏，视觉敏锐，周围稍有惊扰便有迅速反应，活动灵活；食欲旺盛，生长发育正常；被毛丰满光洁。病态兔表现为精神萎靡不振，被毛松乱，食欲减少或不食，两眼紧闭，蹲伏在兔舍一角。

2. 病兔检查

（1）*体况和营养检查* 体况和营养是家兔健康与否的重要标志，也是平时饲养管理好坏及疾病过程的具体表现。以手触摸家兔的脊椎骨，背肉丰厚，脊椎骨不易分辨，表示健康无病；脊椎骨凸起，如算盘珠，两旁凹削，臀骨亦凸，这类兔可能患有寄生虫病，如球虫病、肝片吸虫病、华支睾吸虫病，慢性消耗疾病，如伪结核耶森氏菌病、结核病、慢性巴氏杆菌病、慢性波氏杆菌病等，以及腹泻或营养不良症等。

（2）*姿势检查* 健康家兔机敏活泼，行动快捷，两耳直立，起卧、运动等都有一定姿势。有经验的兽医和饲养员能迅速发现异常姿势，为检疫提供重要线索。如歪头可能是巴氏杆菌病，如转圈可能是李氏杆菌病，如病理性躺卧多见于骨折等。

（3）*被毛和皮肤检查* 健康家兔的被毛浓密，贴体平服，有光泽。如被毛粗刚、蓬乱、暗淡无光、污浊不洁、沾污粪便，均为不健康的表现，例如患慢性消耗性疾病、腹泻病、寄生虫病。如被毛脱落，尤其是背部、四肢和颈部被毛呈斑块脱落，并有丘疹和大小不一的结痂，可能患有体表霉菌病。

健康家兔的皮肤富有弹性，如母兔腹部皮肤呈紫暗色或硬结，则可能患乳房炎；如腹部或背部有脓性结痂，可能患葡萄球菌病；如嘴、鼻、两耳、爪等器官周围的被毛脱落，并有鳞片状物，无毛或少毛，可能患疥螨病；公兔睾丸皮肤有糠麸样皮屑及母兔肛门周围及外生殖器官的皮肤有结痂，可能患梅毒；全身及头部皮肤、眼睑、两耳皮肤高度肿胀则可能是黏液瘤病；口腔、下颌部和胸前皮肤坏死并有恶臭，可能患坏死杆菌病；体表淋巴结肿胀，尤其是下颌淋巴结更为明显，可能是野兔热等。

（4）眼睑检查　家兔双眼圆瞪明亮，有神，眼球活泼，眼睑红润，眼角干净无脓性分泌物，为健康表现。眼裂变小，眼睑沉滞，半张半闭，眼球凝视、反应迟钝或眼睑干燥，多数为急性传染病；眼睑流泪或有黏液、脓性分泌物，精神萎靡，可能是慢性巴氏杆菌病、结膜炎等。

（5）耳色检查　健康白兔耳色呈粉红色，如呈白色则表示体虚血亏；如呈红色，以手触之烫热，即为发热；如耳色青紫，耳温过低，则有重病可疑。

（6）呼吸检查　健康家兔每分钟呼吸50～60次，而且非常平稳。但呼吸次数的变化常与年龄和气温、运动等外在环境有密切关系。幼兔比成年兔次数多，夏季比冬季次数多，追逐运动也使呼吸次数增多。在正常环境下呼吸急促或有声音均表示有病。如呼吸时发出鼾声，或打喷嚏，鼻漏，鼻孔周围被毛潮湿，并有黏脓性分泌物，则可能是巴氏杆菌病、支气管败血波氏杆菌病；鼻孔流出混有泡沫的血液则可能是兔瘟；呼吸急促多为急性热性传染病。

（7）体温检查　家兔正常体温为38～40℃。在正常环境下，体温偏高或偏低为病态。如体温升高多为急性传染病，如急性巴氏杆菌病、兔瘟、野兔热、李氏杆菌病等。

（8）黏膜检查

眼结膜：健康家兔结膜红润。如结膜苍白，常见于急性肝、脾大出血，或严重的消耗性疾病；结膜黄染、机体消瘦，可能是肝脏寄生虫病——肝片吸虫病、球虫病等；结膜发绀，常见于热性传染病如巴氏杆菌病；结膜潮红，多为体温升高的表现。

口腔黏膜：口腔两颊、齿龈和舌黏膜有水疱或溃疡，可能是水疱性口炎。

外生殖器官黏膜：外生殖器官黏膜肿胀、结痂、溃疡，可能是螺旋体病；黏膜结痂、溃疡，阴道有脓性分泌物，可能为葡萄球菌所致的外生殖器炎症；黏膜无结痂等变化，但阴道有分泌物排出，可能是巴氏杆菌病、李氏杆菌病、沙门氏菌病。

（9）粪便检查　健康家兔的肛门干净，粪球圆而光滑，大小如豌豆，内含纤维。如粪便稀烂或稀薄，并呈黑煤焦油状或混有血液、气味恶臭，可能是魏氏梭菌性肠炎；粪便呈水样稀薄，可能是泰泽氏病；仔兔粪便湿烂成堆，并附有黏液，可能是大肠杆菌病、沙门氏菌病；仔兔粪便呈稀烂状，可能是球虫病、消化不良；若粪便干硬而细小，可能是消化不良、脱水或大量服用化学药物的结果。

（10）食欲检查　兔采食量大，表示消化机能强；如不吃或少吃，表示消化机能不全，可能已患疾病。

（11）腹围检查　腹围检查主要是检查腹部容积的大小，除妊娠增大外，一般无增大的现象。如腹围增大，触摸盲肠大且有充满水及气体之感，可能是魏氏梭菌性肠炎；腹围增大，盲肠大并有充满水样之感，可能是泰泽氏病；在触摸右侧最后肋骨和第一、二腰椎横突之下，左侧第三、四腰椎横突之下的肾脏有肿大之感，可能是肾母细胞瘤；家兔食欲不佳，触摸胃有大而充满食物之感，可能是毛球病。

二、病理学诊断技术

剖检可直接观察兔体内部的变化，是兔病诊断的重要手段。死兔剖检应该越早越好，以免尸体腐败。剖检最好能在实验室或者相对封闭的场所进行，以免病原扩散。

将死兔浸泡在水中，把被毛浸透，放在解剖盘中，先把腹壁和两腿之间的皮肤剪开，扒掉皮肤，检查皮下组织和肌肉的变化；然后在腹部横切腹壁，再用剪刀沿着腹壁两侧向前剪断肋骨和胸部肌肉，把整个胸壁揭开，检查腹腔变化。摘除体腔内的器官，进行内脏检查。

（一）皮下检查

检查重点是皮下组织水肿、颜色及出血情况。皮下组织水肿，胸肌有灰白色的条纹，可见于维生素 E 和硒缺乏。胸部皮下组织和肌肉出血，可见于黄曲霉毒素中毒。急性兔巴氏杆菌病有时可见到皮下组织和脂肪有小出血点。

（二）胸腔脏器检查

1. 心脏的检查 从外表观察心包有无积液，心肌有无充血、出血、变性等。如心包积淡黄色液体，心肌可能有出血点，为巴氏杆菌病；心包积棕褐色液体，心外膜附有纤维素性附着物，可能是巴氏杆菌病、葡萄球菌病；心肌有宽 0.5～2 毫米、长 4～8 毫米的灰白色条纹或灰白色病灶，为泰泽氏病；胸腔积脓，肺和心包粘连并有纤维素性附着物，可能是支气管败血波氏杆菌病、巴氏杆菌病、葡萄球菌病和绿脓假单胞菌病；心包积脓可能是葡萄球菌病和绿脓假单胞菌病。

2. 肝脏的检查 检查肝脏的硬度、大小、色泽、有无脓肿和坏死病灶，胆囊、胆管有无病变或寄生虫寄生。如肝脏实质有淡黄色、大小不一、形态不规则，一般不突出于表面的脓性结节为肝球虫病；肝脏表面有针头大的灰白色或淡黄色小结节，可能是沙门氏菌病、李氏杆菌病、野兔热、巴氏杆菌病；肝脏有脓疱可能是支气管败血波氏杆菌病、葡萄球菌病、巴氏杆菌病；肝脏上有不规则的突出于肝表面的淡黄色结节或呈带状，可能是豆状囊尾蚴病、肝毛细线虫病；胆管肿大，胆管和胆囊有片状虫体，为肝片吸虫病；肝脏肿大，色淡，质较硬，毛细胆管变粗，胆管和胆囊有粉红色、米粒大的虫体，为华支睾吸虫病；肝脏极度肿大，小叶间间质增宽，可能是兔瘟。

3. 肺脏的检查 观察肺脏的色泽、硬度、形态等有无变化，注意肺和气管有无炎性水肿、出血、化脓、结节等病变。如肺充血或肝变，尤其是大叶，可能是巴氏杆菌病；肺瘀血、水肿，局部有出血斑点，可能是兔瘟；肺脓肿可能是支气管败血波氏杆菌病、巴氏杆菌病、绿脓假单胞菌病。

4. 脾脏的检查 检查脾脏大小、硬度、色泽，有无充血、出血与结节等病变。如脾脏肿大，有大小不一、数量不等的灰白色结节，切开结节呈脓样或干酪样，为伪结核耶尔森氏菌病；结节数量少，呈淡黄色或灰白色硬的干酪样坏死，切开呈坚硬的钙化物，为结核病。

（三）腹腔脏器检查

1. 胃肠的检查 观察胃肠浆膜、黏膜有无病变。如肠胃浆膜、黏膜呈充血、出血，可能是巴氏杆菌病；盲肠蚓突和圆小囊浆膜下有散在性灰白色、粟粒大小结节，浆膜下有弥漫性灰白色、粟粒大小结节，可能为伪结核耶森氏菌病；盲肠蚓突浆膜、黏膜有弥漫性淡黄色、大小不一的小结节，可能是沙门氏菌病；断乳仔兔肠道，尤其是小肠黏膜有许多灰白色小结节，可能是肠球虫病；盲肠、回肠后段和结肠前段浆膜、黏膜充血、出血、水肿或黏膜坏死、纤维化，可能是泰泽氏病；小肠肿大，呈灰色，肠腔内充满稀薄灰色黏液，可能是巴氏杆菌病；胃、胸、腹膜上有绿豆至黄豆大白色半透明的囊泡，内含有虫体头节，为豆状囊尾蚴病；胃黏膜有黑色溃疡斑，胃内充满食物和少量气体，黏膜脱落，盲肠浆膜有鲜红出血斑，腔内充满稀薄的粪便和多量气体，为魏氏梭菌性肠炎；仔兔十二指肠肿大，浆膜充血，肠腔内充满淡黄色半胶样物，可能是大肠杆菌病。

2. 肾脏的检查 正常肾脏呈棕褐色。观察有无充血、出血、变性、结节及肿瘤等。如肾脏一端或两端有突出于表面、灰白色或暗红色、质地较硬、大小不一的异生物，切开异生物如鱼肉样，为肾母细胞瘤；肾皮质部有粟粒至黄豆大的囊泡，内含透明液体，为先天性囊肿；肾脏肿大，皮质有出血点，或皮质瘀血，呈暗红色或暗褐色的花斑肾，为兔瘟。

3. 子宫的检验 如子宫肿大，呈灰白色，腔内积脓，可能是巴氏杆菌病、葡萄球菌病；子宫腔内有死亡的胎儿，可能是沙门氏菌病；盆腔部的直肠和子宫浆膜有凝血块，可能是兔瘟。

（四）尸体的检验

检查有无化脓、炎症及色泽是否正常。如肌肉有化脓病灶，可能是葡萄球菌病、绿脓假单胞菌病、巴氏杆菌病；有干酪样坏死，并有恶臭味，为坏死杆菌病；淋巴结尤其是颈部、颌下、腋下、鼠蹊淋巴结肿大，呈深红色并有坏死病灶，可能是野兔热、坏死杆菌病；头部皮下或全身皮下呈淡黄色、胶样液体浸润，可能是黏液瘤病。如发现脂肪黄染，疑似黄疸时，则剪开背、臀部深部肌肉和肾盂，如肌肉和肾盂黄染，可能是肝片吸虫病、肝球虫病等。

三、实验室检验技术

在家兔疾病诊断中，一般通过病历调查、临床检查和病理解剖对大多数家兔疾病作出初步诊断，但有时疾病缺乏临床特征而又需要作出正确诊断时，必须借助实验室手段帮助诊断。根据检查的方法不同，实验室检验可分为兔病的微生物学诊断和免疫学诊断。

（一）微生物学诊断

运用微生物学的方法进行病原检查是诊断家兔传染病的重要方法之一。它一般包括采集病料、病原的分离培养与鉴定、动物接种试验等。

为了使微生物学诊断结果准确，必须正确地采集病料。可根据对临床初步诊断所怀疑的疾病，确诊或鉴别诊断时应检查的项目来确定采集病料的种类（表5－1），按照无菌操作的要求采取濒死或死亡几小时内病兔的新鲜病料。较易采取的病料是血液、肝、脾、肺、肾、脑、腹水、心包液、关节滑液等。

1. 细菌学检验 细菌学检验主要包括细菌个体形态、培养特性、生化特性、血清学特征等的检验。

（1）涂片镜检 主要用于观察活体微生物的状态和运动性。例如压滴标本，即取洁净载玻片一张，在其上加一滴生理盐水（如是液体材料可以不加水），再用接种环在火焰上灼烧灭菌后蘸取适量的待检材料；然后在水滴上加盖一张洁净的盖玻片，注意不可有气泡。对于组织脏器，用无菌剪刀剪取组织，随即以新鲜切面涂片。检查时将标本置于显微镜载物台上，先用低倍镜测定位置，然后用高倍镜或油镜观察。

表5－1 诊断兔主要传染病需要采取的病料

疾病名称	生　前	死　后
急性巴氏杆菌病	采取心血，同时涂片染色镜检，进行细菌分离培养	采取肝、脾进行细菌分离培养；肝、脾触片，心血涂片染色镜检
支气管败血波氏杆菌病	采取耳静脉血作血清凝集试验；采取鼻腔分泌物进行细菌分离培养	采取脓疱内的脓液进行细菌分离培养和涂片染色镜检
初生仔兔呼吸道病	采取鼻腔分泌物进行细菌分离培养	采取肺脓疱内的脓汁进行细菌分离培养和涂片染色镜检
斜颈病	采取耳静脉血作血清凝集试验	采取斜颈侧鼓室内的脓性分泌物进行细菌分离培养和涂片染色镜检

（续）

疾病名称	生　前	死　后
伪结核耶尔森氏菌病	采取耳静脉血作血清凝集试验；采取鼻腔分泌物、粪便进行细菌分离培养	采取有病变的脾、蚓突、圆小囊或肠系膜淋巴结进行细菌分离培养和触片染色镜检
绿脓假单胞菌病	采取呼吸道分泌物进行细菌分离	采取有病变的肺及化脓病灶的脓液进行细菌分离培养和触片、涂片染色镜检
肺炎克雷伯氏菌病	采取上呼吸道分泌物进行细菌分离培养	采取有病变的肺及化脓病灶的脓液进行细菌分离培养和触片、涂片染色镜检
野兔热	采取耳静脉血作血清凝集试验	采取有病变的肝、脾、肺和淋巴结进行细菌分离培养、触片染色镜检
坏死杆菌病	采取患部的材料进行细菌分离培养及涂片染色镜检	采取有病变的肝、脾、肺、淋巴结及脓灶进行细菌分离培养和触片、涂片染色镜检
流产	采取流产胎儿的肝、肺及阴道分泌物进行细菌分离培养和触片、涂片染色镜检	采取死亡母兔的肝、脾、子宫内容物进行细菌分离培养和触片、涂片染色镜检
仔兔沙门氏菌病	采取粪便进行分离培养	采取十二指肠内容物、肝、肠系膜淋巴结进行细菌分离培养及涂片、触片染色镜检
大肠杆菌病	采取粪便进行分离培养和涂片染色镜检	采取十二指肠内容物、肠系膜淋巴结进行细菌分离培养及涂片、触片染色镜检
泰泽氏病		采取有病灶的肝、心肌和肠道的平滑肌作触片染色镜检和鸡胚卵黄囊及实验动物接种

（续）

疾病名称	生　　前	死　　后
魏氏梭菌性肠炎	采取粪便进行细菌分离培养及涂片染色镜检	采取十二指肠、盲肠内容物进行细菌分离培养和涂片染色镜检
外生殖器炎症	采取外生殖器官的脓疱、患部分泌物和阴道脓液进行细菌分离培养及涂片染色镜检	采取阴道分泌物、死亡胎儿的肝脏进行细菌分离培养及涂片、触片染色镜检
链球菌病	采取鼻腔分泌物进行细菌分离培养和涂片染色镜检	采取化脓病灶及有病变的器官进行细菌分离培养及涂片、触片染色镜检
葡萄球菌病	采取化脓病灶的脓液进行细菌分离培养和涂片染色镜检	采取脓灶的脓液进行细菌分离培养和涂片染色镜检
李氏杆菌病	采取阴道分泌物及流产胎儿的肝脏进行细菌分离培养及涂片、触片染色镜检	采取阴道分泌物、肝、脾、脑及胎儿肝脏等进行细菌分离培养和触片染色镜检
结核病		采取病变结节进行细菌分离培养、动物接种和触片抗酸染色镜检
棒状杆菌病	采取鼻腔分泌物进行分离培养和涂片染色镜检	采取肺、肝等有病变的器官进行分离培养和触片染色镜检
肺炎双球菌病	采取鼻腔分泌物进行分离培养和涂片染色镜检	采取肺、肝等有病变的器官进行分离培养和触片染色镜检
兔瘟	采取血液进行白细胞计数	采取肝脏研磨，进行人红细胞凝集和红细胞凝集抑制试验；皮下或肌肉接种易感兔
黏液瘤病		采取新鲜病变组织作如下诊断：涂片，包含体检查；易感兔接种；鸡胚接种；细胞培养

（续）

疾病名称	生　　前	死　　后
水疱性口炎	采取口腔水疱液、水疱皮及分泌物作如下诊断：接种幼年易感兔；鸡胚接种；细胞培养	
霉菌病	采取患部的皮肤切片染色镜检和进行霉菌分离培养	

（2）细菌染色　应用各种染料对细菌进行染色。由于毛细管、渗透、吸附和吸收等物理作用剂离子交换、酸碱亲和等化学作用，染料能使细菌着色，并且因细菌的结构和化学成分不同而有不同的染色反应。

革兰氏染色法：取干燥并经火焰固定的涂片滴加草酸铵结晶紫 2～3 滴于涂面上，染色 1 分钟后水洗。加革兰氏碘溶液 2～3 滴于涂片上媒染 1 分钟后，倒去碘液，再加 95%酒精 3～5 滴于涂面上，频频摇晃水溶液（或石炭酸复红溶液）复染 30 秒，水洗后用油镜观察。结果是革兰氏阳性菌呈紫色，革兰氏阴性菌为红色。

美蓝染色法：取经干燥、固定的涂片滴加美蓝染液 2～3 滴，使染液盖满涂片面，1～2 分钟后吸去染色液，用细小水流冲去多余染液，晾干或用滤纸轻轻吸干。结果是菌体呈蓝色，荚膜呈粉红色。

姬姆萨染色法：触片经自然干燥后，不用火焰固定，直接滴加姬姆萨染色液数滴（染液中有甲醇，能起固定作用），经 2 分钟后再加等量蒸馏水，轻轻摇晃使之与染液混合均匀。5 分钟后水洗干燥，或将玻片浸入盛有染色液的缸中，染色数小时或过夜，取出水洗，干燥，镜检。

芽孢染色法：取干燥火焰固定的涂片，滴加 5%孔雀绿水溶液于涂片上，加热使其产生水蒸气，以不产生气泡为佳，30～60

秒，水洗30秒，以石炭酸复红（或沙黄水溶液），复染30秒，水洗，吹干，镜检。菌体呈红色，芽孢呈绿色。

鞭毛染色法：染色液有甲液——0.5%苦味酸1毫升、乙液——20%鞣酸液1毫升、丙液——5%钾明矾液0.5毫升、丁液——11%复红酒精溶液0.15毫升，上述各液在使用前，按顺序混合好可使用。染色法是取10～12小时的幼龄培育菌，用1%福尔马林液制成菌液，固定24小时后，于载玻片上涂成薄片。待自然干燥后，用上述染色液加温染色30秒至1分钟，然后静置1～2分钟，水洗，干燥，镜检。结果菌体呈深红色，鞭毛为淡红色。

抗酸染色法：在固定后的涂片上，滴石炭酸-品红染色液，在玻片下用火焰加热至发生蒸汽但不能产生气泡，3～5分钟后用3%盐酸酒精脱色，至无红色脱落为止（1～3分钟），再水洗后，以碱性美蓝染液复染1分钟。水洗，吸干，镜检。结核杆菌和副结核杆菌均为抗酸性细菌，故可以用此染色法和其他细菌相区别。结果是抗酸性菌染成红色，其他菌为蓝色。

荚膜染色法：涂片、干燥，滴加2%～3%福尔马林龙胆紫染液，染色20～30分钟，立即水洗，干燥，镜检。结果荚膜呈淡紫色，菌体为深紫色。

螺旋体染色法：染色液是2%刚果红水溶液及1%～2%盐酸酒精液，染色是在载玻片上滴加螺旋体的标本和2%刚果红水溶液各1滴，混匀，涂成薄片。干燥后滴加1%～2%盐酸酒精液，刚果红则由红变蓝，干燥后不必再用水冲洗，镜检。在蓝色背景下见有透亮未染色的螺旋体。

姬姆萨或瑞氏染色法：血片或组织片自然干燥后，滴姬姆萨或瑞氏染液数滴于玻片上，以覆盖涂片面为度，经1分钟，使涂片为染液中的甲醇固定；再加等量蒸馏水于玻片上，轻轻摇晃使之与染液混合均匀；5分钟后用水冲洗（不要直接将染液倾倒，应用水将染液洗去）；自然干燥或吸干后镜检。用姬姆萨、瑞氏法染色的组织细胞呈多色性（胞浆和胞核染成不同颜色），菌体蓝紫色易于识别。

真菌染色法：中国蓝染色法，先将染色液滴加在载玻片上，将培养物检样放在染色液中，涂匀后覆盖于玻片上，微加温后，待干，镜检。菌体呈蓝色；过碘酸锡夫氏法，将检样玻片置第一染色缸中染10分钟，水洗；再用第二液染2～3分钟后，置第三液染色缸中染30～40分钟，至玻片呈淡粉红色为止，水洗1分钟；最后用第四液染3分钟，充分水洗至无黄色液体为止。脱水待干后，用透明树胶封固后镜检。真菌组织染成鲜红色。

（3）细菌的分离培养

①细菌的分离培养　为了研究细菌的特性和对它进行鉴定，必须将细菌从它所在的自然基质中分离出来，获得其纯培养物。分离培养的方法视待检材料的菌数多少和所分离的细菌特征而异。常规法有平板分区划线法和斜面分离法。前者用于含菌数较多的基质，如粪便、污染的培养物等；后者用于含菌数较少的基质，如从病料中分离出病原菌。

平板分区划线法：左手斜执平板，右手执铂耳，先将铂耳在酒精灯上烧灼灭菌，冷后蘸取待检材料，在平板边缘先涂一小区再将铂耳通过火焰灭菌，冷却后通过涂过的小区连续平行划线至约平板的1/3处，过后再将铂耳灭菌，左手转动平皿，使铂耳通过涂过的1/3区域平行划线；最后再转动平皿并划线，使细菌更为稀疏。接种时将铂耳轻轻接触平板成30°～40°角，以腕力在平板表面以轻快的动作滑动划线，接种完毕将平皿盖好，倒置于37℃温箱内培养。通常在划线之初，因菌数太多，菌落之间距离很近不易分清，后期则菌数少，可出现分散的单个菌落，便于进一步观察和挑取。上述操作方法只适用于粪便和固体培养物等细菌数极多的待检材料。如为肝、脾等病料，则在第一次涂擦后连续划线，中途铂耳不必灭菌。

斜面分离法：用镊子取一小棉球，蘸酒精少许点燃，在待检病料肝、脾、淋巴结、心脏表面微微烧灼消毒；然后用一个废外科刀蘸酒精后在酒精灯上点燃消毒，冷后，在病料上刺一小口。左手斜执血琼脂斜面，右手持铂耳，在火焰上灭菌，冷后自小孔内蘸病料，随即用右手小指和手掌拔去琼脂斜面管口棉塞，并在火焰上通过灭菌，将铂耳伸入管内，在斜面上由下向上弯曲涂布。接种完毕，试管口通过火焰，塞好棉塞，烧去铂耳上的剩余病料。

从病料分离培养时亦可在鲜血平板上进行，铂耳挑取病料后同上法在平板上划线，直至接种完毕后，烧灼铂耳。其间不烧铂耳。

②菌落的纯培养　继待检病料的分离培养之后，常需进一步做细菌形态和染色特性的观察，做培养特性、生化反应、对小动物的致病力及血清学反应等几项试验。因此，必须先从分离培养（在 37℃下培养 24～48 小时）的平板上挑取可疑菌落，进行纯培养。

挑菌时，应注意选择单独孤立的形态典型的菌落，取其一半（注意不能触及邻近的菌落）接种到琼脂斜面或血琼脂斜面上；另一半剩余的菌落，则可做细菌涂片进行革兰氏染色镜检，观察细菌形态及染色反应。接种后的琼脂面或血琼脂斜面，经 37℃培养 24～48 小时后做进一步试验。

细菌的移植：斜面移植，将菌种管和新的琼脂斜面管置于左手中，一般菌种管放在外侧，新的琼脂斜面管放在内侧，两管管口并齐，管身略向上倾斜，斜面向上，管口靠近火焰。以右手的拇指和食指、中指持铂耳在酒精灯火焰上烧灼灭菌。将新的琼脂斜面管的棉花塞夹在掌心和小指之间，菌种管棉塞夹在小指和无名指之间，将两管棉塞一起拔下。然后将灭菌铂耳伸入菌种管内，挑取少许细菌后，在新的培养管内，从管底部开始以曲线划至斜面顶部，最后管口通过火焰后将棉花塞塞好，随即在火焰上烧去铂耳上剩余细菌。新培养管须用玻璃蜡笔写上菌种名、日期，置温箱内培养（注意拔棉花塞时，试管放在火焰旁，不能放在火焰上面，否则棉塞易着火）。

肉汤移植：同上法，挑取细菌后，插入新培养管中，将铂耳上的细菌在液体上部管壁部分轻轻磨下即可，磨时不要用力过大。从平板移植到斜面，先打开平板盖，用灭菌的铂耳挑取所需菌落移入斜面，方法同上。

半固体穿刺接种法：方法基本同斜面移植法，但挑取细菌不用铂耳而用铂针，将铂针垂直刺入培养基内，一直刺到管底，然后按原方向垂直拔出铂针即可。

③厌氧菌的培养　厌氧菌的分离方法同前所述，可用平板划线分离，也可用斜面或肉汤分离。但在培养时，必须使其处于无氧环境，细菌才能繁殖生长。

熟肉基，在制作培养基时，可将肉汤培养基分装于试管中，再加数片煮熟的肉块或肝块，然后加少量液体石蜡或固体石蜡（约 0.5 毫升）覆盖液面，高压蒸汽灭菌。临用前，需将熟肉基水浴煮沸 5 分钟（以排除其中空气），冷却后使用。接种时，先将覆盖的固体石蜡沿管壁在火焰上加温，使之与试管壁脱离，然后以铂耳挑取待接种材料从蜡块空隙处插入至肉汤处，接种完毕，仍将表面石蜡热融，使之平整地覆盖住肉汤液面，竖放在试管架上，待冷，置 37℃温箱中培养。

焦性没食子酸法：焦性没食子酸在碱性溶液中能吸收大量氧气，同时由淡棕色变为深棕色。如用琼脂斜面进行培养，则可将数支接种过的试管装入一大试管或瓶中，下垫以隔板，按每 100 厘米^3 空间用焦性没食子酸 1 克及 10％氢氧化钾或氢氧化钠 10 毫升的比例，先将焦性没食子酸放在大试管（或瓶）中隔板底下。然后放好保养管，最后加入氢氧化钠溶液，迅速加塞，并用胶泥或固体石蜡严密封闭管（或瓶）口，置 37℃温箱中培养 1～2 天。

连二亚硫酸钠法：培养较多量的斜面或平板时，可放在一只玻璃干燥缸中。按每 1 000 毫升容积用连二亚硫酸钠（又称保险粉）4 克及无水碳酸钠 4 克，将二种药品分别研细，临用前将两药均匀混合，放在一无盖平皿内，叠放在培养基的上层，将缸盖盖严，以凡士林严密封闭，置 37℃下培养 1～2 天。

④观察细菌在培养基中的生长特性　细菌在固体培养基中，经一定温度和时间培养后便可长出肉眼可见的菌落，分散的菌落易于观察。在湿温的培养基表面，能运动的细菌自由扩散，呈膜状生长，这时若增加琼脂浓度（3%～4%）并将琼脂晾干，使表面水分蒸发则可培养到单个菌落。菌落大小以其直径（毫米）表示。菌落的边缘分圆整、波浪状、锯齿状、根毛状、卷毛状等。高度分隆起、圆突、扁平、脐状、乳突状等。色彩分无色、白、黄、橙、红等，有些色素还可扩散到周围基质中。湿润度可分为湿润或干燥。质地可分为坚硬、柔软或黏稠。表面构造可分为光滑或粗糙，或者同心圆、放射性状、颗粒状结构等。透明度可分为透明、半透明、不透明。在鲜血琼脂上还需观察溶血程度，如链球菌在菌落周围呈现一圈透明的溶血区者，称为 β 溶血；菌落周围呈现很小的半透明带绿色的溶血区者，称为 α 溶血；菌落周围不溶血者，称为 γ 溶血。

对斜面培养基上生长的菌苔，主要观察菌苔的厚薄、湿润程度、边缘形状、生长的好坏（分丰盛和贫瘠两种）、色彩及有无荧光性等。

对液体培养基上细菌生长的情况，主要观察液体的混浊度，液面有无菌膜或菌环，管底有无沉淀物的数量及质地情况（用振摇试管后沉淀物是否易于摇碎和沉淀物上升时的情况来表示）。

以上特性一方面与细菌种类有关，同时也与培养基的成分、培养温度与时间及细菌是否变异等因素有关。但一定的细菌在一定的培养条件下，菌落形态基本上相对稳定，这是初步鉴别细菌的依据。各种细菌在其新陈代谢的过程中，由于利用营养物质的能力有差异，排泄的代谢产物亦不同。据此进行生化试验，以鉴定细菌的种、属。

（4）细菌的生化特性鉴定　不同细菌含有的酶系统不同，这些酶系统用于合成代谢和分解代谢的合成产物和分解代谢产物亦不同。所谓细菌的生化试验，就是用生物化学的方法检查细菌不同的酶类，其分解或合成代谢产物等，以达到鉴别不同的细菌。生化试验主要检测细菌对碳水化合物的代谢、蛋白质和氨基酸的代谢、含氮化合物和含碳化合物的利用情况和细菌相关的酶类。常用的生化检测如下。

①糖（醇、糖苷）类发酵试验　将待检菌的纯培养物接种入各种糖发酵培养基中，置37℃培养，培养时间24～48小时，长的1周至1个月不等，应视试验要求而定。其间要定时观察：如产酸时，则指示剂呈酸性反应，培养液由紫色变为黄色；如不分解糖，则仍呈紫色；如分解后产气，则小管内积有气泡。

②V-P试验　所用培养基为含0.1%葡萄糖的蛋白胨水，pH7.6。接种菌后于37℃ 2～3天，取出，按2毫升培养液加V-P试剂0.2毫升，置48～50℃水浴2小时或37℃ 4小时，充分振荡，呈红色者为阳性。

③甲基红（M.R）试验　其培养基和培养方法与V-P试验相同，向培养基内加入数滴甲基红试剂，混匀后判定。培养物中pH低时呈红色，即为甲基红试验阳性；pH较高的培养物呈黄色，即为甲基红试验阴性。

④靛基质试验　将细菌接种于蛋白胨水中，37℃培养2～3天，沿试管壁滴加试剂（对二氨苯甲醛）约1毫升于培养液表面，如该菌能产生靛基质，则两液接触处变成红色为阳性，黄色为阴性。

⑤硫化氢试验　将细菌穿刺接种于醋酸铅琼脂培养基中，37℃培养24小时，穿刺线出现黑色者为阳性，无黑色为阴性。

⑥硝酸盐还原试验　将细菌穿刺接种到硝酸盐培养基内，并同时接种已知阳性菌做对照，于37℃培养4～5天，加入试剂甲

液和乙液各5滴，轻摇培养基，混合均匀。在1～2分钟内若硝酸盐还原变为红色者为阳性，无颜色变化为阴性（甲液为氨基苯磺酸，乙液为α-萘胺）。

⑦美蓝还原试验（细菌脱氢酶的测定） 于5毫升肉汤培养基中加入1%美蓝液1滴，将被检菌接种于培养基中，在37℃下培养18～24小时观察结果，完全脱色为阳性，绿色为弱阳性，不变色者为阴性。

⑧尿素酶试验 将被检菌接种于含有酚红指示剂的尿素培养基中，放37℃温箱中培养24～48小时后观察结果，如细菌能分解尿素则培养基因产碱而由黄变为红色。

⑨明胶液化试验 取蛋白胨水2毫升，加温至37℃，用白金耳蘸取菌液，并在上述蛋白胨水中制成厚悬液；然后加入一块木炭明胶圆片，放37℃水浴中，通常在1小时内看到液化现象。

（5）*细菌的药敏试验* 对分离出的病菌进行药物敏感试验，筛选出高度敏感的药物用于防治该菌引起的感染。

将分离的纯培养物涂布普通琼脂或鲜血琼脂平板培养基表面（磺胺类药物的药敏试验要用无蛋白肉汤琼脂平板），尽可能涂布致密均匀，然后用无菌镊子将已制好的干燥药物纸片（或商品纸片）分别贴于平板培养基表面，一般在9厘米直径的平皿可同时贴6～9片。最后将平皿底部向上置于37℃温箱内培养18～24小时，取出观察结果。经培养后，凡对该菌有抑制能力的抗菌药物，在纸片四周出现一个无细菌生长的圆圈，称为抑菌圈，按照抑菌圈大小来判定敏感度的高低。抑菌圈直径大于20毫米为极敏感，15～20毫米为高敏，10～15毫米为中敏，小于10毫米为低敏，无抑菌圈为不敏感。

（6）*动物接种试验* 动物试验也是微生物学检验中常用的基本技术。动物试验的目的：一是为了证实所分离的细菌是否为致病菌，可进行动物接种试验，最常用的动物是本动物和实验动物。通常选择对该种细菌最敏感的动物进行人工感染试验，将病料用适当的途径进行人工接种，然后根据对不同动物的致病力、症状和病变特点来帮助诊断。当试验动物死亡或经过一定时间后剖检，观察病理变化，并进一步采集病料进行涂片检查和分离鉴定。二是纯化细菌的一种方法，当病料被污染，直接分离病原菌存在一定困难时，可先接种动物，再从死亡动物体内分离，易于获得病原菌；动物试验还是增强细菌毒力的一种良好方法，一些在人工培养基多次传代的细菌，其毒力势必减弱，通过感染易感动物后，会使毒力复壮。

2. 病毒学检验 家兔的病毒性传染病给养兔业带来巨大的经济损失。大多数病毒病从临床症状、流行病学、病理学变化等很难作出诊断，必须在临床诊断的基础上进行实验室诊断，以确定病毒的存在或检出特异性抗体才能最终确诊。病毒病的实验室诊断和细菌病的实验室诊断一样，都需要在正确采集病料的基础上进行。

（1）样品的采集和处理 病毒的实验室诊断取决于病兔样品的采取是否适宜，因此，在采取和随后处理的各个环节都要予以特别注意。样品的选择决定于病兔的疾病种类、临诊症状、既往病史和检验内容与方法。

①采取样品的种类 分离病毒的样品常从病变部位采取，如上呼吸道感染可用棉拭子采取鼻液或该部位的冲洗液；皮肤黏膜疾病则在病变区刮取样品，如有水疱则取水疱液；皮肤出疹则采取痂皮或血液；有神经系统症状则取脑、脊髓液，但也可采取粪便。在败血症高温期采取血液，同时加入肝素（最后浓度 5～10 单位/毫升），以防血凝（柠檬酸钠因有碍于病毒的分离和培养，故不宜使用）；病死兔可以采取病变的器官和组织（表 5-1）。

②采集样品的时间 通常最好在发病早期，即症状出现后立即采取，否则病毒会迅速减少。细胞和组织的病理变化也在早期比较典型，若拖延时间，则很易造成细菌继发感染，为诊断带来混乱。病死家兔的取样亦不宜拖延，以免细菌侵入或组织自溶而

干扰病毒分离。

③样品的运送　大多数病毒的感染力受到温度、pH、湿度及细菌污染等影响。通常温度越低，对病毒感染力的影响越小，冰冻过程能使很多病毒死亡，特别是缓慢的冻结。因此，如果病料在 24 小时内检查，最好在 4℃递送和保存。如果要保存较长的时间，则应在－60℃～－20 下保存。如果采取的样品数量较少，应立即浸于保存液中。

④样品的处理　检查样品以前要尽可能将非病毒物质去掉，使之成为没有颗粒、均质、具有一定浓度的悬液。

病料组织：剪碎后在组织研磨器内磨细，加磷酸盐缓冲液，制成 1∶10 悬液，2 000～3 000 转/分离心 15 分钟，沉淀取上清液供试验用。皮肤等不易磨细的材料则可在加砂的研钵中研细。

粪便：1 克粪便和 9 毫升磷酸盐缓冲液置于玻瓶内，振摇 1 分钟，然后用 10 000 转/分离心 20 分钟。吸取上层 2/3 的液体备用，下层液及余物弃去。

其他被检样品：棉拭的浸泡液、水泡液等，如果没有颗粒状物质就不必经特殊处理，可用 2 000～3 000 转/分离心、沉淀，将颗粒物质去除。所有样品处理最好在 4℃进行，样品液中均需加入抗生素（青霉素 1 000 国际单位/毫升和链霉素 1 000 单位/毫升或制霉菌素 200～400 单位/毫升），而在粪便样品中，抗生素的浓度要加大 10 倍。抗生素加入后要在 4℃下放置 1～2 小时才能接种。较长期保存的样品应保存在－20℃条件下。

（2）*病毒分离培养*　由于病毒只能在活的动物或组织细胞内寄生和复制，所以病毒的分离培养技术较细菌的分离培养要复杂一些。通常分离培养病毒的方式有动物接种、胚胎卵接种和细胞培养接种等，根据不同情况选择不同的培养方式。哺乳动物的病毒一般不能在禽胚上生长，常采用细胞培养。一般而言，本动物的原代细胞最为敏感，但不如传代细胞方便易得，接种时通常选用生长旺盛的敏感细胞用于病毒分离。

（3）*病毒的鉴定*　病毒经动物、鸡胚、组织培养等途径，分离到病原，但究竟是属于哪一种，需进行鉴定。病毒的鉴定可以采用显微镜直接观察病毒粒子的存在，也可以通过血清学试验用特异性抗体检测病毒抗原的存在，或用病毒抗原检测血清中特异性抗体，还可以用分子生物学方法检测病毒的特异性核酸。

①光学显微镜检查：病毒个体甚小，多在150纳米以下，而普通光学显微镜的最低分辨力为250纳米，因此，绝大多数病毒个体不能在普通光学显微镜下被发现。但是某些痘类或疱疹类大病毒经过染色后在暗视野显微镜下可提高能见度，如牛痘病毒经染色后由原来的150纳米增至300纳米，在暗视野显微镜下清楚可见。

普通光学显微镜除用来观察大型病毒个体以外，更重要的是观察某些病毒性传染病在细胞内形成的特异性包含体和合胞体（又称多核巨细胞或融合细胞）。不同病毒感染细胞，包含体可能出现在胞浆或胞核内，也可能胞浆和胞核内皆出现。包含体不仅在细胞内出现的部位不同，而且嗜染性也不尽一致，一般嗜伊红（酸性）染色较多。应用普通光学显微镜检验的样品，可制成涂片、压印片、冰冻切片或石蜡切片，也可将细胞培养物作为样品检验。一般采集可疑的病料组织（其中包括鸡胚绒毛尿囊膜组织），直接制作压印片或制作组织切片，经染色后镜检。某些病毒性传染病，由于病毒在细胞内大量繁殖可导致感染细胞迅速融合，这种过程称“早期形成多核细胞”。这是由于病毒酶对细胞膜的作用而引起细胞融合而产生所谓多核巨细胞。近代细胞生物学利用此现象，使不同种细胞融合而产生异核型细胞，即杂交细胞。

不同病毒性传染病的组织细胞中，是否有包含体或合胞体，以及包含体的嗜染性如何和包含体存在的部位等都不同。如狂犬病患畜的脑海马神经细胞的脑浆中能发现内基氏小体，腺病毒的感染细胞呈现核内嗜碱性包含体，疱疹病毒感染细胞则出现核内嗜酸性包含体，而副黏病毒、呼肠孤病毒、弹状病毒、痘病毒和双链RNA病毒感染细胞多为嗜酸性胞浆内包含体，这对诊断均有一定参考价值。

细胞病变的观察：主要用于细胞培养中细胞形态的观察。某些病毒在细胞内寄生往往引起细胞病变，如细胞的折光力增强，形态逐渐变圆，感染细胞由局部扩展到整个单层，细胞死亡，由玻面脱落，如肠道病毒；细胞聚集成丛，类似葡萄串状，细胞之间常有细丝状细胞间桥连接，每个细胞变圆，如大多数腺病毒；细胞融合形成多核的巨细胞，称为合胞体，如副黏病毒、牛白血病病毒等；胞浆中有空泡形成，如猴病毒SV40、呼肠孤病毒等。细胞病变既可作为诊断的参考，也可以细胞病变作为指征来滴定病毒和进行细胞培养中的血清中和试验。观察细胞病变一般不需固定染色，将细胞培养瓶直接置显微镜下观察。

此外，病毒的显微镜检验技术还包括荧光显微镜技术。最简单的荧光染色是用吖啶橙和荧光素直接染被检的压印片或切片，然后将染片置荧光显微镜上，在紫外光光源的激发下，着色部分发出荧光。例如，吖啶橙染色可以初步区别病毒的核酸型，即RNA病毒皆可被染成火红荧光。

②电子显微镜检验：自从电子显微镜发明以后，病毒学研究借助这个有力的工具而迅速发展，电子显微镜的放大倍数远远超过普通光学显微镜，可放大500 000倍，目前电镜的分辨率已达到0.9纳米，这种放大倍数和细致的分辨率不仅可以观察到病毒的形态，而且配合其他特殊装置，如电子投影和X线衍射，还可观察和测定病毒颗粒的内部结构，如蛋白壳粒的排列形式、核酸的形状及病毒颗粒各部分的大小等。目前电子显微镜技术已发展为独立的学科，成为研究病毒的重要工具。电子显微镜由电子光学系统、真空系统和电气系统组成。在电子光学系统中，电子在真空的磁场中运动，产生的短波长电子束穿进标本而聚焦成像。因此，用于电镜观察的标本必须脱水、干燥；又因电子的穿

透力较弱，即使将加速电压升高到 100 千伏，也只能穿透 100 纳米厚的标本，这就要求被检样品必须经超薄处理。一般电镜技术包括阴性反差染色技术、超薄切片技术和真空喷镀技术。此外，尚有免疫电镜技术等。

悬滴阴性反差染色技术：阴性反差染色又称负染色，主要利用较强的反差来显示病毒的结构。将病毒悬液与混有染料的重金属盐溶液混合，将此混合物滴在网膜上使之沉积干燥，此时重金属盐形成一层致密的背景，而病毒粒子成为相对半透明物反射出来。经这种方法染色的病毒样品，在电镜下是暗背景下的亮物像，与通常的染色性质相反，因此，称之为负染色。负染色原理尚待进一步探讨，一般认为是用电子散射力强的重金属衬出电子散射力弱的物体的像。染色后，染液在病毒的疏松处或空隙处滞留，因而在电镜下病毒的这些部位呈黑色，可观察到病毒亚单位的立体结构；或者染液将病毒包围，病毒周围的背景呈黑色，病毒本身因电子散射力弱而较透明。

制备样品时，首先要除去待检悬液中的颗粒性杂质，并将病毒做适当浓缩。可吸取浓缩的病毒悬液滴在特制的细铜网上，用滤纸吸去多余的病毒液，再滴加混有磷钨酸钾或钠等重金属盐配制的染色液，染色 2～3 分钟，再用滤纸吸去多余的混合液，进行电镜观察。

超薄切片技术：主要检查组织细胞内的病毒子。制备超薄切片是电镜观察的前提和基础，样品制备的好坏是此法成败的关键。一定要从活畜采集病料，如必须从病死动物采集时，则操作越快越好，否则细胞迅速自溶而效果不良。病料的固定要快，分秒必争。超薄切片的制备步骤与普通组织切片基本相同，也需要经过固定、包埋、切片和染色等主要程序。所不同的是需要特殊的固定方法和包埋材料，需要超薄切片机切片，要求能切出厚度不超过 100 纳米的切片，即能将一个细胞切成 30～40 片。此法手续比较繁琐，但不需要将病料中的病毒浓缩和提纯。它的观察效果与负染法相仿，并能看到病毒子在细胞内的位置、排列、成熟和释放的特征，因此，在病毒学中广泛应用。

真空喷镀（或真空投影）技术。将提纯的病毒悬液加到有支持膜的细铜网上，待干后，放置在真空喷镀仪上。将金属钯、铱、铂、金或铬等金属加热熔化成细颗粒，按一定角度在真空环境里喷镀在细铜网上附有病毒的样品上，由于投影而增加样品的反差，再置电镜下观察。根据喷镀后影像的长度测知病毒的形态和大小。该法具有负染色的优点，也有较强的反差；缺点是分辨力较低，特别在高倍放大时，往往显示出金属的颗粒而影响对病毒微细结构的观察。

（二）免疫学诊断

免疫学诊断是建立在抗原与相应抗体发生可见反应这一原理的基础上，在传染病的诊断、病原微生物的分类和鉴定及抗原分析等方面，均具有广泛的应用。用已知的抗体，可以对分离获得的病原微生物作出鉴定；相反，通过已知的抗原对康复家兔、隐性感染家兔及接种疫苗后的家兔的抗体加以定性或定量测定。

由于发病早期检出病原抗原是传染病诊断最好最快的方法，故在试验诊断工作中经常采用已知抗体来鉴定未知抗原的属、种和型。如当病原体与特异性抗体结合后，常失去感染力（如中和试验、保护试验），或固定补体（如补体结合反应），或抑制凝集红细胞的能力（如红细胞凝集抑制试验），或出现沉淀线（如免疫扩散试验）等，可根据抗原和抗体特异性结合后的这些可见反应来确定被检病原的属、种和型。

在免疫学诊断中，有时也用已知抗原来检验未知抗体（血清），以进行流行病学调查。如用于传染病诊断，最好在发病早期和恢复期（一般需间隔 10 天以上）分别采集血液，分离血清，同时测定两份血清的抗体效价。只有当恢复期血清效价比早期血清效价高出 4 倍以上，才可推断与此种诊断血清相对应的抗原

（病原体）感染了机体。

血清学方法不仅可用作病原或血清的定性检验，也可用作病原抗原的毒价滴定或血清抗体效价的测定。常用的有凝集试验、血凝抑制试验、免疫荧光试验、中和试验、补体结合反应、琼脂扩散试验、免疫电泳、间接红细胞凝集试验和酶联免疫吸附试验（ELISA）等。

1. 直接凝集试验 细菌、红细胞等颗粒性抗原与相应的抗体在电解质参与下，发生反应相互凝集形成团块，这种现象称凝集反应。参与反应的抗体称为凝集素，抗原称为凝集原。按试验方法分为玻板法、试管法及微量凝集法等。

（1）平板凝集试验 又称快速凝集反应，为一种定性试验。在兔沙门氏菌病的诊断及流行病学调查中较为常用。方法为：在洁净的玻片或玻璃板上，依次滴加抗原（或抗体），再加上抗体（或抗原），混匀后，室温下作用3～5分钟判定结果。

（2）试管凝集试验 为一种定量试验，常用于检测待检血清中的相应抗体及其效价，协助临床诊断及流行病学调查。操作时，将待检血清用生理盐水做倍比稀释，加入等量已知抗原，置37℃水浴数小时观察，并以－（不凝集）、＋（25%凝集）、＋＋＋（75%凝集）、＋＋＋＋（100%凝集）。以其＋＋以上的血清最高稀释度为该血清的凝集价。

（3）微量凝集试验 其方法与试管凝集试验基本类同，只是在微量反应板上进行，抗原、抗体用量很少，故称微量凝集试验。选用U形或V形微量反应板，用稀释棒将待检血清在反应板上做系列稀释，随后滴入抗原，振荡混合后，置37℃温箱4小时或室温静置4～8小时，判定结果。判定方法与试管凝集法相同。

2. 间接凝集试验 将可溶性抗原或抗体吸附于与免疫无关的小颗粒载体的表面，此吸附抗原或抗体的载体颗粒与相应的抗体或抗原结合，在有电解质存在的适宜条件下发生凝集现象，称此为间接凝集试验，亦称为被动凝集试验。常用的载体有动物红细胞、聚苯乙烯乳胶乃至细胞和药用炭等，吸附原抗原的颗粒称为致敏颗粒。

乳胶凝集试验：利用聚苯乙烯乳胶的微球作为载体，吸附抗原或抗体，用以检测相应的抗体或抗原，称为乳胶凝集试验。乳胶凝集试验有玻片法和试管法等。玻片法最好选用黑色玻片，因乳胶为乳白色。取待检血清或抗原和致敏乳胶各1滴，混匀，阳性者在5分钟内即出现凝集反应，但在20分钟时需要再观察一次，以免遗漏弱阳性。试管法是将待检血清或抗原做系列倍比稀释，低速离心3分钟或室温放置24小时，观察结果。根据上述的澄清程度和沉淀颗粒多少，判定凝集程度。

3. 间接血凝试验 间接血凝试验是以红细胞为载体，将抗体或抗原吸附红细胞表面，用来检测微量的抗原或抗体，吸附有抗体或抗原的红细胞称为致敏红细胞。用抗体的致敏红细胞检测相应抗原的间接血凝试验，称为反向间接血凝试验。

间接血凝目前多采用微量法，可选用U形或V形血凝板，将待检血清在血凝板上用稀释或定量移液管做倍比稀释，加等量致敏红细胞悬液，振荡混匀后，置室温2小时观察结果。以出现50％红细胞凝集的血清最大稀释度为该血清的效价。

4. 血凝与血凝抑制试验 有些病毒具有凝集某种（些）动物红细胞的能力，称为病毒的血凝，利用这种特性设计的试验称为红细胞凝集（HA）试验，以此来推测被检材料中有无病毒存在，是非特异性的，但病毒的凝集红细胞的能力可被相应的特异性抗体所抑制，即红细胞凝集抑制（HI）试验，具有特异性。通过HA－HI试验，可用已知血清来鉴定未知病毒，也可用已知病毒来检查被检血清中的相应抗体和滴定抗体的含量。

（1）血凝（HA）试验（表5－2） 在96孔微量反应板上进行，自左至右各孔加50微升生理盐水；于左侧第1孔加50微升病毒液（尿囊液或冻干疫苗液），混合均匀后，吸50微升至第2

孔，依次倍比稀释至第 11 孔，吸弃 50 微升；第 12 孔为红细胞对照；自右至左依次向各孔加入 1%兔红细胞悬液 50 微升，在振荡器上振荡，室温下静置后观察结果。

表 5－2　病毒血凝试验的操作方法

单位：微升

孔号	1	2	3	4	5	6	7	8	9	10	11	12
病毒稀释度	1∶2	1∶4	1∶8	1∶16	1∶32	1∶64	1∶128	1∶256	1∶512	1∶1 024	1∶2 048	对照
生理盐水	50	↘50	↘50	↘50	↘50	↘50	↘50	↘50	↘50	↘50	↘50	↘
病毒液	50	50	50	50	50	50	50	50	50	50	50	50 弃去
1%红细胞	50	50	50	50	50	50	50	50	50	50	50	50
结果观察	++++	++++	++++	++++	++++	++++	++++	+++	+	+	−	−

结果判定：从静置后 10 分钟开始观察结果，待对照孔红细胞已沉淀即可进行结果观察。红细胞全部凝集，沉于孔底，平铺呈网状，即为 100%凝集（＋＋＋＋）；不凝集者（－）红细胞沉于孔底呈点状。

以 100%凝集的病毒最大稀释度为该病毒的血凝价，即为 1 个凝集单位。从表 5－2 看出，该新城疫病毒液的血凝价为 1∶128，则 1∶128 为 1 个血凝单位，1∶64、1∶32 分别为 2、4 个血凝单位，或将 128/4＝32，即 1∶32 稀释的病毒液为 4 个血凝单位。

（2）血凝抑制（HI）试验（表 5－3）　根据 HA 试验结果，确定病毒的血凝价，配制出 4 个血凝单位的病毒液。在 96 孔微量反应板上进行，用固定病毒稀释血清的方法，自第 1 孔至第 11 孔各加 50 微升生理盐水。第 1 孔加被检兔血清 50 微升，吹吸混合均匀，吸 50 微升至第 2 孔，依此倍比稀释至第 10 孔，吸弃 50 微升，稀释度分别为 1∶2、1∶4、1∶8……；第 12 孔加新城疫阳性血清 50 微升，作为血清对照。自第 1 孔至 12 孔各加

50 微升 4 个血凝单位的新城疫病毒液，其中第 11 孔为 4 单位新城疫病毒液对照，振荡混合均匀，置室温中作用 10 分钟。自第 1 孔至 12 孔各加 1%兔红细胞悬液 50 微升，振荡混合均匀，室温下静置后观察结果。

表 5-3 病毒血凝抑制试验的操作方法

单位：微升

孔号	1	2	3	4	5	6	7	8	9	10	11	12
血清稀释度	1∶2	1∶4	1∶8	1∶16	1∶32	1∶64	1∶128	1∶256	1∶512	1∶1 024	病毒对照	血清对照
生理盐水	50	50	50	50	50	50	50	50	50	50	50	
被检兔血清	50 ↘	50 ↘	50 ↘	50 ↘	50 ↘	50 ↘	50 ↘	50 ↘	50 ↘	50 ↘		50
4 单位病毒	50	50	50	50	50	50	50	50	50	50	50	50
					室温中静置 10 分钟							
1%红细胞	50	50	50	50	50	50	50	50	50	50	50	50
											弃去 50	
结果观察	−	−	−	−	−	−	+	++	+++	++++	++++	−

结果判定：待病毒对照孔（第 11 孔）出现红细胞 100%凝集（++++），而血清对照孔（第 12 孔）为完全不凝集（−）时，即可进行结果观察。

以 100%抑制凝集（完全不凝集）的被检血清最大稀释度为该血清的血凝抑制效价，即 HI 效价。凡被已知新城疫阳性血清抑制血凝者，该病毒为新城疫病毒。

从表 5-3 看出，该血清的 HI 效价为 1∶64，用以 2 为底的对数（log2）表示，即 6log2。

5. 沉淀试验 可溶性抗原与相应抗体结合，在有电解质存在时可形成肉眼可见的白色沉淀物，这个过程称为沉淀反应。参与沉淀反应的抗原称为沉淀原，抗体称为沉淀素。沉淀反应有液相和固相之分：液相沉淀反应中以环状沉淀试验最常用；固相沉淀反应主要有琼脂扩散试验，琼脂扩散试验与电泳技术相结合，又发展成免疫电泳技术。

（1）环状沉淀试验　又称 Ascoli 氏反应，是将沉淀素血清与相应的沉淀原在小反应管中重叠在一起，在两液面的交界处出现一层灰白色沉淀物。方法是将已知沉淀素血清用毛细管吸取，徐徐加入斜置的沉淀反应管内，然后用另一支毛细管吸取待检沉淀素，沿管壁缓慢注入沉淀素血清上，随即将反应管直立，于1～5 分钟观察。如于两液面交界处出现清晰、白色沉淀者为阳性反应。

（2）琼脂扩散试验　将抗原和抗体在含有电解质的琼脂凝块中扩散相遇，抗原抗体结合形成肉眼可见的沉淀线，称此为琼脂扩散反应。琼脂为一种含硫酸基的多糖体，高温时能溶于水，冷后凝固形成凝胶。琼脂凝胶呈多孔结构，孔内充满水，其孔径大小决定于琼脂浓度，1%琼脂凝胶的孔径为 85 毫米，因此，允许各种抗原或抗体在琼脂凝胶中自由扩散。当抗原和抗体相遇，且比例适当时，就会形成一条沉淀线。一对抗原和抗体只能形成一条沉淀线，故可用琼脂扩散反应鉴定抗原或抗体以及效价。

琼脂扩散试验分单相扩散和双相扩散两种。将抗原或抗体一方混于琼脂凝胶中，另一方直接接触和扩散于其中，称为单相扩散；使抗原和抗体同时在琼脂凝胶中扩散，称为双相扩散。

琼脂双相扩散试验：称取 0.6～1.0 克琼脂、8 克氯化钠加入 pH7.4 的 0.01 摩尔/升 PBS 液（磷酸盐缓冲液）至 100 毫升，在水浴中充分煮沸融化，加入 0.01%硫柳汞，倒入直径 85 毫米的平皿，每个加入 18～20 毫升，待凝固后用外径为 4 毫米的打孔器，按六角形图案打孔，中心孔与周围孔的孔距为 3 毫米，将孔中的琼脂用 6～8 号针头插入，轻轻向上挑出。中间孔滴加抗原，周围孔滴加待检血清与阳性对照血清，加样完毕后放入38℃温箱保持一定湿度，经 24～48 小时观察结果。抗原与抗体出现特异性沉淀线者判定为阳性，否则为阴性。

6. 对流免疫电泳　由于抗原与抗体的等电点不同，在 pH 偏碱的环境中，抗原带负电荷，电泳时向正极移动，抗体带电荷弱，在电泳时由于电位差作用，向负极泳动。将抗体置于正极，抗原置于负极，电泳时，抗原抗体相向移动，并相遇形成沉淀线。由于抗原抗体的定向移动，不仅缩短了反应出现的时间，而且由于抗原和抗体的局部浓度增高，从而提高了反应敏感性。试验时，在琼脂凝胶板上打孔，孔径3毫米，孔距5毫米，一块6厘米×9厘米的玻板可打40孔，一张载玻片可打几个孔，同时检测多个样品。挑去孔内琼脂后，将抗原加入负极一侧孔内，抗体加入正极侧孔内。然后以电压4～6伏/厘米、电流3毫安/厘米宽度电场下电泳30～90分钟，观察结果。如沉淀线不清晰，可置37℃温箱数小时，增加清晰度。

7. 补体结合反应 抗原，如蛋白质、多糖、类脂质、病毒等，与相应抗体结合后，其抗原抗体复合物可结合补体，但这一反应肉眼无法观察，如再加入溶血系统，通过观察是否出现溶血，判断反应系统是否存在相应的抗原抗体。参与补体结合的抗体称为补体结合抗体。

补体结合反应包括两个反应系统：一个为检验系统（溶菌系统），即已知的抗原（或抗体）和补体；另一个为指示系统（溶血系统），包括绵羊红细胞、溶血素和补体。抗原与抗血清在试管内混合后，如二者是对应的，则发生特异性结合形成抗原抗体复合物，这时加补体，补体就与抗原抗体复合物结合而被固定，不再游离存在，当再加入溶血系统时，由于无游离的补体，不发生溶血现象。如果抗原抗体不对应或根本无抗体存在，则不能形成抗原抗体复合物，加入补体后，补体不被结合而固定，仍呈游离状态，加入溶血系统后，由于有游离补体存在，因而发生溶血现象。

8. 中和试验 病毒与相应的中和抗体结合后，可使病毒丧失感染力。中和反应不仅具有高度的种、型特异性，而且一定量的病毒必须有相应的中和抗体才能被中和。因此，中和试验不仅可用于病毒种类鉴定，还可用于中和抗体的效价滴定。

常规中和试验毒价的滴定：过去衡量毒力或毒价单位多用最小致死量（MLD），但最小致死量不十分正确，现多采用半数致死量（LD_{50}）作为毒价测定的终点。但病毒对实验动物的致病作用并不都以死亡为标志，如以感染发病作为指标，可用半数感染量（ID_{50}）；以体温反应作指标者，可用半数反应量（RD_{50}）；用兔胚测定时，则以兔胚半数致死量（ELD_{50}）或兔胚半数感染量（EID_{50}）作为毒价单位；在细胞培养测定时，用组织半数感染量（$TCID_{50}$）测定疫苗免疫性能时，则可用半数免疫量（IMD_{50}）或半数保护量（PD_{50}）。半数剂量测定，通常将病毒液进行10倍系列稀释，然后接种试验动物或培养细胞、兔胚，每个稀释度接种3～6只。接种后，观察一定时间内的死亡数，出现细胞病变数或生存数，然后计算半数剂量。

中和试验分为两种方法：一是固定病毒稀释血清法，并以50%组织培养细胞或实验动物不致发生细胞病变或死亡的血清最高稀释度为该血清的中和效价；二是固定血清稀释病毒法，正常血清（做对照）和待检血清同时进行测定，并以这两份血清的中和效价的对数之差作为待检血清的中和指数。

固定病毒稀释血清法：病毒经毒价滴定后，稀释成200个$TCID_{50}$或LD_{50}，然后加入等量的不同稀释倍数的血清（一般做2×或10×系列稀释），37℃水浴反应1～2小时，对照敏感的病毒可置40℃冰箱内反应。反应后接种培养细胞和动物，置于适当条件下，待充分出现感染效应，观察记录结果，计算按Reed-Muench法，与$TCID_{50}$相同，计算公式改为：高于50%血清稀释度的对数一距离比×稀释系数的对数，然后将所得值换算成对数，即为该血清的效价。

固定血清稀释病毒法：以中和指数来表示，计算时，先计算出病毒加对照血清和未知血清的$TCID_{50}$或LD_{50}，其差数的反对数就是被检血清的中和指数。

9. 免疫标记技术 利用某些能够通过某种特殊理化因素易

于检测的物质标记抗体，这些被标记的抗体与相应抗原相结合，通过标记物的检测，从而确定抗原的存在部位，此即免疫标记技术。目前标记技术广泛应用的主要有免疫荧光技术、同位素标记技术（即放射免疫沉淀）和免疫酶技术等，前者主要用于抗原定位，后两者不仅可以用于定性、定量，还可以用于定位。

（1）*免疫荧光技术* 一种物质当受到短波光线（如紫外线）激发后，能放出波长比激发光长的可见光，此种光称为荧光。染料经激发后放出荧光者称为荧光染料（荧光素）。将荧光染料连接到提纯的抗体分子上，此种抗体称为荧光抗体。荧光抗体与相应的抗原结合后，就形成带有荧光的抗原抗体复合物，可在荧光显微镜下检测，常用的荧光染料有异硫氰酸荧光黄和异硫氰酸罗丹明 B 等。免疫荧光技术主要有直接法、间接法和抗体补体法三种。

直接法：将标记的荧光抗体，直接加于抗原标本，在一定条件下染色后，水洗，以除去未参加反应的多余荧光抗体，室温干燥后封片，置荧光显微镜下检查。

间接法：先制备荧光标记的抗体（第二抗体）。如检测未知抗原，再加未标记的特异抗体（第一抗体）于抗原标本上，37℃下 30～60 分钟，使抗原抗体反应，用水洗除去未反应的抗体，再加荧光标记的抗体，37℃下 30～60 分钟，洗涤，封片后镜检。如检测未知抗体，则抗原标本为已知的，待检血清为第一抗体，其他步骤和抗原检测相同。间接法只需制备一种荧光抗体，即可用于多种抗原的检测。荧光亮度亦比直接法明亮，但由于因素增加，非特异性染色亦相应增多。

（2）*放射免疫沉淀* 包括待检抗原、相应的标记抗原和特异性抗体三个主要成分。由标记抗原（Ag^*）与未标记抗原（Ag）竞争地与特异性抗体（Ab）相结合，形成标记的抗原-抗体复合物（Ag^*-Ab）和未标记的抗原-抗体复合物（Ag－Ab）。当 Ag^* 和 Ab 的数量保持恒定，且 Ag^* 与 Ag 的相加量超过 Ab 上有效结合点的数目，则 Ag 与 Ag^* - Ab 之间存在函数关系，即 Ag 量增多时，则Ag - Ab 的生成量增多，而 Ag^* - Ab 的生成量减少。将 Ag^* - Ab、Ag - Ab 复合物（以 B 表示）与游离的 Ag^* 、Ag（以 F 表示）分离，测定 B 和 F 的放射活性，计算出 B/F 或 B/(B+F) 值，由标准曲线和竞争标准曲线查出待检标本 Ag 的量。

（3）*免疫酶技术*　将酶通过化学方法与抗体（或抗原）结合，标记后的抗体（或抗原）仍具有与相应抗原（或抗体）相结合的免疫学活性及酶的催化活性，与相应抗原（或抗体）结合后，形成抗原-抗体-酶复合物，复合物中的酶遇到相应的底物时，催化底物分解，生成有色物质。有色物质的形成，说明了酶的存在。根据有色物质的有无及其浓度，可以推断被检抗原或抗体是否存在及其含量，以达到定性和定量的目的。由于酶具有极强的催化能力，只要极少量的酶就能使底物发生化学转化，从而使免疫酶技术具有极高的敏感性。免疫酶技术按其方法不同可分为免疫酶染色法和免疫酶测定法两种。

①免疫酶染色法　与荧光抗体法相同，只是以酶代替荧光素作为标记物，并以产生有色物作为指示标志。其可分为直接法和间接法两种。

直接法：应用酶标记抗体，直接检测抗原。将含有抗原的组织和细胞标本固定并消除其中的内源性酶后，应用本酶标记抗体直接处理，滴加底物显色，进行镜检。

间接法：将含有抗原的组织或细胞标本，先用特异性抗体处理，充分洗涤后，再用酶标记的抗体处理，使其形成抗原-抗体-酶标记抗体复合物，最后滴加底物显色、镜检。亦可应用 SPA 代替抗体，制备酶标记物。

②免疫酶测定法　免疫酶测定法分液相与固相两类。液相免疫酶测定法不需要将游离的和结合的酶标记物分离，也不需要载体，直接从溶液中测定结果。将含有小分子半抗原的样品、酶标

半抗原及相应抗体混合感作，然后测定酶活性。如样品中没有半抗原，则酶标半抗原与抗体结合，酶活性受抑制。如样品中有半抗原，则半抗原与抗体结合，而未与抗体结合的酶标记半抗原仍具催化活性，催化底物，出现颜色反应。主要用于激素、抗生素等小分子半抗原的检测。固相免疫测定法需利用载体，以化学或物理的方法将抗原或抗体连接于载体上，形成免疫吸附，然后进行免疫酶测定，因此，很容易将免疫复合物与游离分离。

例如，酶联免疫吸附试验包括间接法、双抗体夹心法和竞争法等。间接法：将已知抗原吸附于载体，孵育后洗去未吸附的抗原，加入待检血清，感作后洗涤，以去除未结合的物质，加入酶标记抗体，感作后洗涤，加入酶底物，出现颜色变化。根据颜色变化速度与程序，推算出抗体量。

（三）兔病的寄生虫学检验

1. 蠕虫的常规检验

（1）*虫体检查法*　肉眼观察粪便中有无虫体。将被检粪便加入 10 倍以上的清水，混匀沉淀，倒去上清液，反复数次，用肉眼或放大镜在粪便中查找虫体，凭积累的经验或借助显微镜鉴别。

（2）*幼虫检查*　有些线虫随粪便直接排出幼虫或虫卵，有些蠕虫卵在外界环境中很快孵化成虫。对此类寄生虫的诊断可采用下法。

漏斗幼虫分离法：取直肠内容物或新鲜粪便，平铺于直径 2～4 厘米的漏斗内的金筛上，漏斗下连接一根长 5～15 厘米的橡皮管，橡皮管末端接一根小试管。在漏斗内加入 38℃的清洁温水使液面与筛相接触，室温中放置 1～2 小时，新孵出的活泼幼虫沉于小试管底，弃上清液，将沉淀物置于载玻片镜检，可见活动的幼虫。

平皿幼虫分离法：取待检粪便 3～4 克，置于平皿或表面玻璃中，加适量 40℃温水，等 5～10 分钟后除去粪渣，用低倍镜检查平皿中的液体，观察有无活动的幼虫存在。

幼虫培养检查法：圆形目的线虫虫卵，在形态结构及大小上相似，镜检往往难鉴别。为了进行生前确诊，常将幼虫经过培养，待发育成感染性幼虫后再观测。方法是将新鲜粪便塑成半球形置于平皿中，在 25～30℃温度下（室内或温箱中，按情况每天加少量水）经几天，用漏斗幼虫分离法处理，检查有无活动的幼虫。

(3) 虫卵检查法

①涂片法　取 50%甘油水溶液一滴置于载玻片上，然后用小玻棒或小柴梗取粪便一小块，与上述溶液混合，将较粗的粪渣推向一边后，均匀涂布，盖上盖玻片，即可镜检。如无甘油水溶液亦可用常水替代。本法简单，但检出率不高，需反复检查才能证实。

②沉淀法　利用密度小于蠕虫卵的水处理被检粪便，使虫卵沉淀集中。

A. 自然沉淀法：取粪便 2～5 克，加水彻底混合使成悬液，用 40～60 目的铜丝筛滤取大块物质，静置 15 分钟后倾去上清液，如此反复，直至上清液透明为止，弃去上清液，置沉淀物于载玻片，盖上盖玻片，镜检虫卵。

B. 离心沉淀法：取粪便约 1 克置试管中，加入 5 倍量的水使其成混悬液，用 40 目的铜丝筛过滤入离心管中，以 800 转/分离心 3～4 分钟，吸取管底沉渣或小心弃去上清液，置沉渣于载玻片上，盖上盖玻片，镜检虫卵。

③漂浮法　采用密度大的溶液稀释粪便，使粪便中密度较小的虫卵漂浮在溶液的表面，再用显微镜检查，方法有如下两种。

A. 饱和盐水漂浮法：先配制食盐饱和溶液，在 1 000 毫升沸水中，加 360～380 克食盐，使溶解，以纱布过滤，冷却后，如有结晶析出，即为饱和溶液。取粪便数克，置于小杯或试管中，加少量饱和盐水，混合均匀，再逐渐加入饱和盐水，当溶液加满时，立即用筷子除去漂浮的大块粪便，然后静置半小时，此时比饱和盐水密度小的蠕虫卵大多浮在表面，用铂金耳或金属小环在液体表面蘸取液膜数次，抖落在载玻片上，盖上盖玻片，进行镜检。蘸取液膜用的金属小环用后应在火焰上烧灼，以免把蠕虫卵带到下一份材料中去。本法亦可将混合的粪液注满顶立的小试管中，在试管口盖上盖玻片，使与液面相接触，并使之不留气泡。静置 40～45 分钟，将盖玻片迅速取下，覆于载玻片上镜检。

B. 筛滤法：本法是将粪便先制成悬液，使通过不同孔径的筛，先经过粗筛将粪便中较粗的渣滓（如食物纤维等）保留筛上，而将虫卵和较细粪便保留于滤液中。再将此滤液通过极细的尼龙筛，将虫卵保留于尼龙筛上，而更细的粪渣和可溶性色素均随滤液通过。将尼龙筛上的内容物取出，进行镜检。一般粗滤可采用 40～60 目的铜丝筛，细筛可用 260 目的尼龙筛。此法多用于大型及中型虫卵的检查。

2. 蠕虫虫体的染色与鉴定

（1）吸虫　将收集所得的吸虫放置盛有生理盐水的小瓶中，活的虫体可在生理盐水中放置一定时间，使其将内容物吐出，并轻摇小瓶，洗去虫体表面的黏液。这种虫体是半透明状，将其平铺于载玻片上，镜检观察，其内部构造隐约可见。但未经染色，虫体结构并不十分清晰，且虫体不能保存。如欲保存，可将洗净后的虫体放入 20%酒精或 5%～10%的福尔马林溶液中。如欲制成染色标本片，则将虫体在固定前平铺于载玻片上，上覆盖另一载玻片，并用橡皮筋缚紧，使虫体平展，为防止虫体过分压扁而破裂，可在玻片两端垫以适当厚度的纸片，而后放入上述固定液中，1～2 天后取出，分开玻片，取出虫体，仍浸于原来的固定液中，以备染色、制成装片。常用的染色装片法有两种。

①苏木紫染色装片法　将存于福尔马林固定液中的虫体取出，在流水中冲洗过液，尽可能将福尔马林冲净。如虫体存于

70%酒精中，则需将虫体先移入60%和30%酒精中各0.5～1小时，视虫体大小而定，大的虫体需时间较长，最后移入蒸馏水中。将德氏苏木紫染液用水稀释10～15倍，使呈葡萄酒色。经上述处理过的虫体移至稀释后的染液中，放置过夜，直至虫体内部各器官均已深染为止。将虫体移入酸酒精（将30%酒精100毫升加入盐酸1～2毫升制成），使虫体由褐色变成淡红色，再于弱碱中复色，至虫体恢复到淡紫色（一般自来水或井水均呈弱碱性，即可用；亦可用蒸馏水加数滴氨水使呈弱碱性）。水洗虫体后顺序通过30%、60%、80%、90%、95%酒精各0.5～1小时，而后移入100%酒精中30分钟使完全脱水，最后放入二甲苯中使虫体透明，待透明后立即装片。一般在二甲苯中时间不超过30分钟，将完全透明的虫体，置于载玻片上，滴加加拿大树胶，盖上盖玻片即成。如加拿大树胶过于干硬，可加入二甲苯调成饴糖状。

②盐酸卡红染色装片法　将存于福尔马林中的标本取出，在流水中冲洗过液，洗去福尔马林，后依次经30%、50%和70%酒精中各0.5～1小时再染色。保存于70%酒精中的标本，无需处理即可染色。将上述标本移入盐酸卡红染液内2～8小时，然后移入酸酒精中，使呈褐色。用70%酒精冲洗虫体，除去余酸。依次经80%、95%和100%酒精中各30分钟，再移入二甲苯中30分钟透明后，置载玻片上，滴加加拿大树胶，覆以盖玻片封固。

（2）绦虫　绦虫的收集和保存与吸虫基本相同，但收集绦虫必须注意保持头节的完整，因为头节是鉴定绦虫的主要依据之一，而头节相对整个虫体来说比较细小，易于丢失。对于大型虫体，其体节可达数百节，若做染色装片标本，只能选其中一段成熟体节或孕卵体节作为制作标本之用。绦虫节片染色装片标本的制作与吸虫相同，但头节无需染色，只要将头节固定于70%酒精中，而后依次经80%、95%和100%的酒精中各5～10分钟，使之脱水，再移入二甲苯中透明5～10分钟，置于载玻片上，滴加加拿大树胶，覆以盖玻片封固即可。

（3）*线虫* 收集的线虫应置于生理盐水中，充分振荡，以洗去附着的黏液，尤其是那些具有较大口囊的虫体更需要充分清洗，以除去口囊内的杂物。但对寄生于肺内组织内的线虫，因其比较脆弱，清洗时易于崩解，应很快加以固定。固定前，可立即置于显微镜下检查，这时虫体是透明的，内部结构清晰可见。然后，在烧杯中用70%酒精固定线虫。为防止酒精挥发，使虫体变干，可加入10%的浓甘油，然后加热至底部有气泡升起（约80℃即可）。此外，亦可用福尔马林生理盐水（生理盐水90份加入福尔马林10份）固定虫体。固定后的虫体不透明，如欲观察内部结构，可加以透明，其透明方法有两种。

①甘油透明法 将保存的虫体置于含有10%甘油的70%酒精的蒸发器内，置37℃温箱中，待酒精自然挥发后，虫体留于甘油中，虫体即已透明，可供检查。如欲快速检查虫体，可将上述蒸发皿水浴加温，促使酒精迅速挥发，而使虫体在短时间内达到透明的目的。以上透明过的虫体可保存于甘油中，随时可取出检查。

②乳酸酚透明法 甘油2份、乳酸1份、石炭酸1份、水1份，混合即成乳酸酚透明液。先将线虫标本置于乳酸酚透明液1份和水1份的混合液中，30分钟后移入纯乳酸酚透明液中，虫体很快透明，可供检查。检查后虫体应迅速放回原保存液中，否则虫体易于变黑。一般线虫不做染色装片标本，如有需要制法同吸虫。

（4）*虫卵的保存* 为了保存粪便中的蠕虫虫卵，以利随时检查，可取粪便用沉淀法收集虫卵，将所得沉淀渣加入60℃的福尔马林生理盐水中，再装入小瓶保存。

3. 原虫的常规检验

（1）*血液检查* 采集兔后腔静脉血，制成血涂片，然后用甲醇固定，用瑞氏、姬姆萨及伊红美蓝等染色方法染色后镜检原虫。

（2）粪便检查 粪便中球虫卵囊的检查步骤与蠕虫卵的检查方法相同。如欲检查粪便中球虫卵囊的孢子形成过程及孢子化卵囊的形态，可将被检粪样放于平皿中，加入少量的水，最好加入0.5%重铬酸钾溶液，防止霉菌生长，于18～25℃环境下，每天取粪样检查直至可见到卵囊已有孢子形成为止。如欲使卵囊保存在不发育状态，可在新鲜粪样中加入5%石炭酸溶液，以杀死其中卵囊，然后保存于玻璃瓶中。

（3）球虫直检 从病死兔的肠道病变部刮取米粒大小的肠黏膜，涂布于清洁的载玻片上，滴加生理盐水1～2滴，加盖玻片后在高倍镜暗视野下观察，可见大量球形像剥了皮的大蒜头似的和蒜瓣形的裂殖体。另取少量肠黏膜做成薄的涂片，滴加甲醇液，待甲醇挥发后，用瑞氏染液染色2小时，然后在高倍镜下观察，可见裂殖体被染成浅紫色，裂殖子被染成深紫色，小配子体呈圆形、紫红色，大配子体呈圆形或椭圆形、深蓝色。

4. 寄生虫病的血清学检验 寄生虫与病毒和细菌比较，因其个体大，抗原成分复杂，加上许多寄生虫在发育过程中产生各种逃避宿主免疫反应的能力，故其感染而产生的免疫力相对较弱。尽管如此，寄生虫对宿主机体来说是一种外界异物，机体对寄生虫必然存在或产生特异性和非特异性免疫。随着科学技术的发展，寄生虫病血清学诊断技术的应用将越来越广泛，现应用的有凝集试验、补体结合反应、血凝试验、间接血凝试验、免疫荧光试验、琼脂扩散试验及对流免疫电泳等。

第六章　兔场用药与兔病控制

一、兔场用药规则

（一）兽药的类型及作用

1. 兽药　兽药是指用于预防、治疗、诊断动物疾病或者有目的地调节动物生理机能的物质。自然界中的植物、动物、矿物质及人工合成的药物和免疫制剂等都可以用作兽用药物。畜牧生产上应用的饲料添加剂等也常被包括在兽用药物的范畴之内。兽药主要包括抗生素、血清制品、疫苗、诊断制品、微生态制剂、中药材、中成药、添加剂、生化药品及外用杀虫剂、消毒剂等。世界上大多数国家对兽药生产、检验和使用都设立专门机构并制定法规、条例，进行监督管理，以保证兽药的用药安全。

2. 兽药的种类

（1）按使用方式分

兽用处方药：是指凭兽医处方方可购买和使用的兽药。

兽用非处方药：是指由国务院兽医行政管理部门公布的、不需要凭兽医处方就可以自行购买，并按照说明书使用的兽药。

（2）按药物来源分　兽用药物最初主要来自植物，中国古代所称的本草中即包括兽用植物药。公元19世纪，植物药的有效成分已分离成功，对其化学结构的认识逐渐成熟，以后就开始人工合成和寻找新药。时至今日，化学合成药不仅纯度高，而且生产成本低，已成为兽用药物的最主要来源。

兽医中草药：兽医中草药是中兽医对兽用传统中药和民间流

行草药的总称，来源于植物、动物和矿物及其加工品，以植物药占绝大多数。中草药是中国传统兽医学除针灸、熨烙外，防治家畜疾病的主要手段。每一种药物各有一定的性味和效能。总的可概括为四气、五味、升降浮沉和归经四大方面。其中，四气指寒、凉、温、热四种药性。介于寒、凉和温、热之间的称为“平”。不同属性的药有不同的作用。五味指酸、苦、甘、辛、咸五种不同的药味。此外，还有“淡”味，称为甘淡。不同味的药也有不同的治疗作用。

兽医化学药物：应用化学药物抑制或杀灭病原物，以治疗畜兔疾病，也是防治畜兔疾病的重要手段之一。化学药物主要用于治疗由细菌、病毒、寄生虫感染的畜兔疾病，也可用作饲料添加剂，如抗生素、磺胺、抗寄生虫药等。

（3）按药物应用类型分

原料药：生产各种制剂的药物原料。

制剂（成品）：经过加工制成的安全、稳定和便于应用的药物剂型，如粉剂、片剂、液体剂、气雾剂型。

3. 药物的作用

（1）药物的治疗作用

对因治疗：消除疾病的原发致病因子（治本），如化疗药物杀灭病原微生物，以控制感染性疾病。

对症治疗：改善疾病的症状，如解热镇痛药使高烧症状得到缓解，但若病因不除，药物作用过后体温又会升高。

（2）药物的不良反应

副作用：是在常用治疗剂量时产生的与治疗无关的作用或危害不大的不良反应。如阿托品缓解痉挛疝痛时，具有抑制腺体分泌的副作用。

毒性反应：用药剂量过大或用药时间过长而引起的机体危害反应。

过敏反应：药物本身，或其体内代谢产物，或药物制剂中的杂质作为致敏原而引起的对机体有害的免疫反应。如某些抗生素、磺胺药、生物制剂等均有过敏反应。

继发性反应：药物治疗后引起的不良后果。如草食动物长期口服四环素类药物，使对其不敏感的真菌、葡萄球菌、大肠杆菌等大量繁殖，可引起中毒性肠炎或全身感染（二重感染）。

后遗效应：停药后血药浓度降至阈值以下时的残存药理效应。可能由于药物与受体牢固结合，靶器官药物尚未消除，或者由于药物不可逆的组织损害所致。如长期应用皮质激素，由于负反馈作用，而引起分泌抑制。也有些药物能产生对机体有利的后遗效应，如抗生素后效应。

4. 影响药物作用的因素

（1）药物方面的因素

剂量：在一定范围内药效随剂量增加而加强；少数药物随剂量或浓度的不同，作用的性质发生变化（如人工盐小剂量健胃、大剂量下泻）。

剂型（溶液、散、片及注射剂）：会影响吸收速率、多少、部位及利用度等。近年来人们越来越关注药物新剂型的研究，缓释、控释和靶向制剂正逐步用于临床。

给药的方案：主要包括给药剂量、途径、时间间隔和疗程。途径主要影响药物利用度和药效出现的快慢，如药效作用速度依次是静脉注射—肌内注射—皮下注射—口服。大多数药物治疗疾病时必须重复给药，但现在研究发现，许多药物采用高浓度一次给药药效好，能维持较长的时间，如庆大霉素、头孢类药物。有些药物给药一次即可奏效，如抗寄生虫药。大多数药物必须按一定的剂量和时间多次给药，才能达到治疗效果，称为疗程，如抗生素一般要求 2～3 天，磺胺药 3～5 天。

联合用药及药物相互作用：①药动学的相互作用：药物在兔体内吸收、分布、生物转化及排泄过程间的相互作用。如酸碱中和反应；四环素类、恩诺沙星与钙、铁、镁等金属离子发生螯合作用影响药物吸收。②药效学的相互作用：两药合用的效应大于单药效应的代数和，即协同作用；两药合用的效用等于它们分别作用的代数和，即相加作用；两药合用的效应小于它们分别作用的总和，即颉颃作用。③体外的相互作用：将两种以上药物混合使用或将药物做成制剂时，可能发生体外的相互作用，出现使药物中和、水解、失效等理化反应，这时可能发生混浊、沉淀、产生气体及变色等外观异常的现象，称之为配伍禁忌。

（2）*机体方面的因素*

生理因素：不同日龄、性别的兔体对同一药物的反应往往有一定差异，如幼兔药酶功能不足、肾功能不完善，药物在兔体内不易被代谢、排泄，半衰期延长，因此，幼兔对药物的反应较敏感，用药剂量应适当减少。

病理状态：某些药物在病理状态下才呈现药物的药效作用，如解热镇痛药；严重的肝、肾功能障碍，可影响药物的生物转化和排泄，从而增强药物作用或中毒反应。

个体差异：主要表现药物作用量的差异，有的还出现质的差异（如过敏反应）。

（3）*病原体方面的因素*　不同种类的病原微生物，如细菌、病毒、真菌等，同一种类病原微生物的不同类群，如 G^+ 细菌与 G^- 细菌等，或处于不同状态的同一种病原微生物，各自对外界环境的抵抗力和对消毒药、抗生素等的敏感性都存在差异。一般而言，繁殖型细菌对消毒药、抗生素的耐受力差，而细菌芽孢对消毒药、抗生素的抵抗力较强，生长期细菌比静止期细菌抵抗力强；病毒对酚类和阳离子表面活性剂的抵抗力较细菌高，而对碱类则较为敏感。因此，在生产中应根据病原微生物的情况合理选择高效的消毒药和抗生素。

（二）兽药的正确保管

1. 造成兽药变质的因素　兽药由于保管不当，可变质失效，不能使用。使药品变质和失效的主要因素有：

（1）空气　空气中含1/5的氧，氧的化学性质很活泼，可使许多具有还原性的药物氧化、变质，甚至产生毒性，如油脂氧化后即酸败。空气中的二氧化碳可使某些药物“碳酸化”，如磺胺类药物的钠盐和二氧化碳可生成游离的磺胺类药物。漂白粉在有湿气存在的条件下，可吸收二氧化碳慢慢放出氯气而使其效力降低。

（2）光线　日光可使许多药品直接发生或促进其发生化学变化（氧化、还原、分解、聚合等）而变质，其中主要是紫外线的作用，如肾上腺素受光影响可渐变红色，银盐和汞盐见光可被还原而析出游离的银和汞，颜色变深，毒性增大。

（3）温度　温度增高不仅可使药品的挥发速度加快，更主要的是可促进氧化、分解等化学反应而加速药品变质，如血清、疫苗、脏器制剂在室温下存放很容易失效，需低温冷藏。但温度过低也会使一些药品或制剂产生沉淀，如甲醛在9℃以下生成聚合甲醛而析出白色沉淀；低温还易使液体药物冻结，造成容器破裂。

（4）湿度　湿度是空气中最易变动的部分，随地区、季节、气温的不同而波动。湿度对药品保管影响很大。湿度过大，能使药品吸湿而发生潮解、稀释、变形、发霉；湿度太小，易使含结晶水的药品风化（失去结晶水）。

（5）微生物与昆虫　药品露置空气中，由于微生物与昆虫侵入，而使药品发生腐败、发酵、霉变与虫蛀。

（6）时间　任何药品贮藏时间过久，均会变质，只是不同的药品发生变化的速度不同。抗生素、生物制品及某些化学药品都规定了有效期，必须在有效期内使用。

2. 药品的贮存与保管　药品都应按《中华人民共和国兽药典》或《中华人民共和国兽药规范》中该药贮藏规定的条件，正确地贮存与保管。

(1) 对药品包装容器的规定

密闭：是指将容器密闭，防止尘土和异物混入，如玻璃瓶、真空等。

密封：是指将容器密封，防止风化、吸湿、挥发或异物污染，如带有紧密玻璃塞或木塞的玻璃瓶等。

熔封或严封：是指将容器熔封或以适宜标准严封，防止空气、水分侵入和细菌污染，如玻璃安瓿等。

遮光容器：是指棕色容器或用黑纸包裹的无色玻璃容器及其他适宜的容器。

对温度的规定：许多药物贮存时要求放置在阴凉处，阴凉处是指不超过 20℃。

对湿度的规定：是指相对湿度在 75%以下的通风、干燥处。

(2) 根据药品的性质、剂型，并结合药房的具体情况，采取"分区分类，货位编号"的方法妥善保管

堆放时要注意外用药与内服药分别存放；杀虫药、杀鼠药与内服药、外用药远离存放；性质相抵触的药（如强氧化剂与还原剂，酸与碱）及名称易混淆的药均应分别存放。

建立药品保管账，经常检查，定期盘点，保证账目与药品相符。

药品库应经常保持清洁卫生，并采取有效措施，防止生霉、虫蛀和鼠害。

加强防火等安全措施，确保人员与药品的安全。

（三）用药应该注意的问题

1. 药品质量 防治兔病的药物很多，由于成分不同，疗效也不同，差异较大。有的药物疗效好，有的药物疗效差，有的药物甚至根本无药效。因此，选购药物时，一定要选购可靠厂家生产的药品，凡无生产厂家名称、联系地址、生产许可证的药品都不是合格药品，不要使川。

2. 对症用药 首先是由有经验的兽医根据疾病流行病学、症状及特征性病变作出初步诊断，然后结合实验室检查得出进一步的准确诊断后，才能提出相应的处理措施和相应的用药方案。必要时还可以进行药敏试验，以筛选出敏感的药物进行治疗，可获得最理想的治疗效果。如不讲究药理、药性，不顾疗效如何，乱用药物，其结果是不但兔病没治好，还容易产生抗药性，给防治带来困难，而且有时还会贻误防治时机，造成重大经济损失。因此，在防治兔病时，一定要根据兔病的症状、种类，选用对症、有效的药物进行治疗。

在临床上常常同时使用两种或两种以上药物进行治疗，以提高治疗效果，消除或减轻某些毒副作用，有时也可减少耐药性产生。有些药物搭配使用可提高药效（即 1＋1＞2），如磺胺类药物配合抗菌增效剂，阿莫西林配合舒巴坦钠或克拉维酸钾；有些药物搭配可扩大抗菌谱，如青霉素和链霉素联合使用，支原净和强力霉素联合使用，氟苯尼考和强力霉素联合使用，丁胺卡那霉素和林可霉素联合使用，林可霉素和壮观霉素联合使用等。

不同的疾病要用其相对应的兽药来治疗，如兔的大肠杆菌病要用氟苯尼考、丁胺卡那霉素、安普霉素等药物进行治疗；兔滴虫病需要用甲硝唑等药物进行治疗。

3. 准确掌握用药剂量 药物达到一定量，有效成分在血液或机体中达到一定浓度时方显效果，且需一定的时间。生产常见的是用药剂量过大和使用剂量不足。部分养兔户认为剂量越大，效果越好，因而无限制地任意加大用药剂量，结果造成用药成本增加，且易出现耐药性、药物蓄积与残留，甚至中毒。

拌料、饮水用药时，一是一定要严格按说明书用药量用药，因为有些药物超量使用会引起中毒，如喹乙醇等药物。二是要将药物拌匀、混匀，让每只兔都吃到或饮到应得的药量，以提高防治效果，防止中毒。三是一定要有足够的食槽和水槽，使兔有同等的采食和饮水机会。四是要严格按规定的程序用药，不要无限度地使用同一种药物，做到该用则用，该停则停，以防止病菌产生抗药性。

4. 注意药物的配伍禁忌 在防治畜兔疾病时，有时同时使用两种或两种以上的药物，可以提高防治效果，但要特别注意药物之间的配伍禁忌；否则，会降低药效，影响防治效果，甚至产生毒性，导致畜兔死亡，造成严重的经济损失。例如，青霉素和磺胺类药物混用，则会使青霉素的抑菌和杀菌作用降低，甚至丧失，从而使青霉素的疗效降低或丧失；土霉素与链霉素混用疗效下降或无效；盐霉素与莫能菌素、庆大霉素与碳酸氢钠合用使毒性增大等。最常见的配伍禁忌有：酸性药物（如青霉素钾、维生素C针剂等）与碱性药物（如恩诺沙星针剂、小苏打针剂等）不能混合使用；口服活菌制剂不能与抗生素、吸附剂混合使用；磺胺类药物不能和一般抗生素配合使用；喹诺酮类药物不能与利福平配伍使用；四环素与石膏、明矾也不能合用，否则会形成螯合物影响疗效。此外，会产生毒副作用的有：支原净与盐霉素配伍，硫酸黏杆菌素与氨基糖苷类配伍均可产生中毒现象；磺胺类与山楂、乌梅、五味子合用，其毒副作用会加大；庆大霉素、新霉素与中药硼砂配伍也可使中毒作用增强等。

5. 交替用药 一般来说，使用抗生素治疗急性病例时疗程为3天左右，若是慢性病则要延长至5天左右。在预防或治疗家兔疾病时，用药应交替或间隔使用，并且注意适当停止给药，可避免细菌耐药性的产生。对毒性强的药物需特别小心，以防家兔中毒。

（四）药物残留的危害

1. 磺胺类药物 长期应用磺胺类药物能使动物中毒，人一旦食用了中毒的动物产品，其药物残留能破坏人体的造血系统，造成溶血性贫血症、粒细胞缺乏症、血小板减少症等。

2. 喹乙醇 在饲料中添加喹乙醇可促进畜兔生长。因喹乙醇效果好，价格便宜，饲料厂普遍使用。但它有致突变、致畸和致癌作用。

3. 土霉素 长期大剂量使用土霉素能引起肝脏损伤，导致兔中毒死亡。如未执行休药期规定，人一旦食用了含土霉素残留的兔产品，可影响抗生素对人类疾病的治疗，并容易产生人体过敏反应。

4. 硫酸庆大霉素 硫酸庆大霉素容易使兔出现肾脏肿大、过敏性休克和呼吸抑制，特别是对脑神经有损害，而且反复使用容易产生耐药性。

5. 其他 出口肉兔产品不允许使用的抗生素有：氯霉素、庆大霉素、甲砜霉素、金霉素、阿维菌素、土霉素、四环素等。要求在出栏前 14 天停用青霉素、链霉素等，要求出栏前 5 天停用恩诺沙星、泰乐菌素，要求出栏前 3 天停用盐霉素、球痢灵。

（五）药物残留的控制

1. 遵守国家有关法律法规，严禁使用违禁兽药和添加剂（如氯霉素、痢特灵、喹乙醇、盐酸克仑特罗等）。畜兔产品出口的养殖场还要禁用卡巴氧、杆菌肽锌、泰乐菌素、球痢灵、氯羟吡啶等药物。

2. 坚持科学诊断和对症下药原则，在对畜兔疾病作出科学诊断的基础上，采取相对应的处理措施和科学用药，有条件的地方还要进行药敏试验。

此外，要控制药物残留，还要做好药物使用登记、使用无污染饲料、定期进行畜产品药物残留检测及推广使用抗生素的替代品。

3. 为防兔肉的药物残留，严格执行畜产品上市之前的药物停药期。

二、用药方法

用药方法有饮水给药（多数病畜和病兔在生病时往往不吃料或少吃料，但会喝水）、拌料给药、注射给药（包括皮下注射、肌内注射、静脉注射等）、气雾给药、外用给药及灌服等。同样的药物，通过不同的给药途径，其效果也不同。要合理选择用药方法，有些药物的使用方法有多种，如有些粉剂药物，拌料投药和饮水给药均可；有些针剂药物，饮水、注射均可。作为预防用药，采用饲料投药和饮水给药方法简单，容易操作，又可以避免应激。但在兔病导致不采食或少采食的情况下，采用饮水给药的方法就更有效，但当兔病情严重，既不采食，又不饮水的情况下，通过消化道吸收给药较困难，则采用注射给药的方法。另外，值得特别注意的是，若肌内注射丁胺卡那霉素，对控制全身的细菌感染（如大肠杆菌、沙门氏菌）有较好效果，但是若通过口服，由于在肠道内吸收较少，只能对肠道细菌有效果，而对全身感染效果较差。葡萄糖酸钙只能通过静脉滴注，不能进行肌内注射，否则会导致肌肉局部炎症坏死。

（一）用药量的计算方法

防治兔病的方法及用药量是否正确，是关系到防治效果好坏的关键。如果用药方法或用药量不当，轻则起不到防治疾病的目的，重则可引起兔群的药物中毒，造成较大的经济损失。现将用药量的计算方法简介如下。

1. 拌料给药用药量的计算方法　拌料给药是养兔生产中最常用的给药方法之一，即将所选用的药品按一定浓度（或比例）混合在饲料中，让兔自由采食，以达到防治疾病的目的，其用药量的计算方法是：

每日兔群的用料量×按要求配用的药物浓度＝用药量

用药量÷每片药的含量=用药片数

2. 饮水给药用药量的计算方法 饮水给药就是按照防治兔病要求的浓度，将药物溶解于水中，使兔群在一定时间内通过饮水获得药物的一种方法。每日饮水量为每日进食量的1倍。要求含药饮水现配现用，配制方法是：

药品含量÷欲配制浓度=应加水量

（二）群体用药法

1. 饮水给药 经饮水给药，应在给药前2～3小时断水。在夏季，饮水给药的浓度可为拌料量的50%。凡易溶于水的药物用此法效果较好，一般采取每天2次集中饮水给药。

饮水给药注意事项：油剂及难溶于水的药物不能用此法给药。对微溶于水又易引起中毒的药物片剂，要充分研磨，再用纱布包好浸泡在水中给饮。对水溶液稳定性较差的药物（如青霉素），要现配现用，并保证家兔在1～2小时内饮完，并保证每只兔都能饮到。

2. 拌料用药 即将药物均匀地混入饲料中让兔食用。此法适用于预防性用药、长期投药或不溶于水的药物。用药时要注意将药物与饲料混合均匀，否则易造成部分兔因用药过量而中毒，部分兔因用药不足而降低药效。

3. 外部给药 此法多用于杀灭兔体表寄生虫或微生物。外部给药常用药浴、喷洒、熏蒸等方法。

（三）个体给药法

主要使用于单个治疗或逐只免疫。

1. 皮下注射 皮下注射的部位有颈部皮下、背部皮下、足掌内等。其优点是兔吸收较快，刺激性小。

2. 肌内注射 肌内注射的部位有腿肌、背部肌肉等。其优点是兔吸收快，药物作用也较稳定。

3. 口服 其优点是给药剂量易于掌握，用药均匀，但较费事，且较注射给药吸收速度慢。

三、兔场常用药物

（一）兽用中草药

1. 兽用中草药的分类 根据兽用中草药的性味及其主要功能，一般分成以下几类。

（1）解表药 属辛、温解表药的有麻黄、桂枝等，属辛、凉解表药的有薄荷、牛蒡子等。

（2）清热药 性属寒、凉，有清热泻火、解毒、凉血、燥湿、解暑等功效，如石膏、丹皮、黄连、龙胆草、金银花、板蓝根、香薷等。

（3）泻下药 能攻积、逐水，引起腹泻或润肠通便的药物，如大黄、芒硝、火麻仁、大戟等。

（4）消导药 能健运脾胃，促进消化，具有消积导滞作用的药物，如山楂、麦芽、神曲等。

（5）温里药 又称祛寒药。指药性温、热，能祛除寒邪的一类药物，如附子、干姜、肉桂等。

（6）祛湿药 凡能祛除湿邪、治疗水湿症的药物，如羌活、独活等属祛风湿药。

（7）利湿药 藿香、苍术等属化湿药。

（8）理气药 此类药大多辛温芳香，具有行气消胀、止痛、降气等作用，如陈皮、青皮、香附、厚朴等。

（9）理血药 指有活血祛瘀、止血等作用的一类药，如川芎、红花、乳香、没药、地榆、槐花等。

（10）收涩药 具有涩肠止泻等作用的药物，如乌梅、诃子、浮小麦、五味子等。

（11）补益药 指能补益气血阴阳之不足，治疗各种虚证的药物，如党参、黄芪、当归、杜仲、天门冬等。

（12）催情药　具有补气血、暖腰肾、壮阳益精、增强性欲功能的药物，可用于产科疾病，能促进家畜繁殖，如淫羊藿、阳起石、羊红膻等，但有时这类药也列入补益药中。

2. 兽用中草药的作用　中草药以毒副反应小，不会产生耐药性，应用时着眼于整体，强调调节整体功能，提高自身抗病力，引起人们的关注。但是许多中草药及其方剂成分十分复杂，其作用机理目前尚未完全明了。近年来，国内外学者对中草药在防治畜兔传染病中的作用做了广泛的探讨，认为中草药主要具有以下几方面作用。

（1）抗病原体作用　清热解毒类、固涩类、补虚类、理血类、泻下类等中草药多数对畜兔病原体具有一定的抑制作用。在对一些中草药及其方剂进行体外抑菌及抗病毒试验中，发现许多中草药对细菌有一定的抑制作用，其中包括许多对西药已产生耐药性的菌株。一些中草药方剂，如白头翁汤、清瘟败毒饮、黄连解毒汤、黍黏子散、霍复康、乌梅散、盐栗散、菌态康等对临床上常见病的病原体有一定的体外抗菌作用。冬虫夏草、板蓝根、野菊花、连翘、藿香、蒲公英、金银花、鱼腥草、黄芪、黄芩、党参等均有较强抗病毒作用。小柴胡汤、甘草浸液、黄生大白汤、银翘散、囊病宁、黄芩汤等方剂对某些病毒病有一定疗效。

（2）调节机体免疫功能　机体免疫机能的高低，直接影响机体的抗病力。许多中草药及方剂在兽医临诊中应用效果好，其主要机制就是对动物机体的免疫机能和抗病机制进行调节。中草药所含的苷类、生物碱、多糖、有机酸、挥发性成分等免疫活性物质能激活机体的免疫系统，包括促进免疫器官发育，影响体液免疫，增强免疫细胞活性、细胞免疫及免疫调节，从而提高机体抗感染能力，达到防病治病目的。

①中草药对动物免疫器官的影响　胸腺为动物一级免疫器官，主要介导细胞免疫应答，对T淋巴细胞的成熟至关重要。

脾脏为二级免疫器官，主要参与体液免疫，是抗体生成的器官。动物试验证明，有良好扶正固本作用的冬虫夏草、虫草菌、黄芪、肉苁蓉、山蚁精、白何首乌、绞股蓝、猪苓、紫菜、人参等，其含有的多糖对动物的免疫器官脾脏或胸腺有明显的增重效果，而具有免疫抑制效应的决明子、女贞子、雷公藤、乌头等对动物的免疫器官脾脏或胸腺的重量有减轻的效果。大部分中草药对正常的免疫器官无影响，但能使化疗药物如环磷酰胺引起的免疫器官退行性变化逆转到正常水平。

②中草药对体液免疫功能的影响　中草药对体液免疫功能的影响主要体现在激活补体系统和促进抗体形成细胞数增加。补体作为辅助抗体效应的功能分子，一方面参与免疫防御，另一方面又是免疫病理损伤的介导物质。各种疾病均能引起血清补体活性变化，利用中草药调节体内补体活性有助于某些疾病的治疗。

③中草药对细胞免疫功能的影响　动物机体细胞免疫功能的高低取决于血液中白细胞和 T 淋巴细胞数量。研究表明，中草药中人参、党参、三颗针、汉防己、补脂膏、金银花、银耳等具有提升白细胞功能的作用。灵芝、银耳、人参、香菇、丹参、川芎、云芝、何首乌、黄精、白术、枸杞子能促进淋巴细胞数量的增加，肉苁蓉、紫菜中的多糖等均能促进动物外周血液中淋巴细胞幼稚化反应。甘草皂苷能够显著地增加 T 淋巴细胞，激活免疫作用，增强免疫力。女贞子和刺五加均可促进淋巴细胞对 PHA 的应答，也能增强细胞表面受体活性。参芦总皂苷能提高淋巴细胞内 cAMP、cGMP 含量，影响 E-玫瑰花结形成。

④中草药对单核-巨噬细胞系统的免疫调节作用　单核-巨噬细胞系统是机体防御功能的重要组分，具有强大的吞噬功能及参与细胞免疫和体液免疫反应。研究发现，中草药中的党参、黄芪、人参、灵芝、冬虫夏草、银耳、当归、白术、猪苓和大蒜均能促进该系统功能增强或细胞数增多。具有免疫抑制效应的苦参、青藤、蝉蜕、甘草等能降低单核-巨噬细胞系统功能。

（3）诱生干扰素　干扰素是一种非特异性抗病毒物质，它能抑制病毒向未受感染的细胞侵害，而且对病毒病的康复也起着重要作用。但干扰素的人工制备较困难，产量极少，价格昂贵，而且由基因重组生产的干扰素的某些结构特性与内源性干扰素有差异，生物活性下降、毒性增强及易产生免疫耐受。因此，筛选有效的干扰素诱生剂和使用方法将有更大的现实意义。研究表明，许多中草药有诱生干扰素的作用。如党参、白术、山药、茯苓、茯苓等有诱生 α-干扰素作用，黄芪有诱生 β-干扰素作用，黄芩、黄连、生地、金银花、蒲公英等有诱生 γ-干扰素作用。使用中草药干扰素诱生剂可以避免大量诱生剂（如某些病毒、细菌等）对机体造成的毒副作用，在防治病毒性疾病方面有很大潜力。

（4）对抗细菌毒素　临床上有许多传染病，如大肠杆菌病等，虽然使用抗生素抑制病原体，但由于不能对抗细菌产生的毒素而导致治疗失败。一些中草药具有对抗细菌毒素的功能。金银花、连翘提取物除具有体外抑菌作用外，还有对抗大肠杆菌热敏肠毒素作用。黄连素也可抑制由肠毒素引起的肠分泌过盛而被用于治疗细菌性腹泻。解毒活血冲剂及参麦注射液对大肠杆菌类毒素也有一定的对抗作用。

3. 兽用中草药的应用　随着畜牧业朝着集约化、规模化方向发展，养殖的畜兔品种不断增多，畜兔疾病发生的种类、范围、病因也有较大改变，特别是当前流行的特点是非典型病毒病，各种病毒与细菌、细菌与细菌混合感染与继发感染，慢性病和外来病越来越多，给畜牧业造成很大损失。在此情况下，除预防接种疫苗外，化学药物、抗生素等预防用药大大增多，甚至滥用造成病原耐药性增加，其结果是药物残留严重超标，不符合国家无公害畜产品和出口畜产品质量要求。而中兽药的优势在于低毒、无药残、无耐药性，强调辨证论治，扶正祛邪，平衡阴阳，治本为主，其应用的发展趋势如下。

（1）中草药用于防治兔病毒病　兔病毒病不断增多已成为养兔业的一大隐患。中草药防治病毒病一般以清热败毒、扶正祛邪为治则，常用含抗病毒活性因子的中草药如大青叶、板蓝根、金银花、连翘、射干、牛蒡子、黄连、穿心莲、黄芩、黄柏、虎杖、野菊花、青黛、防风、蒲公英、鱼腥草等清热败毒，配以具有增强机体免疫功能的中草药，如淫羊藿、党参、黄芪、白术、山药、甘草、茯苓、当归、刺五加等扶正补气血。另外，还有少数中草药如黄芪既能抗病毒，又能提高机体免疫力。它是通过增强单核-巨噬细胞的吞噬活性，刺激体细胞、自然杀伤细胞释放免疫活性物质以及诱生干扰素、白细胞介素等来表现出多种生理活性的。

（2）中草药用于防治兔细菌病　中草药的抗菌作用，一方面通过中草药含有的抗菌物质如小檗碱、大蒜素、鱼腥草素等植物杀菌素作用于微生物，另一方面通过调动机体免疫系统来杀灭微生物。胡功政等用中草药苦参、蒲公英、穿心莲等组方，以0.75％拌料治疗人工感染大肠杆菌的幼兔，治愈率平均为95.3％，感染不用药物组为26.7％。

（3）中草药用于防治兔寄生虫病　许多中草药具有抗寄生虫作用，目前最普遍的是用中草药防治球虫病，也是今后考虑的一大发展方向。目前，球虫病与病毒病一样，成为养兔业的另一祸患。人们用中草药防治球虫病已显示出一定的效果及良好势头。有个别复方制剂疗效胜过地克珠利，并同防治病毒病等其他疾病一样，既可防治疾病，又可解决兽药残留及耐药性问题，因而亦有很好的发展前景。

（4）中草药用作免疫调节剂　现代研究表明，中草药能对机体的神经、体液和细胞分子水平进行全方位的调节，从而起到调节机体免疫功能的作用。中兽医学指的正气，实际就是机体的免疫功能。由于许多中药及方剂都含有苷类、生物碱、多糖、有机糖、挥发油等免疫活性物质，因此，它能活化机体的细胞和体液免疫系统，提高机体的抗病能力，达到防治疾病的目的。已经证实具有该功能的方药有扶正固本类、补阳类、养阴类、活血化瘀类、清热解毒类、收敛类、止血类等一些方药。这些方药中，有的能促进免疫器官发育，有的能增强免疫细胞的活性，有的能调节机体细胞免疫功能和体液免疫功能。

4. 中西药结合 目前由于西药品种多、作用强而迅速等特点，被广泛地应用于兽医临床。然而，由于西药的毒副作用及耐药性问题日渐突出，故将中草药与西药组成复方，或在疾病发展的不同阶段给予不同的药物（中药或西药）治疗已被越来越多地应用于临床，又优于西药的功效。各地的兽药生产部门已生产出不少中药与西药的复方制剂并投放到市场，促进了中药与西药的联合应用。近几年，中西兽药尤其是中草药与抗感染类西药结合用于防治畜兔的细菌病、病毒病的报道越来越多。尤其是对一些单独使用抗感染类西药效果不明显或无效的疾病，经联合应用中西兽药后疗效显著。中草药在世界范围内越来越受到重视，中西兽药结合应用已为多数兽医（药）工作者应用并取得良好的治疗效果。因此，中西兽药结合防治畜兔疾病已在兽医界引起广泛重视，其主要优势为：

（1）协同作用 具有抗菌效果的中草药与抗感染的西药联合使用时，其疗效往往大于两药作用相加之和，如清热解毒药与西药联合应用时，多能形成协同效果。此外，有些中草药与抗感染西药结合应用时，还能影响西药的体内代谢过程。茵陈浸膏可促进灰黄霉素的吸收。理气药枳实与庆大霉素结合用于胆管感染时，枳实能松弛胆管括约肌，使胆内压下降，从而大大升高胆管内庆大霉素的浓度，疗效提高。芍药汤配合磺胺药治疗菌痢，既可清热解毒、调配气血、改善症状，又可迅速杀菌，获得比单用中药或单用西药良好的疗效。

（2）互补作用 一些中药体外抗菌性能低或不具有抗菌作用，但与抗感染类西药结合应用时，一方面能缓解疾病临床症状、颉颃毒素、促进机体各项功能的恢复，如黄连素与四环素或土霉素联合应用于细菌性腹泻，另一方面中草药能从多个环节提高机体抗感染能力，协助机体通过抗感染西药消除病原体。扶正固本类中药与抗菌西药合用时，中草药能增强机体免疫功能，西药能抑制病原体，起到既治标又治本的双重作用，如当归、川芎与链霉素合用能增强抗菌作用，促进机体恢复。中草药本身兼抗病毒，提高畜兔的非特异性免疫力，激发和调动兔体本身抵抗力，诱生干扰素控制病情的恶化等功能，而抗菌西药则可防止继发感染，减少因继发感染造成的死亡。

（3）毒性互制　有些中药可以缓解或降低抗感染类西药的毒副作用。如链霉素长期使用对脑神经有毒害作用，而具有解毒功能的甘草与链霉素合用时，可大大降低链霉素的毒副作用。骨碎补、黄连、黄精等中草药与链霉素合用，也具有相同功效。

（二）兽用化学药物

应用化学药物抑制或杀灭病原物，治疗畜兔疾病，也是防治畜兔疾病的重要手段之一。化学药物主要用于治疗由细菌、寄生虫、病毒感染引起的兔病，也可用作饲料添加剂。常用抗菌化学药物主要有抗生素和磺胺类等。

1. 抗生素　抗生素是一类由微生物，主要是细菌或霉菌产生的一种化学物质，能杀灭其他微生物或抑制其生长。根据抗菌谱，可将抗生素分为广谱和窄谱抗生素。长期使用一种抗生素或使用不当，会促使病原菌产生耐药性，并转而对同族的另一种抗生素也产生耐药性，称为交叉耐药性。

（1）抗生素作用机理

抑制黏肽合成：青霉素类、头孢菌素类、万古霉素和杆菌肽能抑制黏肽的合成，从而使细菌细胞不能形成细胞壁，同时由于细胞质继续大量合成，致使胞内渗透压加大，导致胞膜破裂、细菌死亡。其中青霉素又分天然的和半合成青霉素。天然青霉素适用于链球菌和敏感金黄色葡萄球菌的感染。

干扰细菌蛋白质合成：药物主要有四环素类、氯霉素类、大环内酯类和氨基糖苷类。其中，四环素类又分天然四环素类（如四环素、土霉素、金霉素）和半合成四环素类（又称新四环素类，如强力霉素、甲烯土霉素等），都属广谱抗生素，对耐受其他药物的细菌也有效，半合成四环素类一般具高效和长效作用。

损害细菌细胞膜：多黏菌素类和多烯类药物因能直接影响细菌细胞膜渗透屏障功能而发挥抗菌作用。其中多黏菌素类具有表面活性，能定位于细胞膜的类脂质层和蛋白质层之间，其阳离子氨基可与膜类脂质中阴离子磷酸基结合，破坏膜的功能，使细胞内容物外逸，造成细菌死亡，属窄谱抗生素，主要对革兰氏阴性菌如绿脓杆菌、大肠杆菌有强抗菌作用，用于控制呼吸道感染及败血症等。细菌对本类抗生素不易产生耐药性。

（2）合理使用抗生素　合理应用抗生素系指在明确指征下选用适宜的药物，并采用适宜的剂量和疗程，以达到杀灭致病微生物和控制感染的目的。抗生素在细菌性疾病发生过程中及预防病毒性疾病流行中可能出现的混合或继发感染中被广泛采用，群体性的用抗生素进行疫病的预防和治疗已是畜兔防疫工作中的主要手段。尽管抗生素存在许多弊端，但完全取代抗生素，不但不现实，而且也是不可能的。关键问题是如何扬长避短，进行有目的地、合理地和科学地应用。

明确用药指征，严格掌握适应证：当发生疾病时应尽可能做病原学检验，分离和鉴定病原菌后，进行细菌药物敏感性试验，并保留细菌做血清杀菌活力（SBA）。在药敏结果未知晓前或病原菌未能分离而临床诊断相当明确时，可先根据经验治疗，选用药物时应结合其抗菌活性、药动学（吸收、分布、代谢、排泄、半衰期、生物利用度等）、药效学、不良反应、药源、价值与效益等综合考虑。对暂时还没有条件进行药敏试验的生产单位，当畜兔发生细菌性疾病时，选择治疗药物应尽量选用本场甚至本地区不常使用的药物，这不仅可达到治疗效果，而且为临床用药提供经验。

合理的剂量和疗程：抗生素的药效有赖于药品在畜兔体内有效的血药浓度，在用药时要考虑药物在兔体内的半衰期，选择合理的剂量和疗程，维持有效血药浓度，才能彻底杀灭病原菌。给药剂量应恰到好处，剂量过小或过大均无益。剂量过小，不仅起不到治疗作用，反而易使细菌产生抗药性；剂量过大，不仅造成浪费，还会造成严重的毒副作用。药物的最低抑菌浓度（MIC）可作为衡量最低有效浓度的粗略指标。对危重病例，为使血液浓度尽快达到稳态血药浓度，常采用负荷剂量，即首次剂量加倍的方法。病原体在动物体内的生长繁殖有一定的过程，也就是所说的疗程。疗程过短，病原菌只能被暂时抑制，一旦停药，受抑致的病原体又会重新生长繁殖，其后果是易使疾病复发或转为慢性。药物连续使用时间，必须达到一个疗程以上。不可长期使用一种抗菌药，不但浪费药品，还可能产生耐药菌株或使机体产生耐药现象，尤其会产生毒副作用。

选择适当的给药途径：常用的给药方法有拌料、饮水、注射及气雾给药等。给药途径的选择应根据药物本身的特性、剂型、患畜畜种、病情及病畜兔的食欲和饮水状况而定。如呼吸道感染，应用新霉素、链霉素时应采用气雾给药途径，因为这两种药内服吸收差。但是，如果是肠道感染，则必须内服。同类药物，给药途径不同，作用效果也会不一样。青霉素G是从青霉菌培养液中提取的，在水中不稳定，极易被β-内酰胺酶和胃酸水解破坏，所以不应该用于混饮、混饲；阿莫西林为半合成制品，具有耐酸的优点，内服效果良好。饮水给药要考虑药物的溶解度和动物的饮水量，确保畜兔吃到足够剂量的药物。拌料给药时，一定按递增混合方法将药物与饲料充分混匀。

合理联合用药，注意配伍禁忌：联合用药是指同时或短期内先后应用两种或两种以上药物（抗菌药物不宜超过3种），目的在于增强抗菌药物的疗效，减少或消除其不良反应，或防止细菌产生耐药性，或分别治疗不同症状与并发症。其意义在于发挥药物的协同抗菌作用，以提高疗效，降低毒副作用，延缓或减少抗药性的产生，对混合感染或不能做细菌诊断的病例，联合用药可扩大抗菌范围。针对目前畜兔疾病复杂、混合感染增多的现状，联合用药是有效治疗手段之一。但在实际应用中，由于药物配伍禁忌造成药效降低、疾病不能有效控制的事件时有发生。因此，药物联合应用时配伍禁忌的问题不容忽视。所谓配伍禁忌是在用两种以上药物治疗同一患病畜兔，可能存在药理作用相反，出现颉颃作用（如土霉素与青霉素的配伍），或者一种药物减弱另一种药物的作用（如氯霉素与氟喹诺酮类药物同用），或者一种药物增强另外一种药物的毒性（如磺胺类药与氯化铵合用，氯化铵可使尿液酸化，增加磺胺对肾脏的毒害作用），或者两种药物发生化学变化，成为第三种物质（如青霉素与盐酸氯丙嗪、重金属相遇，则分解沉淀）等。为了做到合理用药及有效配伍，临床兽医应不断加强药学知识的学习，提高用药水平。

杜绝滥用，严防耐药性产生：耐药性是微生物对抗生素的相对抗性，细菌耐药最大的危害是通过食物链转给人类，使人类感染致病，同时延误疾病的正常治疗或使治疗失败。在这方面应大力提倡使用中兽药和动物专用抗菌药。中草药是天然的药物，其毒副作用较少，有农业部批准文号的市场上销售的中草药制剂（包括中草药提取物）可放心选用。动物专用药，如杆菌肽锌、盐霉素、黄霉素等，是人医上不使用的畜禽专用药物，不容易对人造成抗药性，因此，可在饲料中添加作为畜兔的预防用药。

严格遵守休药期，防止残留发生：抗菌药物及其代谢产物在兔产品中的残留问题越来越被人们关注。动物性食品中残留的抗菌药被人体食入后，对消费者可以产生直接毒性作用，会对人体肠道菌群产生影响，如破坏肠道菌群的屏障作用，肠道菌群代谢活性、细菌数目和相对比例改变，其中危害最严重的是增加耐药菌和破坏肠道菌群的定植抗力。因此，为了保障人类的身体健康和促进外贸出口，应严格控制兽药在畜兔体内的残留。对于可吸收性抗菌药物，都应规定停（休）药期。养兔场应自觉遵守国家对宰前停药期的规定，在停药期内患病急宰的兔不得作食用。按规定剂量、规定方法使用药物，并且按休药期规定的天数停药，所用药物在动物机体内的残存量是低于国家规定的最高残留限量的。或者说，只要有足够长的停药期，随着药物不断地从体内排出，肉品中的药物残留是不会超标的。传统的中草药具有很好的保健、增强机体免疫力的作用。因此，应积极使用中兽药代替抗生素和合成药物，这样可大大减少药物残留，尤其是那些用药时间长、促生长作用的药物。

（3）抗菌谱　是指药物抑制或杀灭病原微生物的范围。

窄谱抗菌药：指仅作用于单一菌种或某属细菌的药物。如青霉素主要作用于革兰氏阳性菌，庆大霉素对革兰氏阴性菌作用效果好。

广谱抗菌药：指能抑制或杀灭多种不同种类的细菌，抗菌作用范围广泛的药物。如四环素等。

（4）耐药性　是指病原菌在多次接触药物后，产生了结构、生理及生化功能的改变，而形成具有抗药性的变异菌株，它们对药物的敏感性下降，甚至消失。耐药性产生的机理如下。

产生酶使药失效：如使青霉素类和头孢菌素失效的β-内酰胺酶，使氨基糖苷类失效的乙酰转移酶。

改变膜的通透性：如细菌对四环素及氨基糖苷类药物耐药性。

作用靶位结构的改变：如红霉素、链霉素耐药菌株药物作用点的结构或位置发生变化。

改变代谢途径：如磺胺药耐药菌株。耐药性通过耐药质粒在细菌间转移。

（5）抗生素的类型（表6-1）

表6-1　兔常用抗生素的品种及使用

药品名称	规　格	剂　量	用　法	作用与用途	备　注
青霉素钾盐	粉剂20万国际单位、40万国际单位	每千克体重2万～4万国际单位	用注射用水或生理盐水溶解，肌内注射，每天2～3次	主要对多种革兰氏阳性细菌和革兰氏阴性球菌有抑杀作用，对革兰氏阴性杆菌作用微弱，对结核杆菌和病毒无效	注意事项：①对急性感染疾病宜选用青霉素钾盐；②必须现配现用；③不可加热助溶；④不能与酸、碱性药物混用
普鲁卡因青霉素G混悬剂	粉剂40万国际单位、80万国际单位	每千克体重2万～4万国际单位	用注射用水混悬后肌内注射，每天1～2次	主要用于兔葡萄球菌病、李氏杆菌病、呼吸道感染、子宫炎、乳房炎、蜂窝织炎、眼部炎症等，对兔螺旋体病也有一定疗效	
硫酸链霉素	粉剂0.5克	每千克体重20毫克	肌内注射，每天2次	主要对革兰氏阴性杆菌和结核杆菌有作用。主要用于治疗出血性败血病、传染性鼻炎、肠道感染等	
	粉剂1克	每只0.1～0.5克	内服		
四环素	粉剂0.25克	每千克体重每天400毫克	用注射用水或5%葡萄糖液溶解，静脉注射或肌内注射	对革兰氏阳性细菌、阴性细菌有抑制作用，对某些立克次氏体、钩端螺旋体和原虫也有作用。用于兔的多种传染病和感染症	
	片剂0.25克	每千克体重100～200毫克			
金霉素	粉剂0.25克	每天每千克体重400毫克	用5%葡萄糖液溶解后静脉注射	同四环素	
	片剂0.25克	每千克体重100～200毫克	内服		
	眼膏		眼部涂敷		

(续)

药品名称	规格	剂量	用法	作用与用途	备注
土霉素	粉剂0.25克	每千克体重每天400毫克	静脉注射或肌内注射	同四环素	
	粉剂	每只100～200毫克	内服		
新胂凡钠明(九一四)	注射剂0.15克、0.3克、0.45克、0.6克	每千克体重40～60毫克	用注射用水或5%葡萄糖配成5%溶液,耳静脉注射。必要时隔2周,以同剂量重复注射一次	为有机砷制剂,主要用于治疗兔螺旋体病,如同时配合应用青霉素G,则效果更好	性质很不稳定,应分装在充有氮气的安瓿里。发现中毒症状,应注射二巯基丙醇或硫代硫酸钠解救
苯唑青霉素钠	粉针0.5克/瓶	每千克体重10～20毫克 每千克体重30～50毫克	每天2～4次,肌内注射或内服	为异唑类半合成新型青霉素,能耐青霉素酶,主要用于对青霉素有耐药性的金黄色葡萄球菌感染	
硫酸卡那霉素	水针0.5克/毫升	每千克体重10～30毫克	肌内注射,每天2次	主要对巴氏杆菌、大肠杆菌、变形杆菌、沙门氏菌有抑制作用。临诊上用于耐青霉素的金黄色葡萄球菌和一些革兰氏阴性菌所引起的各种严重感染	
		每只0.1～0.5克	内服,每天2～3次		
硫酸庆大霉素	水针2万单位/毫升、8万单位/毫升	每千克体重3 000～5 000单位	肌内注射,每天2次	对多种革兰氏阴性和阳性菌均有较强的抗菌作用。用于各种绿脓杆菌,对其他抗生素耐药的金黄色葡萄球菌严重感染及敏感菌所致的各种疾病	

（续）

药品名称	规 格	剂 量	用 法	作用与用途	备 注
强力霉素	片剂 0.1 克	每千克体重每天 5～10 克	内服，每天 2 次	为新型长效半合成四环素类抗生素，抗菌谱与四环素、土霉素基本相同，但效力更强，对四环素、土霉素耐药的金黄色葡萄球菌敏感	
灰黄霉素	粉末	预防：每千克体重 10 毫克 治疗：每千克体重 40～70 毫克	内服 15 天为一疗程，间歇 5～7 天进行第二个疗程	有强大的杀死体表真菌的作用，临诊上用于治疗皮肤的真菌感染	
	片剂 0.1 克				
	软膏 3%				
制霉菌素	片剂 25 万单位、50 万单位	每只 10 万～40 万单位	内服 2～3 次/天	同灰黄霉素	
	软膏 1 克/10 万单位		外 用		

青霉素类：青霉素、氨苄西林、阿莫西林等。

头孢菌素类：头孢唑啉、头孢氨苄、头孢西丁、头孢拉定、头孢呋辛、头孢噻呋、头孢曲松等。

氨基糖苷类：链霉素、卡那霉素、庆大霉素、阿米卡星、新霉素、大观霉素、安普霉素、潮霉素、越霉素 A 等。

四环素类：土霉素、四环素、金霉素、强力霉素（多西环素）等。

酰胺醇类：甲砜霉素、氟苯尼考。

大环内酯类：红霉素（罗红、硫氰酸红霉素）、泰乐菌素、替米考星、阿奇霉素等。

林可胺类：林可霉素、克林霉素。

多肽类：杆菌肽、多黏菌素 B、黏菌素、维吉尼霉素、硫肽菌素等。

多烯类：制霉菌素、两性霉素 B 等。

含磷多糖类：黄霉素、大碳霉素等，主要用作饲料添加剂。

（6）各类抗生素的特性及作用

①青霉素类　青霉素属窄谱的杀菌性抗生素。抗菌作用很强，低浓度抑菌，高浓度杀菌。青霉素对各种革兰氏阳性和阴性球菌、革兰氏阳性杆菌、放线菌和螺旋体等作用效果明显，常作为首选药。大多数革兰氏阴性杆菌对青霉素不敏感。青霉素对处于繁殖期细菌的细胞壁作用强，而对已合成细胞壁、处于静止期者作用弱，故称繁殖期杀菌剂。哺乳动物的细胞无细胞壁结构，故对该类动物毒性小。

青霉素 G 有机酸：难溶于水。其钾盐或钠盐为白色结晶性粉末，有吸水性，遇酸、碱或氧化剂等会迅速失效，水溶液在室温放置易失效，在水中极易溶解。本品用于革兰氏阳性球菌所致的链球菌病、葡萄球菌病、兔球虫病继发的肠道梭菌感染，可大剂量内服治疗。

青霉素的毒性很小。其不良反应除局部刺激外，主要是过敏反应。

氨苄西林（氨苄青霉素）：半合成广谱青霉素，白色或类白色结晶性粉末，味微苦，微溶于水，其钠盐易溶于水。本品对大多数革兰氏阳性菌的效力不及青霉素。对革兰氏阴性菌，如大肠杆菌、变形杆菌、沙门氏菌和巴氏杆菌等均有较强的作用，与四环素相似或略强，但不如卡那霉素、庆大霉素和多黏菌素。

阿莫西林（羟氨苄青霉素）：仅在苯环上加入一个羟基，基本同氨苄西林，为白色或类白色结晶性粉末。抗菌谱基本与氨苄西林相同，对肠球菌属和沙门氏菌的作用较氨苄西林高 2 倍。本品口服后吸收快而完全（相同剂量比氨苄西林高 1.5～3 倍），吸收后在组织中分布浓度也略高于氨苄西林。细菌对本品和氨苄西林有完全的交叉耐药性。

②头孢菌素类　头孢菌素又名先锋霉素，是一类广谱半合成抗生素。头孢菌素类具有杀菌力强、抗菌谱广（尤其是第三、四代产品）、毒性小、过敏反应较少，对酸和β-内酰胺酶比青霉素类稳定等优点。当前允许兽医实际应用的只有头孢噻呋。

主要用于各种细菌（如大肠杆菌、沙门氏菌、巴氏杆菌等）引起的各系统及全身的严重感染，是当前治疗兔大肠杆菌病等细菌性疾病常用药物。与丙磺舒同用，可阻滞头孢药的排泄使药效延长，常与β-内酰胺酶抑制剂舒巴坦合用，与氨基糖苷类抗生素合用可增强疗效。

③氨基糖苷类　本类药物的主要共同特征：常用制剂为硫酸盐，易溶于水，性质稳定，在碱性环境中抗菌作用增强，可与多种抗菌药联合应用；内服吸收很少，几乎完全从粪便排出，可作为肠道感染用药。注射给药后吸收迅速，大部分以原形从尿中排出，适用于泌尿道感染；抗菌谱较广，对需氧革兰氏阴性杆菌的作用强，对革兰氏阳性菌的作用较弱，但对金黄色葡萄球菌包括耐药菌株较敏感，对支原体也有较好疗效，对厌氧菌无效；不良反应主要是损害第八对脑神经、肾脏毒性及对神经肌肉的阻断作用。

链霉素：抗结核杆菌的作用在氨基糖苷类中最强。

卡那霉素：药理作用与链霉素相似，但抗菌活性稍强。

新霉素：抗菌谱与链霉素相似，但抗菌活性稍强，接近庆大霉素和丁胺卡那霉素。在氨基糖苷类抗生素中毒性最强，一般禁用于注射给药。肠道感染的首先药之一；喷雾可用于呼吸道炎症及肺炎治疗。

庆大霉素：本品在氨基糖苷类抗生素中抗菌谱较广，抗菌活性较强。

丁胺卡那霉素（阿米卡星）：用药量及抗菌谱与庆大霉素相似，但抗菌作用略强；在大肠杆菌药敏试验时为最常见的高敏药物。

大观霉素（壮观霉素）：抗菌作用与卡那霉素相似，常与林可霉素合用治疗消化道和呼吸系统感染。

安普霉素（普拉霉素）：对革兰氏阴性菌、革兰氏阳性菌及支原体有效。

④四环素类　为广谱抗生素。兽医临床常用的有四环素、土霉素、金霉素和多西环素等。对革兰氏阳性菌、阴性菌、支原体、球虫等均可产生抑制作用，按其抗菌活性大小顺序依次为多西环素＞金霉素＞四环素＞土霉素。由于被广泛应用，耐药现象十分严重。本药与金属离子钙、镁、铁、锌、锰等形成不溶性络合物而妨碍吸收。口服有胃肠道反应。长期应用可引起二重感染。

土霉素：常用土霉素碱或其盐酸盐，土霉素碱不溶于水，只能混料应用。盐酸土霉素为黄色结晶性粉末，性状稳定，易溶于水，水溶液不稳定，宜现用现配。为广谱抗生素，起抑菌作用。常用于一般细菌性疾病的预防和治疗。

四环素：抗菌作用与土霉素相似，但对革兰氏阴性杆菌的作用较好，对革兰氏阳性球菌（如葡萄球菌）的作用不如金霉素。

金霉素：抗菌作用与土霉素相似，主要用于饲料添加剂，常用剂量为 50～100 毫克/千克拌料。

多西环素（脱氧土霉素、强力霉素）：内服吸收迅速，生物利用度高，本品在四环素类抗生素中毒性最小。体内外抗菌活性较土霉素、四环素强。主要用于治疗支原体病、大肠杆菌病、沙门氏菌病、巴氏杆菌病。

⑤酰胺醇类　为广谱抗生素，包括氯霉素、甲砜霉素、氟苯尼考等。

甲砜霉素（甲砜氯霉素、硫霉素）：氯霉素第一代替产品，白色结晶性粉末，微溶于水。抗菌谱、抗菌活性与氯霉素相似，与氯霉素存在交叉耐药性，但某些对氯霉素耐药的大肠杆菌、沙门氏菌、巴氏杆菌等对甲砜霉素敏感。不产生再生障碍性贫血，对白细胞生成抑制轻微。

氟苯尼考：氯霉素第二代替代产品，具有吸收快、体内分布广、半衰期长等特点。抗菌活性优于氯霉素和甲砜霉素，对耐氯霉素和甲砜霉素的大肠杆菌、沙门氏菌敏感。不抑制骨髓，但有胚胎毒性，种兔禁用。

⑥大环内酯类　本类药物结构上均含内酯环，作用于细菌细胞核糖体，阻碍细菌蛋白质合成，属于生长期抑菌剂。口服大都不耐酸，在碱性环境中抗菌活性强，若水中含铁、铜、铝等金属离子时，则可与本品形成络合物而失效。

泰乐菌素：本品为畜兔专用抗生素，对支原体、革兰氏阳性菌有抑制作用；对大多数革兰氏阴性菌作用较差。对革兰氏阳性菌的作用较红霉素弱，其特点是对支原体有较强的抑制作用。此外，本品对兔还有促生长作用。

红霉素（硫氢酸红霉素、罗红霉素、琥乙红霉素）：对支原体、某些细菌有抑制作用。常用于兔慢性呼吸道病的防治。

阿奇霉素：本品的抗菌谱与红霉素相近而略宽（如对肠杆菌、梭状芽孢杆菌也有杀灭作用）。

替米考星：由泰乐菌素的水解产物而合成的畜兔专用抗生素，药用其硫酸盐，组织穿透能力强。本品抗菌谱广，对革兰氏阳性菌、阴性菌、支原体、螺旋体等有抑制作用，对放线杆菌、巴氏杆菌及支原体具有比泰乐菌素更强的抗菌活性。主要用于防治兔慢性呼吸道病。

⑦其他抗生素　泰妙菌素（又名支原净）：其延胡索酸盐为白色结晶粉末，溶于水。抗菌谱与大环内酯类相似，内服生物利用度高（90%以上），体内分布广。主要用于防治兔慢性呼吸道病。

不良反应：本品能影响莫能菌素、盐霉素、马杜拉霉素等聚醚类抗生素的代谢，合用时导致中毒，引起兔生长迟缓、运动麻痹、死亡，禁止合用。

磷霉素：能抑制细菌细胞壁的早期合成，抗菌谱广，对大多数阴、阳性菌均有一定的抗菌作用，由于该药未被广泛应用，故大多数细菌对其较敏感（如大肠杆菌），临床应用效果较好，主要用于大肠杆菌等细菌感染。

注意事项：与金属盐可生成不溶性沉淀，勿与钙、镁、铁等盐相配伍。

2. 磺胺类及其增效剂（表6－2、表6－3、表6－4） 磺胺类药物属广谱慢作用型抑菌药。其基本化学结构为对氨基苯磺酰胺，因其与微生物生长的必需物质对氨基苯甲酸（PABA）相似而可取代PABA，从而影响细菌核蛋白的合成，干扰其生长繁殖。因此，磺胺类是细菌的竞争性抑制剂。PABA是叶酸合成的前体。动物则因可从饲料中获得叶酸而不存在上述的竞争关系，代谢也因而不受磺胺类干扰。同样，某些在代谢过程中不需自身合成叶酸的细菌，对磺胺类也不敏感。基于这一竞争性对抗原理，开始服用磺胺时剂量宜大。本类药物的抗菌谱基本相同，对大多数革兰氏阳性、阴性菌有抑制作用，对某些原虫也有效。对磺胺类较敏感的病原菌有：链球菌、肺炎球菌、沙门氏菌、化脓棒状杆菌、大肠杆菌、嗜血杆菌等。某些磺胺药还对球虫、卡氏白细胞虫等有较好疗效。与TMP等磺胺增效剂的联合应用(4∶1)，使其抗菌效果显著增强。水溶性差，钠盐水溶，水溶液呈碱性。

细菌对磺胺类易产生耐药性，尤以葡萄球菌最易产生，大肠杆菌、链球菌等次之。

常用药有磺胺嘧啶、磺胺二甲基嘧啶、新诺明、磺胺－5－甲氧嘧啶、磺胺－6－甲氧嘧啶、磺胺喹噁啉、磺胺氯吡嗪钠等，可用于一般细菌感染（如巴氏杆菌病、鼻炎）、球虫病等。

首次用量加倍，维持量减半，2次/天；同时饲料中添加小苏打和多维素。

不良反应：引起肾肿及尿酸盐沉积、消化系统障碍、造血机能破坏，溶血性贫血、凝血时间延长和毛细血管渗血、幼兔免疫系统抑制。

表 6-2　兔常用的磺胺类药物的品种及使用

药品名称	规　格	剂　量	用　法	作用与用途	备　注
磺胺噻唑（ST）	片剂 0.5 克	首次量每千克体重 0.2～0.3 克 维持量每千克体重 0.1～0.15 克	内服或拌料，每 8 小时服 1 次	对大多数革兰氏阳性细菌、阴性细菌有抑制作用。根据病原对其敏感性的高低，可分高度敏感和次敏感两类。高度敏感的有链球菌、沙门氏菌等；次敏感的有葡萄球菌、大肠杆菌、李氏杆菌等，主要治疗兔的巴氏杆菌病、呼吸道感染、葡萄球菌病、兔副伤寒、急性胃肠炎等	使用原则：①只有抑菌作用，在治疗期间需加强饲养管理；②为维持有效的抑菌浓度，首次剂量等于维持量的 2 倍，以后隔一定时间给予维持量，当症状消失后给予一半量，维持 2～3 天；③对急性或严重感染的病兔，应选用磺胺药钠盐，宜深层肌内注射或缓慢静脉注射，忌与酸性药物配伍；④用药后给予充足饮水或必要时灌水；⑤用药期间避免用含对氨苯甲酸基的药物；⑥全身性酸中毒、肝脏病、肾功能减退等应慎用或禁用
	钠盐针剂 10 毫升：克	同磺胺噻唑	静脉注射或肌内注射		
磺胺嘧啶（SD）	片剂 0.5 克	同磺胺噻唑	内服或拌料，每 12 小时 1 次		
	钠盐针剂 5 毫升：1 克	同磺胺噻唑	静脉注射或肌内注射		
磺胺甲嘧啶（SM）	片剂 0.5 克	同磺胺噻唑	内服或拌料（0.4%～0.5%），每 12 小时 1 次		
	针剂 1 克（10% 10 毫升）	同磺胺噻唑	静脉注射或肌内注射		
磺胺二甲嘧啶（SM_2）	片剂 1 克、0.5 克	首次量每千克体重 0.2～0.3 克 维持量每千克体重 0.1～0.15 克	内服或拌料（0.4%～0.5%），每 12～24 小时 1 次		
	钠盐针剂 10 克（10% 100 毫升）、5 克（10% 50 毫升）	每千克体重 0.07 克	每 12 小时 1 次		

（续）

<table>
<tr><th>药品名称</th><th>规格</th><th>剂量</th><th>用法</th><th>作用与用途</th><th>备注</th></tr>
<tr><td>磺胺异噁唑（SIZ）</td><td>片剂0.5克</td><td>首次量每千克体重0.1克
维持量每千克体重0.07克</td><td>内服，12小时1次</td><td rowspan="9">对大多数革兰氏阳性细菌、阴性细菌有抑制作用。根据病原对其敏感性的高低，可分高度敏感和次敏感两类。高度敏感的有链球菌、沙门氏菌等；次敏感的有葡萄球菌、大肠杆菌、李氏杆菌等，主要治疗兔的巴氏杆菌病、呼吸道感染、葡萄球菌病、兔副伤寒、急性胃肠炎等</td><td rowspan="9">使用原则：①只有抑菌作用，在治疗期间需加强饲养管理；②为维持有效的抑菌浓度，首次剂量等于维持量的2倍，以后隔一定时间给予维持量，当症状消失后给予一半量，维持2～3天；③对急性或严重感染的病兔，应选用磺胺药钠盐，宜深层肌内注射或缓慢静脉注射，忌与酸性药物配伍；④用药后给予充足饮水或必要时灌水；⑤用药期间避免用含对氨苯甲酸基的药物；⑥全身性酸中毒、肝脏病、肾功能减退等应慎用或禁用</td></tr>
<tr><td>磺胺甲基异噁唑（SMZ）</td><td>片剂0.5克</td><td>首次量每千克体重0.1克
维持量每千克体重0.07克</td><td>内服，12小时1次</td></tr>
<tr><td>磺胺甲氧嗪（SMP）</td><td>片剂0.5克</td><td>同SMZ</td><td>内服或拌料</td></tr>
<tr><td rowspan="2">磺胺-6-甲氧嘧啶（SMM）</td><td>片剂0.5克</td><td rowspan="2">每千克体重0.07克</td><td>内服或拌料，24小时1次</td></tr>
<tr><td>针剂1克（10% 10毫升）</td><td>静脉注射或肌内注射，24小时1次</td></tr>
<tr><td>磺胺-5-甲氧嘧啶（SMD）</td><td>片剂0.5克</td><td rowspan="3">首次量每千克体重0.1克
维持量每千克体重0.07克</td><td rowspan="3">内服，24小时1次</td></tr>
<tr><td>磺胺-二甲氧嘧啶（SDM）</td><td>片剂0.5克</td></tr>
<tr><td>周效磺胺（SDM”）</td><td>片剂0.5克</td></tr>
<tr><td>磺胺脒（SG）</td><td>片剂0.5克</td><td>首次量每千克体重0.3克
维持量每千克体重0.15～0.3克</td><td>内服，每天3次</td></tr>
</table>

（续）

药品名称	规　格	剂　量	用　法	作用与用途	备　注
琥磺噻唑(SST)	片剂1克、0.5克	每天每千克体重0.1～0.3克	内服，分2～3次服	同前	同前
酞磺噻唑(PST)	片剂1克、0.5克				
息拉米(PSA)	片剂0.5克				

表6－3　兔常用的抗菌增效剂的品种及使用

药品名称	规　格	剂　量	用　法	作用与用途	备　注
甲氧苄氨嘧啶(TMP)	片剂0.1克	每千克体重10毫克	内服，每12小时1次	抗菌增效剂是一类新型广谱抗菌药物，与磺胺药并用，能显著增加疗效	
复方新诺明(SM_2-TMP)	片剂SM_2 0.4克，TMP 0.08克	每千克体重20～25毫克(总量)	内服，每12小时1次		
复方嘧啶(SMD-TMP)	片剂SMD 0.2克，TMP 0.05克	每千克体重20～25毫克(总量)	内服，每天1次		
增效磺胺嘧啶钠(SD-TMP)	针剂SD 1.0克，TMP 0.2克，10毫升	每千克体重20～25毫克(总量)	静脉注射或肌内注射，每12～24小时1次		
增效磺胺-5-甲氧嘧啶(SMD-TMP)	针剂SMD 1.0克，TMP 0.2克，10毫升				
增效周效磺胺(SDM'-TMP)	针剂SMD' 1.0克，TMP 0.2克，10毫升				

（续）

药品名称	规格	剂量	用法	作用与用途	备注
二甲氧苄氨嘧啶(DVD)	粉剂	每千克体重10毫克	内服，每12小时1次	同甲氧苄氨嘧啶，对磺胺药和抗生素具有明显的增效作用。用于兔胃肠道细菌感染、兔球虫病	与其他磺胺药并用
复方 SM_1-DVD	粉剂 SM_1 5份，DVD 1份	每千克体重20～25毫克(总量)	内服，每天2次		
复方SMD-DVD	粉剂SMD 5份，DVD 1份				

表6-4　兔常用的呋喃类药的品种及使用

药品名称	规格	剂量	用法	作用与用途	备注
呋喃西林	粉剂片剂50毫克	每千克体重7～20毫克	内服或拌料，分2～3次服	可对抗多种革兰氏阳性、阴性细菌，也有抗球虫作用，亦适用于肠道感染、兔副伤寒、急性胃肠炎等	性质稳定、使用方便，有一定毒性，使用时应注意：当出现厌食、兴奋惊厥等症状时，除停药外，可注射溴化钙、葡萄糖等

抗菌增效剂是一类新的广谱抗菌药，多属苄氨嘧啶类化合物。与磺胺药合用，可产生协同效果高至数倍至数十倍不等，甚至可起到杀菌作用，即对耐药菌株也能增效，因此，曾被称为磺胺增效剂。它还能增强四环素、青霉素、红霉素、庆大霉素和多黏菌素E的疗效。

3. 抗寄生虫类药物　抗寄生虫药是用于驱除和杀灭体内外寄生虫的药物。根据药物抗虫作用和寄生虫分类，可将抗寄生虫药分为：抗蠕虫药（驱线虫药、驱绦虫药和驱吸虫药）、抗原虫药（抗球虫药、抗滴虫药）、杀虫药（杀昆虫药和杀蜱、螨药）（表6-5）。

表 6-5　兔常用的抗寄生虫药的品种及使用

药品名称	规　格	剂　量	用　法	作用与用途	备　注
磺胺二甲嘧啶	片剂	每千克体重 0.1～0.2 克	内服，连服 3 天，停药 1 次，再重复 1～2 次	对艾美耳球虫有抑制作用。以 1%的浓度混于饲料中可预防兔的肝球虫病；0.2%浓度饮水，连饮 3 周，可使严重感染艾美耳球虫的病兔产生自身免疫	用药宜早，感染后 10 天一般有效，15 天则无效。为避免毒性反应，可采用间歇服药法
磺胺喹噁啉（SQ）	粉剂		内服	抗球虫效率高于磺胺二甲嘧啶，在同等剂量条件下，其活性为 SM_2 的 2～4 倍，适口性较好。易被消化道吸收，排泄较慢。以 0.05%浓度饮水 3 周，可产生自身免疫，0.1%浓度混入饲料连喂 2～3 天，间歇 3 天，随后用 0.05%浓度连喂 2 天，间歇 3 天，再喂 2 天	
二甲氧苄氨嘧啶	粉剂		与磺胺药（SM_2 或 SQ）按 1∶5 配合，以 0.02%浓度混于饲料中饲喂	与磺胺药合用，对防治兔球虫有增效作用	
磺胺二甲氧嘧啶	片剂 0.5 克	首次量每千克体重 0.2 克，维持量每千克体重 0.07～0.1 克	第一天按 0.2 克/千克内服，第 2～5 天按 0.1 克/千克或 0.075 克/千克内服，连服 3 天，停药 7 天后，再用 3 天，效果更佳	主要是阻碍球虫繁殖	

（续）

药品名称	规 格	剂 量	用 法	作用与用途	备 注
氯苯胍			预防：每千克饲料加药150毫克，仔兔断奶开始，连喂45天 治疗：每千克饲料加300毫克，连喂1～2周，待病情稳定后改用每千克饲料150毫克	主要对第一期裂殖繁殖有抑制作用	
球痢灵			按每千克饲料50毫克，每天2次，连用5天	主要影响第二代无性繁殖	
灭滴灵			内服每千克饲料40毫克，每天1次，连用3～5天	抗原虫药，主要用于贾第虫病、滴虫病，亦可用于兔球虫病的辅助治疗	
氯吡多（可爱丹）			每千克饲料加200毫克，连用4周	抗球虫药，常用于家禽球虫病，亦可用于兔球虫病	
盐霉素			每千克饲料加50毫克	为新型的抗生素类抗球虫药，主要用于兔球虫病，以50毫克/千克饲料浓度连续饲喂，其疗效优于磺胺喹噁啉	
敌百虫	粉剂		1%温水溶液涂擦患部，或0.1%溶液喷洒体表	对内、外寄生虫有强大的杀灭作用，用于治疗兔疥癣、兔虱等	毒性较大，出现中毒症状时，应立即用清水洗去药物，并注射硫酸阿托品、解磷定等进行解救

（1）抗蠕虫药　抗蠕虫药是指能杀灭或驱除畜兔寄生蠕虫的药物，亦称驱虫药。蠕虫可以分为线虫、绦虫和吸虫三大类。

①驱线虫药

伊维菌素、阿维菌素等：能使虫体神经肌肉传递受阻麻痹、死亡。对传播疾病的节肢动物如蜱、蚊、库蠓、羽虱等均有杀灭效果，并干扰其产卵或蜕化。

丙硫苯咪唑（阿苯达唑）：对兔线虫、吸虫、绦虫均有驱除作用，常用于绦虫病的防治。

左旋咪唑：内服、肌内注射吸收迅速、完全，主要用于消化道线虫的驱虫。另外，还具有明显的免疫调节功能。

②驱绦虫药　目前常用的驱绦虫药主要有吡喹酮、氯硝柳胺、硫双二氯酚、丙硫苯咪唑等。

吡喹酮：为较理想的新型广谱驱绦虫药。主要用兔绦虫病。对大多数绦虫成虫和未成熟虫体均有高效，加之毒性较小，是较理想的药物。

硫双二氯酚：对兔多种绦虫有驱除效果。

（2）抗原虫药——抗球虫药　球虫病是兔最重要的流行性疾病，主要依靠药物预防。用于预防兔球虫病药物达50余种，但目前常用的只有20余种。

聚醚类离子载体抗生素：聚醚类抗生素类抗球虫剂中，主要有盐霉素、莫能霉素及马杜拉霉素。它们主要通过妨碍孢子和第一代裂殖体中的离子正常平衡，达到预防球虫的目的。其特点为对哺乳动物的毒性较大，仅用于兔球虫病的预防；不能与泰妙菌素配伍应用；会引起兔的被毛生长迟缓或过度兴奋；安全范围较窄，中毒表现采食下降，体重减轻，共济失调和腿无力。

化学合成抗球虫药：主要有二硝托胺（球痢灵）、复方磺胺喹噁啉钠、复方磺胺氯吡嗪钠（三字球虫粉）、复方磺胺-5-甲氧嘧啶、氨丙啉、地克珠利、氯苯胍及常山酮等。

4. 抗病毒药　目前使用于兽医临床的抗病毒药主要有干扰

素及一些中草药，如板蓝根、大青叶、金银花、地丁、溪黄草、黄芩、茵陈、虎杖等。

病毒病主要靠疫苗预防，目前尚未有对病毒作用可靠、疗效确实的药物。

5. 喹诺酮类、氟喹诺酮类 为广谱杀菌性抗菌药，品种多：1962年第一代（萘啶酸），1974年第二代（吡哌酸），1978年第三代（诺氟沙星、环丙沙星、恩诺沙星、氧氟沙星、洛美沙星、二氟沙星、沙拉沙星、达氟沙星等）。抗菌谱广：对革兰氏阴、阳性菌，厌氧菌，支原体等均有效。杀菌力强：在体外很低的药物浓度即可显示高度的抗菌活性，临床疗效好。吸收快、体内分布广泛：可治疗各个系统或组织的感染性疾病。抗菌作用独特：与其他抗菌药无交叉耐药性。使用方便，安全，不良反应小。

6. 喹噁啉类 喹乙醇（奥喹多司）：内服吸收迅速，生物利用度较高。为抗菌促生长剂，具有促进蛋白同化作用，能提高饲料转化率。对巴氏杆菌、大肠杆菌、沙门氏菌等有抑制作用。本品主要用于促生长，也用于治疗肠道感染、兔霍乱。

痢菌净（乙酰甲喹）：鲜黄色结晶或粉末，抑制细菌DNA合成，广谱抗菌，抗阴性菌的能力强。

幼兔对本药特别敏感，最好不用于1周龄内的幼兔。

7. 其他常用抗生素

硝基咪唑类（甲硝唑、替硝唑、地美硝唑）：用于厌氧菌及组织滴虫感染，已禁止兽用。

黄连素：广谱抗菌素，口服吸收差，用于肠道感染。

抗真菌药：制霉菌素，用于幼兔曲霉菌病。

（三）兔场常用的化学消毒剂

1. 化学消毒剂的种类 兔场常用化学消毒剂的种类、用法、作用和用途见表6-6。

化学消毒剂包括酸类、碱类、重金属、氧化剂、酚类、醇类、卤素类、挥发性烷化剂等，它们各有特点，在生产中应根据具体情况加以选用，下面介绍几种养兔生产中常用的消毒剂。

表 6-6 兔场常用的化学消毒剂的种类、用法、作用和用途

药品名称	规格	剂量	用法	作用与用途	备注
煤酚皂溶液(来苏儿)	含 50%煤酚		喷洒、洗手	5%的水溶液用于兔舍、用具和排泄的消毒，1%～2%水溶液用于工作人员手的消毒	消毒防腐药对人、畜机体组织的蛋白质有损伤作用，故应注意人畜安全
煤焦油溶液(臭药水)	含 10%煤酚		喷洒	10%热液用于兔舍、用具和排泄物的消毒	
甲醛(福尔马林)	含 40%甲醛		用其蒸气消毒，每立方米容积 20 毫升加等量水加热，密闭 10 小时	用于周围环境和密闭的房舍消毒，浓度为 5%～10%。杀菌力强	
氢氧化钠(烧碱)	含 94%氢氧化钠		2%热液喷洒	杀菌作用较强，用于兔舍、车船的消毒	
碳酸钠(石碱)	粗制品		热液喷洒；治疗人、兔疥癣时，先用0.3%～1%溶液洗皮肤，除去痂皮	用于兔舍、用具消毒，洗涤疥癣患部	
草木灰	水浸液		取 1.5～2 千克加沸水 10 千克浸泡 1 小时，取其过滤液，喷洒兔舍地面	用于兔舍、地面的消毒	

（续）

药品名称	规格	剂量	用法	作用与用途	备注
生石灰（氧化钙）	10%～20%石灰乳		1～2千克加水10升制成石灰乳，涂刷墙壁等，现配现用	涂刷墙壁或作排泄物的消毒	现配现用，不易久贮
漂白粉	粉剂或5%混悬液		喷洒	用于兔舍、排泄物的消毒	不能用于金属用具的消毒，临用前新鲜配制
硼酸	2%		外用	为弱酸，对组织无刺激，抗菌作用较弱，只能抑制细菌的生长，用于眼、鼻腔炎症和乳腺炎的冲洗	
明矾	0.2%		外用	同硼酸	
龙胆紫（甲紫）	2%		外用	对革兰氏阳性细菌有较强的抑制作用，对组织无刺激性，还能形成保护膜。用于黏膜、皮肤的溃疡、烧伤等	制法：取龙胆紫2克，加适量乙醇使溶解，再加蒸馏水至100毫升
雷佛奴耳（利凡诺）	粉末		外用，配成0.1%～0.2%水溶液	对革兰氏阳性细菌和少数阴性细菌有抑制作用，对组织无刺激性，用于外伤和黏膜腔道消毒	溶液遇光渐变褐色，宜新鲜配制
过氧化氢（双氧水）	3%		外用	除具有抗菌、除臭作用外，可在组织中迅速形成气泡，机械性地松动并排除脓块、坏死组织及异物，作用时间较短。用于冲洗深部化脓创、瘘管等	对新鲜而清洁的创伤不宜应用

（续）

药品名称	规格	剂量	用法	作用与用途	备注
高锰酸钾（灰锰氧）	结晶粉剂		外用，配成0.1%～0.5%溶液	有杀菌作用，兼有除臭功效。作用比双氧水强而持久，常用于冲洗各种黏膜腔道和创伤	
新洁尔灭（溴化苄烷铵）	5%		外用，常用0.01%～0.05%水溶液冲洗；0.1%溶液浸泡各种器具半小时以上	对革兰氏阳性和阴性细菌有杀菌作用，对组织的刺激性小，穿透力强，并有脱脂、去污的功效。用于冲洗黏膜及深部感染创、手的消毒，冲洗手术器械和玻璃、搪瓷等器具	本品忌与肥皂接触
乙醇（酒精）	稀释成70%～75%浓度		用作注射部位和器械的消毒	能使细菌蛋白质迅速脱水和凝固，呈现一定的抗菌作用，以其70%～75%浓度作用最强	
碘酊	2%		外用	有很强的杀菌作用，也能杀死芽孢。乙醇能促进碘的渗透，故杀菌作用更强。用于脓肿等手术前的皮肤消毒及化脓创的治疗	做法：取碘化钾10克溶于10毫升蒸馏水中，加碘片20克与乙醇500毫升，搅拌使溶解，再加水成1 000毫升
碘甘油	3%		外用	呈现碘的杀菌作用，刺激性较小，用于口腔黏膜消毒和治疗口炎、咽喉炎等	制法：取碘化钾3克，溶于适量蒸馏水中，加碘片3克溶解后再加甘油到200毫升

（1）碱类　用于消毒的碱类制剂有氢氧化钠、石灰、草木灰、苏打等。碱类消毒剂的作用强度决定于碱溶液中OH^-浓度，

浓度越高，杀菌力越强。由于碱能腐蚀有机组织，操作时要注意不要用手接触，佩戴防护眼镜、手套和工作服，如不慎溅到皮肤上或眼里，应迅速用大量清水冲洗。

氢氧化钠：也称苛性钠或火碱，是很有效的消毒剂，2%～4%的溶液可杀死病毒和细菌的繁殖体，常用于兔舍及用具的消毒。本品对金属物品有腐蚀作用，消毒完毕必须及时用水冲洗干净，对皮肤和黏膜有刺激性，应避免直接接触人和兔。用氢氧化钠消毒时常将溶液加热，加热并不增加氢氧化钠的消毒力，但可增强去污能力，而且热本身就是消毒因素。

石灰：石灰是价廉易得的良好消毒药，使用时应加水使生成具有杀菌作用的氢氧化钙。石灰的消毒作用不强，1%石灰水在数小时内可杀死普通繁殖型细菌，3%石灰水经 1 小时可杀死沙门氏菌。实际工作中，一般用 20 份石灰加水 100 份配成 20%的石灰乳，涂刷墙壁、地面，或直接加石灰于被消毒的液体中，撒在阴湿地面、粪池周围及污水沟等处进行消毒，消毒粪便可加等量 2%石灰乳，作用至少 2 小时。石灰必须在有水分的情况下才会游离出来，发挥消毒作用。在兔场、兔舍门口放石灰干粉并不能起消毒鞋底的作用；相反，由于人的走动，使石灰粉尘飞扬，当石灰粉吸入兔呼吸道或溅入眼内后，石灰遇水生成氢氧化钙而腐蚀组织黏膜，结果引起兔群气喘、甩鼻和红眼病。较为合理的应用是在门口放浸透 20%石灰乳的湿草包，饲养管理人员进入兔舍时，从草包上通过。石灰可以从空气中吸收 CO_2，生成碳酸钙，所以不宜久存，石灰乳也应现用现配。

（2）氧化剂　氧化剂是使其他物质失去电子而自身得到电子，或供氧而使其他物质氧化的物质。氧化剂可通过氧化反应达到杀菌目的，常用的氧化剂类消毒剂有高锰酸钾、过氧乙酸等。

高锰酸钾：高锰酸钾遇有机物、加热、加酸或碱均能放出原子氧，具有杀菌、除臭、解毒作用。其抗菌作用较强，但有机物存在时作用显著减弱。若发生氧化反应时，本身还原成棕色的

MnO_2，并可与蛋白质结合成蛋白盐类复合物。因此，在低浓度时有收敛作用，高浓度时有刺激和腐蚀作用。各种微生物对高锰酸钾的敏感性差异较大，一般来说 0.1%的浓度能杀死多数细菌的繁殖体，2%～5%溶液在 24 小时内能杀灭芽孢，在酸性溶液中，它的杀菌作用更强。如含 1%高锰酸钾和 11%盐酸的水溶液能在 30 秒钟内杀灭芽孢。它的主要缺点是易被有机物所分解，还原成无杀菌能力的 MnO_2。

过氧乙酸：又名过醋酸，是强氧化剂，纯品为无色澄明的液体，易溶于水，性质不稳定。其高浓度溶液遇热（60℃以上）即强烈分解，能引起爆炸，20%以下的低浓度溶液无此危险。市售成品一般为 20%，盛装在塑料瓶中，必须密闭避光贮放在低温处（3～4℃），有效期为半年，过期浓度降低。它的稀释液只能保持药效数天，应现配现用，配制溶液时应以实际含量计算，如配制 0.1%的消毒液，可在 995 毫升水中加 20%的过氧乙酸 5 毫升即成。过氧乙酸是广谱高效杀菌剂，作用快而强。它能杀死细菌、霉菌、芽孢及病毒，0.05%的溶液 2～5 分钟可杀死金黄色葡萄球菌、沙门氏菌、大肠杆菌等一般细菌，1%的溶液 10 分钟可杀死芽孢，在低温下仍有杀菌和杀芽孢的能力。过氧乙酸的原液对兔的皮肤和金属有腐蚀性，稀溶液对呼吸道、眼结膜有刺激性，对有色纺织品有漂白作用。在生产中，可用 0.1%～0.2%溶液浸泡耐腐蚀的玻璃、塑料、白色工作服，浸泡时间为 20～30 分钟。或用 0.1%～0.5%的溶液以喷雾器喷雾，覆盖消毒物品表面，喷雾时消毒人员应戴防护眼镜、手套和口罩；喷后密闭门窗 1～2 小时。也可用 3%～5%溶液加热熏蒸，用量为每立方米 1～3 克，熏蒸后密闭门窗 1～2 小时。熏蒸和喷雾的效果与空气的相对湿度有关，相对湿度以 60%～80%为好，若湿度不够可喷水增加湿度。

（3）卤素类　卤素和易放出卤素的化合物均具有强大的杀菌能力。卤素的化学性质很活泼，对菌体细胞原生质及其他某些物质有高度亲和力，易渗入细胞与原浆蛋白的氨基或其他基团相结合，或氧化其活性基团，而使有机体分解或丧失功能，呈现杀菌能力。在卤素中，氟、氯的杀菌力最强，其次为溴和碘。

氯与含氯化合物：氯是气体，有强大的杀菌作用，这种作用是由于氯化作用引起菌体破坏或膜的通透性改变，或由于氧化作用抑制各种含巯基的酶类或其他对氧化作用敏感的酶类，引起细菌死亡。它还能抑制醇醛缩合酶而阻止菌体葡萄糖的氧化。水中含 2 毫克/千克的氯即能杀死大肠杆菌。由于氯是气体，其溶液不稳定，杀菌作用不持久，应用很不方便，因此，在实际应用中均使用能释出游离氯的含氯化合物，在含氯化合物中最重要的是含氯石灰及二氯异氰尿酸盐。

漂白粉：又名含氯石灰，为消毒工作中应用最广的含氯化合物，化学成分较复杂，主要是次氯酸钙。新鲜漂白粉含有效氯 25%～36%，但漂白粉有亲水性，易从空气中吸湿而成盐，使有效氯散失，因此，在保存时应装于密闭、干燥的容器中，即使在妥善保存的情况下，有效氯每月要散失 1%～2%。由于杀菌作用与有效氯含量密切相关，当有效氯低于 16%时不宜用于消毒，因此，在使用漂白粉之前，应测定其有效氯含量。漂白粉杀菌作用快而强，0.5%～1%溶液在 5 分钟内可杀死多数细菌、病毒、真菌，主要用于兔舍、水槽、料槽、粪便的消毒。0.5%的澄清溶液可浸泡无色衣物。漂白粉对金属有腐蚀作用，不能用作金属笼具的消毒。漂白粉的制剂除漂白粉外，还有漂白精及次氯酸钠溶液。漂白精是以氯通入石灰浆而制得，含有效氯 60%～70%，一般以 $CaCl(OCl)_2$ 来表示其成分，性质较稳定，使用时应按有效氯比例减量，0.2%的溶液喷雾，可作空气消毒。次氯酸钠溶液是用漂白粉、碳酸钠加水配制而成，为澄清微黄的水溶液，含 5%NaClO，性质不稳定，见光易分解，有强大的杀菌作用，常用于水、兔舍、水槽、料槽的消毒，也可用于冷藏加工厂兔胴体的消毒。

二氯异氰尿酸钠：亦称优氯净，为白色晶粉，有氯臭，含有效氯60%～64%，性质稳定，室内保存半年后仅降低有效氯含量0.16%。易溶于水，水溶液显酸性，稳定性较差。二氯异氰尿酸钠的杀菌力强，对细菌繁殖体、芽孢、病毒、真菌孢子均有较强的杀灭作用。可用于水槽、料槽、笼具、兔舍的消毒，也可用于带兔消毒。0.5%～1%的溶液可用作杀灭细菌和病毒，5%～10%的溶液可用作杀灭芽孢，可采用喷洒、浸泡、擦拭等方法消毒。干粉可用作消毒粪便，用量为粪便的20%；消毒场地，每平方米用10～20毫克；消毒饮水，每毫升水用4毫克，作用30分钟。

氯胺：氯胺为含氯的有机化合物，为白色或微黄色结晶，含有效氯12%，易溶于水。氯胺的杀菌作用主要是由于产生次氯酸，放出活性氯和初生态氧，同时氯胺也有直接杀菌作用。氯胺放出次氯酸较缓慢，因此杀菌力较小，但作用时间较长，受有机物影响较小，刺激性也较弱。0.5%氯胺1分钟杀死大肠杆菌，30分钟杀死金黄色葡萄球菌。主要用于饮水、兔舍、用具、笼具的消毒，也可用带兔喷雾消毒。各种铵盐，如氯化铵、硫酸铵，因能增强氯胺的化学反应，减少用量，所以可作为氯胺消毒剂的促进剂。铵盐与氯胺通常按1∶1比例使用。

碘与碘化物：碘有强大的杀菌作用，抗菌谱广，不仅能杀灭各种细菌，而且也能杀灭霉菌、病毒和原虫。0.005%浓度的溶液在1分钟内能杀死大部分致病菌，杀死芽孢约需15分钟，杀死金黄色葡萄球菌的作用比氯强。碘难溶于水，在水中不易水解形成次碘酸，而主要以分子碘（I_2）的形式发挥作用。碘在水中的溶解度很小且有挥发性，但在有碘化物存在时，溶解度增高数百倍，又能降低其挥发性。其原因是形成可溶性的三碘化合物。因此，在配制碘溶液时常加适量的碘化钾。碘水溶液中含碘（I_2）、三碘化合物离子（I_3）、次碘酸离子、碘酸离子。它们的相对浓度因pH、溶液配制时间及其他因素而不同。碘可作饮水消毒，5～10毫克/千克的浓度在10分钟内可杀死各种致病菌、原虫和其他生物，它的优点是杀菌作用不取决于pH、温度和接触时间，也不受有机物的影响。

在碘制剂中，目前消毒效果较好的为一氯化碘，一氯化碘有穿透细菌细胞膜（壁）并具有在胞壁和原生质中积聚的能力。进入细胞后导致细菌酶系统功能失调和蛋白质凝固。此种消毒剂为一种淡黄色液体，气味轻微，无刺激性，低腐蚀性，具有消毒效果好、保存稳定、受温度及有机物影响小、毒性低、使用安全、复配效果稳定等特点，是一种理想的消毒剂。

（4）酚类　酚类是以羟基取代苯环上的氢而生成的一类化合物，包括苯酚、煤酚、六氯酚等。酚类化合物的抗菌作用是通过它在细胞膜油水界面定位的表在性作用而损害细菌细胞膜，使胞浆物质损失和菌体溶解。酚类也是蛋白质变性剂，可使菌体蛋白质凝固而呈现杀菌作用。此外，酚类还能抑制细菌脱氢酶和氧化酶的活性，而呈现杀菌作用。酚类化合物的特点为：在适当浓度下，几乎对所有不产生芽孢的繁殖型细菌均有杀灭作用，但对病毒、细菌芽孢作用不强；对蛋白质的亲和力较小，它的抗菌活性不易受环境中有机物和细菌数目的影响，因此，在生产中常用来消毒粪便及兔舍消毒池消毒之用；化学性质稳定，不会因贮存时间过久或遇热改变药效。它的缺点是，对细菌芽孢无效，对病毒作用较差，不易杀灭排泄物深层的病原体。酚类化合物常用肥皂作乳化剂配成皂溶液使用，可增强消毒活性。其原因是肥皂可增加酚类的溶解度，促进穿透力，而且由于酚类分子聚集在乳化剂表面可增加与细菌接触的机会。但是所加肥皂的比例不能太高，过高反而会降低活性，因为所产生的高浓度会减少药物在菌体上的吸附量。新配的乳剂消毒性最好，贮放一定时间后，消毒活性逐渐下降。

苯酚：为无色或淡红色针状结晶，有芳香臭，易潮解，溶于水及有机溶剂，见光色渐变深。苯酚的羟基带有极性，氢离子易离解，呈微弱的酸性，故又称石炭酸。0.2%的浓度可抑制一般细菌的生长，杀死需1%以上的浓度，芽孢和病毒对它的耐受性很强。生产中多用3%～5%的浓度消毒兔舍及笼具。由于苯酚对组织有刺激性，因此，苯酚不能用于带兔消毒。

煤酚：为无色液体，接触光和空气后变为粉红色，逐渐加深，最后呈深褐色，在水中约溶解2%。煤酚为对位、邻位、间位三种甲酚的混合物，抗菌作用比苯酚强3倍，毒性大致相等，由于消毒时用的浓度较低，相对来说比苯酚安全，而且煤酚的价格低廉，因此，消毒用药远比苯酚广泛。煤酚的水溶性较差，通常用肥皂来乳化，50%的肥皂液称煤酚皂溶液即来苏儿，它是酚类中最常用的消毒药。煤酚皂溶液是一般繁殖型病原菌良好的消毒液，对细菌芽孢和病毒的消毒并不可靠。常用3%～5%的溶液在空舍时消毒兔舍、笼具、地面等，也用于环境及粪便消毒。由于酚类消毒剂对组织、黏膜都有刺激性，因此，煤酚也不能用来带兔消毒。

复合酚：亦称农乐、菌毒敌。含酚41%～49%、醋酸22%～26%，为深红褐色黏稠液，有特臭，是国内生产的新型、广谱、高效消毒剂。可杀灭细菌、霉菌和病毒，对多种寄生虫虫卵也有杀灭作用。0.35%～1%的溶液可用于兔舍、笼具、饲养场地、粪便的消毒。喷药一次，药效维持7天。对严重污染的环境，可适当增加浓度与喷洒次数。

（5）挥发性烷化剂　挥发性烷化剂在常温常压下易挥发成气体，化学性质活泼，其烷基能取代细菌细胞的氨基、巯基、羟基和羧基的不稳定氢原子发生烷化作用，使细胞的蛋白质、酶、核酸等变性或功能改变而呈现杀菌作用。挥发性烷化剂有强大的杀菌作用，能杀死繁殖型细菌、霉菌、病毒和芽孢。与其他消毒药不同，挥发性烷化剂对芽孢的杀灭效力与对繁殖型细菌相似，还对寄生虫虫卵及卵囊也有毒杀作用。它们主要作为气体消毒，消毒那些不适于液体消毒的物品，如不能受热、不能受潮、多孔隙、易受溶质污染的物品。常用的挥发性烷化剂有甲醛和环氧乙烷，其次是戊二醛和β-丙内酯。从杀菌力的强度来看，排列顺序为β-丙内酯>戊二醛>甲醛>环氧乙烷。

甲醛：甲醛为无色气体，易溶于水，在水中以水合物的形式存在。其40%水溶液称为福尔马林，是常用的制剂。甲醛有极强的化学活性，能使蛋白质变性，呈现强大的杀菌作用。甲醛不仅能杀死繁殖型细菌，而且能杀死细菌芽孢、病毒和霉菌。广泛用于各种物品的熏蒸消毒，也可用于浸泡消毒或喷洒消毒。甲醛对人、兔的毒性小，不损害消毒物品及场所，在有机物存在的情况下仍有高度杀灭力。缺点是容易挥发，对黏膜有刺激性。常用浓度：浸泡消毒为2%～5%，喷洒消毒为5%～12%，熏蒸消毒时，视消毒场所的密闭程度及污染微生物的种类而异，对密闭程度较好，很少有芽孢污染的场所，每立方米空间用福尔马林溶液15～20毫升。密闭程度较差的场所，每立方米空间用福尔马林40～50毫升。为了使甲醛气迅速逸出，短时间内达到所需要的浓度，熏蒸时可在福尔马林中加入高锰酸钾（比例是每2毫升福尔马林加1克高锰酸钾），也可以把福尔马林加热。采用加高锰酸钾的方法时，容器应该大些，一般应为两种药物体积总和的5倍，以防高锰酸钾加入后产生大量泡沫，使液体溢出。采用加热蒸发时，容器也应相对较大，以防沸腾时溢出。由于甲醛气体在高温下易燃，因此，加热时最好不用明火。甲醛的杀菌能力与温度、湿度有密切关系，温度高、湿度大，杀菌力强。据检测，在温度20℃，相对湿度60%～80%时消毒效果最好。为增加湿度，熏蒸时，可在福尔马林溶液中加等量的清水。熏蒸所需要的时间视消毒对象而定，种蛋熏蒸时间最少2小时，延长至8小时效果更好，兔舍消毒以12～24小时为好。熏蒸前应把门窗关好，并用纸条将缝隙密封。消毒后迅速打开门窗排除剩余的甲醛，或者用与福尔马林等量的18%氨水进行喷洒中和，使之变成无刺激性的六甲烯胺。福尔马林长期贮存或水分蒸发，会出现白色的多聚甲醛沉淀，多聚甲醛无消毒作用，需加热才能解聚。兔舍熏蒸消毒时也可用多聚甲醛，每立方米用3～5g，加热后蒸发为甲醛气体，密闭10小时。

戊二醛：戊二醛是酸性油状液体，易溶于水，常用其2%溶液。如加0.3%碳酸氢钠为缓冲剂，使pH7.5～8.5，杀菌作用显著增强，但溶液的稳定性也因而变差，常温下2周后即失效。2%碱性戊二醛溶液在3～4小时内杀死芽孢，且不受有机物的影响，刺激性也较弱。可用于兔舍、笼具、粪便的消毒，也可用于浸泡消毒。

环氧乙烷：环氧乙烷又名氧化乙烯，沸点10.3℃，在常温常压下为无色气体，比空气重，温度低于沸点即成无色透明液体。其气体在空气中达3%以上时，遇明火极易引起燃烧和爆炸。如以液态CO_2和氟氯烷等作稳定稀释剂，9份与其1份制成混合气体，不具有爆炸性。环氧乙烷是高效广谱杀菌剂，对细菌、芽孢、霉菌和病毒，甚至昆虫和虫卵都有杀灭作用。它有极强的穿透力。本品用于熏蒸消毒效果比甲醛好，它的最大优点是对物品的损坏很轻微，不腐蚀金属。不足之处是易燃烧，消毒时间长，对人、兔有一定毒性。环氧乙烷主要用于空舍消毒，也可用于饲料消毒。用于空舍熏蒸消毒时，兔舍应密闭。消毒时湿度和时间与消毒效果有密切关系。最适相对湿度为30%～50%，过高或过低均可降低杀菌作用。最适温度是38～54℃，不能低于18℃。用环氧乙烷消毒，时间越长，效果越好，一般为6～24小时。

β-丙内酯：为无色黏稠的液体，是一种高效广谱杀菌剂，对细菌芽孢、霉菌、病毒都有效。它的杀伤力比甲醛强，穿透力不如环氧乙烷，对金属有轻微腐蚀性。适用于兔舍、笼具的消毒。消毒时可加热用其蒸汽或与分散剂混合喷雾，用量是1～2克/米^3，消毒时相对湿度需高于70%，温度高于25℃，消毒时间为2～6小时。

（6）季胺表面活性剂　季胺表面活性剂又称除污剂或清洁

剂。这类药物能降低表面张力，改变两种液体之间的表面张力，有利于乳化除去油污，起清洁作用。此外，这类药物能吸附于细菌表面，改变细菌细胞膜的通透性，使菌体内的酶、辅酶从代谢产物中逸出，妨碍细菌的呼吸及糖酵解过程，并使菌体蛋白变性，因而呈现杀菌作用。这类消毒剂又分为阳离子表面活性剂、阴离子表面活性剂。常用的为阳离子表面活性剂，它们无腐蚀性、无色透明、无味，对皮肤无刺激性，是较好的去臭剂，并有明显的去污作用。它们不含酚类、卤素或重金属，稳定性高，相对无毒性。这类消毒剂抗菌谱广，显效快，能杀死多种革兰氏阳性菌和革兰氏阴性菌，对多种真菌和病毒也有作用。大部分季胺化合物不能在肥皂溶液中使用，需要消毒的表面要用水冲洗，以清除残留的肥皂或阴离子去污剂，然后再用季胺表面活性剂。

新洁尔灭：又称苯扎溴铵，无色或淡黄色胶状液体，易溶于水，碱性、性质稳定，可保存较长时间效力不变，对金属、橡胶、塑料制品无腐蚀作用。新洁尔灭有较强的消毒作用，对多数革兰氏阳性菌和阴性菌接触数分钟即能杀死，对病毒和霉菌的效力差。可用0.1%的溶液消毒场地、饲槽、饮水器和鞋等。浸泡消毒时，如为金属器械可加入0.5%亚硝酸钠，以防生锈，本品不适于消毒粪便、污水等。

消毒净：为白色结晶性粉末，无臭、味苦，微有刺激性。易受潮，易溶于水，水溶液易起泡。消毒净为广谱消毒药，对革兰氏阳性及阴性菌，均有较强的杀灭作用，0.05%～0.1%的溶液可用消毒兔舍、用具、孵化室等，也可用来消毒种蛋。

双链季铵盐类消毒剂：本品无色、无臭味、无刺激性、无腐蚀性，安全高效。对大肠杆菌、葡萄球菌等多种革兰氏阳性菌和阴性菌有较强的杀灭作用，对病毒的杀灭效果也较好。可用于兔舍、笼具、用具及空气消毒。

2. 影响兔场消毒剂消毒效果的因素

（1）化学消毒剂的浓度　消毒药的抗菌活性主要取决于其与

微生物接触的浓度。消毒药的应用必须用其有效浓度，有些消毒药如酚类在用其低于有效浓度时不但无效，有时还有利于微生物生长，消毒药的浓度对杀菌作用的影响通常是一种指数函数，因此，浓度只要稍微变动，比如稀释，就会引起抗菌效能大大下降。一般来说，消毒药浓度越高，抗菌作用越强，但由于剂量—效应曲线常呈抛物线的形式，达到一定程度后效应不再增加。因此，为了取得良好灭菌效果，应选择合适的浓度。

（2）作用时间　消毒药与微生物接触时间越长，灭菌效果越好，接触时间太短，往往达不到杀菌效果。被消毒物品上微生物数量越多，完全灭菌所需时间越长。各种消毒药灭菌所需时间并不相同，如氧化剂作用很快，所需灭菌时间很短，环氧乙烷灭菌时间则需很长。因此，为充分发挥灭菌效果，应用消毒剂时必须按各种消毒剂的特性，达到规定的作用时间。

（3）温度　温度与消毒剂的抗菌效果成正比，也就是温度越高，杀菌力越强。一般温度每增加 10℃，消毒效果增加 1～2 倍。但以氯和碘为主要成分的消毒药，在高温条件下，有效成分消失。

（4）环境中有机物的存在　所有的消毒药与任何蛋白质都有同等程度的亲和力。在消毒环境中有有机物存在时，后者必然与消毒剂结合成不溶性的化合物，中和或吸附一部分消毒剂而减弱作用，而且有机物本身还能对细菌起机械性保护作用，使药物难以与细菌接触，阻碍抗菌作用的发挥。酚类和表面活性剂在消毒剂中是受有机物影响最小的药物。为了使消毒剂与微生物直接接触，充分发挥药效，在消毒时应先把消毒场所的外界垃圾、脏物清扫干净。此外，还必须根据消毒的对象选用适当的消毒剂。

（5）微生物的特点　不同种的微生物对消毒剂的易感性有很大差异，不同消毒剂对同一类的微生物也表现出很大的选择性。比如细菌芽孢体和繁殖体，革兰氏阳性菌和阴性菌，病毒和细菌之间所呈现的易感性均不相同。因此，在消毒时应考虑到致病菌的易感性和耐药性。例如病毒对酚类有抗药性，但对碱却很敏感，结核杆菌对酸的抵抗力较大。

（6）*消毒剂相互颉颃*　生产中常遇到两种消毒剂合用时会降低消毒效果的现象，这是由于物理性或化学性的配伍禁忌而产生的相互颉颃现象。因此，在重复消毒时，如使用两种化学性质不同的消毒剂，一定要在第一次使用的消毒剂完全干燥后，经水洗干燥后再使用另一种消毒药，严禁把两种化学性质不同的消毒剂混合使用。

3. 兔场的卫生及应注意的消毒对象

（1）*场区内卫生要求*　场区内应无杂草、无垃圾，不准堆放杂物，每月用3%的热氢氧化钠溶液泼洒场区地面3次，生活区的各个区域要求整洁卫生，每月消毒2次。

（2）*兔舍的清洗和消毒*　消毒过程必须按一定程序进行。如进行彻底打扫，可减少约90%的病毒含量，如喷洒常规的消毒药，可降低95%以上病毒，如进行福尔马林和高锰酸钾熏蒸消毒，病毒和细菌的杀灭率达99.9%，如同时使用，则可基本杀灭环境中的病原。因此，兔场消毒的基本程序是：清扫—水冲—喷洒消毒药液—熏蒸。新建兔场进兔前，要求舍内干燥后，屋顶、地面用消毒剂消毒一次。饮水器、料槽、其他用具等充分清洗消毒。使用过的兔场进兔前，彻底清除一切物品，包括饮水器、料槽、粪便、羽毛等。清洁是发挥良好消毒作用的基础，因此一定要彻底清扫兔舍地面、窗台、屋顶及每一个角落。然后用高压水枪由上到下，由内向外冲洗。要求无兔毛、兔粪和灰尘。待兔舍干燥后，再用消毒剂从上到下整个兔舍喷雾消毒1次。撤出的设备，如饮水器、料槽等用消毒液浸泡30分钟，然后用清水冲洗，置阳光下曝晒2～3天，再搬入兔舍。进兔前一周，封闭门窗，用3倍量的高锰酸钾和福尔马林（每立方米用高锰酸钾21克、福尔马林42毫升）密闭熏蒸24小时（舍内温度22～26℃，湿度75%～80%时消毒效果最佳）后，通风2天。此后人员进兔舍，必须换工作服、工作鞋，脚踏消毒液。

（3）*物流管理消毒* 物品及工具应清洗和消毒，防止在产品流通环节中交叉感染。携带入舍的器具和设备都是潜在的病原，所有物品在入舍前都必须彻底消毒。场内公用笼箱、饲料车、运兔工具，若受污染就会波及全场，所以场内应设各类专用车，舍内各种工具专用固定，严禁串用。进兔舍的用具必须消毒后方可入舍。

（4）*环境消毒* 兔舍周围每2～3周用2%的氢氧化钠溶液消毒1次，场周围及场内的污水池、排粪坑、下水口每月用漂白粉消毒1次，场及兔舍进出口要设消毒池，放入2%的氢氧化钠溶液，每天更换1次，或放0.2%的新洁尔灭，每3天更换1次，生产区道路每日用0.2%的次氯酸钠喷洒1次。

（5）*饮水和饲料的消毒* 饮水消毒的目的就是彻底杀灭饮用水中的细菌和病毒，尤其是在夏季。兔的呼吸道疾病除通过空气传播外，还可通过饮水传播。饮水中添加的药物必须对病毒和细菌都有效，长时间使用也不产生耐药性。水中含有大肠杆菌时可用氯进行消毒，水中加漂白粉，使水中含氯量达2～3毫克/千克即可。另外，许多饮水系统无法彻底清洗，尤其是在使用饮水系统投药之后，很多沉积物滞留在系统中很难被清除。因此，清除兔舍时，饮水系统的清洁十分重要。

饲料总是被认为是危害兔健康的可能来源。饲料的污染主要来自三个方面：一是饲料原料；二是啮齿类动物及鸟类的粪便；三是饲料的加工和运输等。目前对饲料消毒的方法是制成颗粒料，利用加工过程中的高温杀死病原体。防止污染主要是加强饲料加工和运输过程中的管理措施，配料人员在进饲料厂时，淋浴更衣消毒，换工作服、鞋，脚踏消毒池，饲料运输车辆定期消毒，采用一次性饲料袋等。条件具备的兔场，要进行消毒效果监测。

（6）*兔场废弃物及污物消毒* 粪便、污水、尸体及其他废弃物是病原体的主要集存地。粪便应及时运到指定地点，喷洒消毒药再进行堆积生物热处理或干燥处理后做农业用肥，不得作为其他动物饲料，所有的废弃物必须进行消毒处理。病死兔严禁食用或乱扔，更不能出售（严禁兔贩进场收购），要在离开兔场较远的地方进行消毒药喷洒、或高温处理、焚烧或深埋。兔场污水的处理可根据情况采用物理、化学或生物学方法进行净化。

四、保健添加剂

保健添加剂是众多饲料添加剂的组成部分，饲料添加剂概念是指在天然饲料的加工、调剂、贮存或饲喂等过程中，人工另外加入的各种微量物质的总称。

目前，全世界在饲料中应用的添加剂有300多个品种，经常使用的有150多种。根据饲养畜兔的品种、生产目的及生长阶段等的不同，每种配合饲料中使用的添加剂有20～60种。而且随着饲料添加剂工业的发展，添加剂品种日益繁多，一般将饲料添加剂分为营养性和非营养性两大类。

（一）营养性添加剂

1. 微量元素添加剂 为动物提供微量元素的矿物质饲料叫微量元素添加剂。在饲料添加剂中应用最多的微量元素是Fe、Cu、Zn、Co、Mn、I与Se，这些微量元素除为动物提供必需的养分外，还能激活或抑制某些维生素、激素和酶，对保证兔体的正常生理机能和物质代谢有着极其重要的作用。

由于动物对微量元素的需要量极微，其添加剂生产必须预混合加工。美国NRC建议的兔对微量元素需要量及饲料中最高限量（以每千克风干饲粮为基础）。

我国当前生产和使用的微量元素添加剂品种大部分为硫酸盐，碳酸盐、氯化物及氧化物较少。硫酸盐的生物利用率较高，但因其含有结晶水，易使添加剂加工设备腐蚀。由于化学形式、产品类型、规格以及原料细度不同，饲料中补充微量元素的生物利用率差异很大。

2. 维生素添加剂 维生素是最常用也是最重要的一类饲料添加剂。列入饲料添加剂的维生素有16种以上。在各维生素添加剂中，氯化胆碱、维生素A、维生素E及烟酸的使用量所占的比例最大。在以玉米和豆粕为主的饲粮中，通常需要添加维生素A、维生素D_3、维生素E、维生素K、维生素B_1、维生素B_2、烟酸、泛酸、叶酸、氯化胆碱、维生素B_{12}及生物素。

维生素添加剂种类很多，按其溶解性可分为脂溶性维生素和水溶性维生素制剂。维生素添加剂主要用于对天然饲料中某种维生素的营养补充，提高动物抗病或抗应激能力，促进生长及改善兔产品的产量和质量等。

维生素的需要量随兔品种、生长阶段、饲养方式、环境因素的不同而不同。各国饲养标准所确定的需要量为兔对维生素的最低需要量，是设计生产添加剂的基本依据。考虑到实际生产应用中许多因素的影响，饲粮中维生素的添加量都要在饲养标准所列需要量的基础上加“安全系数”。在某些维生素单体的供给量上常常以2～10倍设计添加超量，以保证满足兔生长发育的真正需要。由于畜兔品种、生产性能、饲养条件及生产目的等方面的差异，在不同企业生产的维生素预混料中，含有各单体维生素的活性单位量有很大差异。

（1）氨基酸添加剂 氨基酸是构成蛋白质的基本单位。各种氨基酸对兔体来说都是不可缺少的，但并非全部需由饲料来直接供给。只有那些在畜兔体内不能由畜兔组织细胞自我合成或合成速度不能满足机体需要的必需氨基酸，才需由饲料给予补充。各种成年畜兔共同的必需氨基酸有8种：异亮氨酸、亮氨酸、赖氨酸、蛋氨酸、苯丙氨酸、苏氨酸、色氨酸和缬氨酸。幼兔的必需氨基酸在此基础上，还要再加上甘氨酸、胱氨酸和酪氨酸等（共

13种）。

由于天然饲料的氨基酸含量差异大，且平衡性差，因此，使用氨基酸添加剂，可平衡或补足兔生产所要求的氨基酸需要量，保证配方饲料中各种氨基酸含量和氨基酸之间的比例平衡。添加氨基酸作为提高饲料蛋白质利用率的有效手段。氨基酸是配方饲料中用量较大的一类添加剂。目前广泛用作兔饲料添加剂的是赖氨酸与蛋氨酸。

（2）赖氨酸　赖氨酸是各种动物所必需的氨基酸，作为饲料添加剂使用的一般为L-赖氨酸的盐酸盐。在饲料中的具体添加量，应根据畜兔营养需要量确定。一般添加量为0.05%～0.3%，即每吨饲料中添加500～3 000克。但在计算添加量时应注意：按产品规格，其含有98.5%的L-赖氨酸盐酸盐，但L-赖氨酸盐酸盐中的L-赖氨酸含量为80%，而产品中含有的L-赖氨酸仅为78.8%。目前赖氨酸添加剂用于兔饲料的较少。

（3）蛋氨酸　蛋氨酸是饲料最易缺乏的一种氨基酸。蛋氨酸与其他氨基酸不同，天然存在的L-蛋氨酸与人工合成的DL-蛋氨酸的生物利用率完全相同，营养价值相等，故DL-蛋氨酸可完全取代L-蛋氨酸使用。一般添加量为0.05%～0.2%，即每吨饲料中添加500～2 000克。蛋氨酸在兔饲料中使用较为普遍。

表6-7　兔常用的维生素的品种及使用

药品名称	规格	剂量	用法	作用与用途	备注
维生素A	胶丸2.5万国际单位	每次1粒/只	拌料、内服	用于防治维生素A缺乏症	
维生素D_2（骨化醇）	胶囊1万国际单位，注射剂1毫升；40万国际单位	肌内注射2 500国际单位	口服、肌内注射	用于防治维生素D缺乏症	

（续）

药品名称	规 格	剂 量	用 法	作用与用途	备 注
鱼肝油	每克含维生素A 850国际单位，维生素D 85国际单位以上	1～2毫升	内服	作用同维生素A、维生素D	
干酵母	片剂0.5克	1～2片	内服	含少量B族维生素，可帮助消化，促进食欲。用于消化不良及预防B族维生素缺乏症	
维生素B_1	片剂10毫克	1～2片	内服	用于防治B族维生素缺乏症	
维生素B_2	片剂5毫克	5毫克	内服		
复合维生素	片剂		内服1片	用于营养不良、消化障碍、厌食、口炎等，用作B族维生素缺乏症的辅助治疗	
	溶液		内服1～2毫升		
	注射剂		肌内注射1毫升		

（二）非营养性添加剂

1. 生长促进剂 作为生长促进剂的主要有：抗生素、合成抗菌药、益生素、激素及类激素。

（1）抗生素 抗生素主要功能是抑制兔肠道中有害微生物的生长与繁殖，从而控制疾病发生和保持兔体健康；促进有益微生物的生长并合成对兔体有益的营养物质；防止兔肠道壁增厚，增进兔对营养物质的消化与吸收，促进兔的生长与生产。但长期使用抗生素添加剂，会导致微生物产生耐药性；易造成兔内源性或二重性感染，使兔体内的正常微生物体系失衡；使兔体的免疫功能下降，抵抗力降低；超量使用会在兔产品中残留等弊端。目前，我国允许作为饲料添加剂的抗生素有：杆菌肽锌、硫酸黏杆菌素、北里霉素、泰乐菌素、土霉素、盐霉素等。

（2）杆菌肽锌　是从地衣芽孢杆菌发酵而制得的杆菌肽与锌的络合物，为多肽类抗生素。干燥状态时较稳定，抗菌谱与青霉素相似，对革兰氏阳性菌十分有效，对部分革兰氏阴性菌、螺旋体、放线菌有抑制作用。毒性小，安全，几乎不被消化器官吸收、不产生耐药性及污染环境。每吨兔饲料的用量为 4～20 克。不能与莫能霉素、盐霉素等聚醚类抗生素混用。

（3）硫酸黏菌素　是多肽类抗生素，对革兰氏阳性菌有极强的抑菌作用，若与对抗革兰氏阴性菌有效的抗生素联合使用，效果更好。可预防大肠杆菌和沙门氏菌引起的疾病。每吨兔饲料的用量为 2～20 克。因其与杆菌肽锌协同作用较好，常与杆菌肽锌以 1∶5 配合使用。

（4）泰乐菌素　属大环内酯类抗生素，最广泛应用的为磷酸泰乐菌素，对大部分革兰氏阳性菌（链球菌、葡萄球菌、双球菌等）有显著的抑菌效果，对支原体有特效。其在肠道内不易吸收，毒性低，混入饲料后稳定。与其他大环内酯类抗生素有交叉耐药性。肉兔每吨饲料用量为 4～50 克，屠宰前 5 天停药。

（5）土霉素和金霉素　土霉素属广谱抗生素，毒性小，有残留，部分细菌对其产生耐药性。作为促生长剂的用量：每吨饲料 5～7.5 克；停药期为宰前 7 天。肉兔饲养前期为每吨饲料 10～55 克。四环素类抗生素毒性较低，对肝、肾功能的影响较小，但从长远看，此类抗生素继续作为饲料添加剂的应用前景不大。

（6）合成抗菌剂　曾经作为促生长剂使用的化学合成剂有很多，如磺胺类等抗菌药剂，其毒副作用高，大多数国家已禁止将这些药物作为饲料添加剂，而仅作为治疗动物疾病用药。

（7）益生素　益生素是一类有益的活菌制剂，主要有乳酸杆菌制剂、枯草杆菌制剂、双歧杆菌制剂、链球菌制剂和曲霉菌类制剂等。活菌制剂可维持动物肠道正常微生物区系的平衡，抑制肠道有害微生物繁殖。正常的消化道微生物区系对动物具有营养、免疫、刺激生长等作用，消化道有益菌群对病原微生物的生物颉颃作用，对保证兔体的健康有重要意义。

表 6-8 兔常用的其他药物的品种及使用

药品名称	规 格	剂 量	用 法	作用与用途	备 注
人工盐	粉剂含40%硫酸钠、36%碳酸氢钠、18%氯化钠、2%硫酸钾		内服，助消化1～2克，泻下4～6克	小量内服，可轻度刺激消化道黏膜，腺体分泌增加，胃肠蠕动增强，促进消化吸收。用于食欲不振、消化不良等。剂量增大时，有缓泻作用	
大黄苏打片	片剂0.5克	1～2片	内服	有制酸、健胃作用。用于食欲不振、消化不良、胃酸过多等	
液体石蜡	油溶液	5～10毫升	内服	内服不被吸收，对肠壁、粪便起润滑作用，泻下缓和。用于便秘、进食引起的膨胀	
硫酸钠	5%溶液	30～50毫升	内服	刺激肠壁，使肠蠕动反射性增强而下泻，用于便秘、毛球病等	应用时给兔大量饮水
硫酸镁	5%溶液	30～50毫升	内服		
鞣酸蛋白	粉剂含鞣酸50%	2～3克	内服	呈收敛、保护作用，使肠蠕动减慢，分泌减少，达到止泻目的	

（续）

药品名称	规 格	剂 量	用 法	作用与用途	备 注
复方氨基比林	注射剂2毫升，内含氨基比林7.15%，巴比妥2.85%	1～3毫升	肌内注射	降温、镇痛。用于兔的感冒等热性传染病	
乳酸钙	片剂0.5克			补充骨中的钙盐。治疗兔佝偻病和软骨症	

2. 饲料保存剂 用于饲料的化学保存剂有500多种。由于谷物籽实颗粒被粉碎后，丧失了种皮的保护作用，极易被氧化和受到霉菌污染。在饲料生产中，原料成品都必须经历贮存的过程，在此过程中，既会发生饲料成分的化学变化，也会发生饲料被霉菌污染的情况，尤其是营养成分浓度高的饲料产品和原料，如预混料、鱼粉、米糠、饼粕等更易受到损害。在高热高湿地区或季节，这种损失尤其严重。因此，世界大量生产和使用的饲料保存剂，主要是抗氧化剂与防霉剂。

（1）抗氧化剂 抗氧化剂主要用于含有高脂肪的饲料，以防止脂肪氧化酸败变质，也常用于含维生素的预混料中，它可防止维生素的氧化失效。乙氧基喹啉是目前应用最广泛的一种抗氧化剂，国外大量用于原料鱼粉中，其他常用的还有二丁基羟基甲苯和丁基羟基茴香醚。

（2）防霉剂 防霉剂的种类较多，包括丙酸盐及丙酸、山梨酸及山梨酸钾、甲酸、富马酸及富马酸二甲酯等。防霉剂主要使用的是苯甲酸及其盐、山梨酸、丙酸与丙酸钙。由于苯甲酸存在着叠加性中毒，有些国家和地区已禁用。丙酸及其盐是公认的经济而有效的防霉剂。防霉剂发展的趋势是由单一型转向复合型，如复合型丙酸盐的防霉效果优于单一型丙酸钙。

3. 生物活性剂

（1）*酶制剂*　酶是一类具有生物催化性的蛋白质。随着科学技术的发展，目前除采用微生物发酵技术或从动植物体内提取的方法批量生产酶制剂外，生物技术已用于酶制剂的生产。

饲用酶制剂按其特性及作用主要分为两大类：一类是外源性消化酶，包括蛋白酶、脂肪酶和淀粉酶等，兔消化道能够合成与分泌这类酶，但因种种原因需要补充和强化。另一类是外源性降解酶，包括纤维素酶、半纤维素酶、β-葡聚糖酶、木聚糖酶和植酸酶等。这些酶，兔体组织细胞不能合成与分泌，但饲料中又有相应的底物存在（多数为抗营养因子）。这类酶的主要功能是降解机体难以消化或完全不能消化的物质或抗营养物质，提高饲料营养物质的利用率，同时可为开发新的饲料资源开辟新途径。

（2）*复合酶制剂*　是由两种或两种以上的酶复合而成的，其包括蛋白酶、脂肪酶、淀粉酶和纤维素酶等。其中蛋白酶有碱性蛋白酶、中性蛋白酶和酸性蛋白酶 3 种。许多试验表明，添加复合酶能提高饲粮代谢能 5%以上，提高蛋白质消化率 10%左右，可使饲料转化率得到改善。

（3）*植酸酶*　是现阶段生产中用量最多的单一酶制剂。磷在植物性饲料中含量不一，但大部分以植酸及植酸盐的形式存在，植酸磷占植物性饲料中总磷的 70%以上。这些磷难以被单胃动物消化利用，未被利用的磷随动物的粪便排出体外，造成磷对环境的污染。另外，植酸还通过螯合作用降低动物对锌、锰、铁、钙等矿物元素和蛋白质的利用率。因此，植酸及植酸盐是一种天然抗营养因子。在植物性饲粮中添加植酸酶可显著地提高磷的利用率，促进机体生长和提高饲料营养物质转化率。

第七章　兔病的防控技术

一、兔病毒性传染病

（一）兔病毒性出血症

兔病毒性出血症，俗称“兔瘟”，是由兔病毒性出血症病毒引起的兔的一种急性败血性传染病。主要病理变化为呼吸系统出血，实质器官瘀血、肿大、出血，肝脏坏死。本病潜伏期短，发病急，病程短，传播快，发病率和病死率极高，常呈暴发性流行，给养兔业造成极大的经济损失，是危害养兔业最严重的一种疾病。

兔病毒性出血症病毒只感染兔，各种品种和不同性别的兔均可感染发病。3 月龄以上的青年兔、成年兔易感性最高，病死率也高，常呈急性死亡，而哺乳仔兔一般不发病。

【流行特点】

病兔、死兔和隐性感染兔为主要传染源。病兔通过粪尿、鼻液、泪液、皮肤及生殖道分泌物向外排毒。本病可通过病兔与健康兔接触或接触上述分泌物和排泄物乃至血液直接传播，同时也可被污染的饲料、饮水、用具、兔毛及环境和饲料管理人员的手、衣服和鞋子等而间接传播。

本病一年四季均可发生，没有严格的季节性，但以早春、秋冬气温较低季节发病较多。本病在新疫区多呈暴发流行，成年兔发病率与病死率可达 90％～100％，而一般疫区病死率为 78％～85％。本病传播迅速，流行期短，一旦发生，常给兔场带来毁灭性后果。

【临床症状】

家兔感染兔病毒性出血症，其潜伏期多为2～3天。根据临床症状可分为最急性型、急性型和慢性型三种。最急性型常发生于首次传播该病地区的高度易感兔，患兔没有任何临床症状而突然死亡；急性型呈地方流行性；慢性型往往在流行后期由急性型患兔转归而来。

1. 最急性型 多见于流行初期或非疫区的家兔，自然感染的潜伏期为36～96小时。病兔无任何先兆或仅表现短暂的兴奋即突然倒地、抽搐、鸣叫而亡。有的鼻孔流出鲜血，眼球突出，可视黏膜发绀，咬牙或尖叫，肛门附近带有胶冻样分泌物，本病的初期，未注射疫苗的兔群，其发病率和死亡率可高达90%以上，甚至全群覆灭。

2. 急性型 在整个病兔流行期占多数。病初精神沉郁、少动、体温升高到41℃以上，食欲明显减退或废绝，被毛粗乱，呼吸急迫，渴欲增加，临死前体温下降，软瘫，四肢不断划动、抽搐、尖叫。濒死时病兔瘫软，不能站立，部分病兔鼻孔流出带泡沫的液体，肛门松弛，粪球外包有一层淡黄色胶冻样分泌物，死后呈角弓反张姿势。一般在出现症状后6～8小时内死亡，病程1～2天。

3. 慢性型 在暴发疾病过程中，慢性型的病例很少见到，多见于流行后期或老疫区的病兔，潜伏期长、病程长。病兔先出现轻度体温反应，体温升高1～1.5℃，稽留1～2天，病兔精神沉郁，食欲减退或废绝，消瘦或昏睡，被毛杂乱无光泽，呼吸加快，有严重的全身黄疸症状，但此种症状如不仔细观察很难察觉，一般持续几周后最终消瘦衰弱而死。有的病兔站立不稳，甚至瘫痪；有的病兔可以耐过，康复后血清中可测出高效价的抗体。但此类兔生长缓慢，发育较差，常常带毒和从粪中排毒至少1个月之久，易使同居的易感兔感染，是危险的传染源。

【病理变化】

家兔感染兔病毒性出血症后，特征性病理变化为各器官的出血、瘀血、水肿，实质器官的变性和坏死。上呼吸道普遍发生不同程度的充血，严重的呈现斑点状出血。尤其在气管，可见黏膜呈弥散性鲜红或暗红色，气管环之间血管显露呈树枝状，表现“红气管”外观；气管腔内含有白色或淡红色带血的泡沫。在肺表面和实质内有散在的出血斑，有的伴有广泛性肺充血和肺水肿。肝脏明显肿大，质脆易碎，表面晦暗无光，呈土黄色或灰白色，切开后流出多量凝固不良的紫红色血液，与瘀血变化交织在一起，而形成“槟榔肝”。肾脏瘀血肿大，呈暗红色，表面布满针尖大小的出血点，并有白色坏死区，使肾脏表面呈花斑状。脾脏瘀血肿大，被膜紧张，呈暗紫色。心肌变性，暗红色，质地变软，心腔高度扩张，积多量血凝块，心室壁变薄。胃黏膜脱落，胃壁变薄易破，有少量溃疡。小肠黏膜有小的出血点。肠系膜淋巴结、圆小囊和胸腺多数充血、出血。脑膜和脑血管出血。膀胱积尿，膀胱黏膜有出血点或出血斑。子宫黏膜增厚、瘀血或有出血点，睾丸肿胀、瘀血。

【预防和治疗】

1. 预防措施 本病重在预防。兔瘟发病急、传播迅速、流行面广，病情严重，死亡率高，又无特效治疗方法，因此，应重在预防。平时坚持自繁自养，从无该病地区购买种兔，并进行严格检疫与隔离观察，及时注射兔瘟灭活苗，确认无病时方可混群，强化动物卫生防疫制度，加强饲养管理，搞好环境卫生，做好兔舍、兔笼、用具及周围环境的定期消毒工作。禁止外人进入兔舍。用兔瘟-巴氏杆菌病二联苗、兔瘟-魏氏梭菌病-巴氏杆菌病三联苗预防注射，每只兔均肌内注射 1 毫升，5～7 天后产生免疫力，免疫期可达 6 个月。由于本病流行有趋幼龄化倾向，仔兔宜在 20～25 日龄时初免，60 日龄进行二免。对于发病严重的兔场最好采用兔瘟灭活疫苗单苗进行两次免疫效果更好。

疫苗预防注射是控制兔病毒性出血症的重要手段之一，而免疫接种是否切实有效取决于许多因素，如疫苗质量、注射剂量、母源抗体干扰等。因此，疫苗注射应注意以下几点：①有条件的兔场，在疫苗注射前应根据母源抗体动态适时进行疫苗接种。②按免疫程序进行疫苗注射。第一次免疫（断奶后）剂量以 2 毫升为宜。因为在剂量加大的情况下即使有母源抗体存在也只中和其中的一部分。第二次免疫是在 2 月龄，此时一定要加强免疫 1 次。因为在第一次免疫注射时由于母源抗体的存在还达不到应有的免疫效果，所以通过第二次免疫可以使免疫效果更可靠。第二次免疫后每隔 4～6 个月免疫 1 次，剂量为 1～2 毫升。③疫苗注射要按操作规程进行。疫苗注射部位应用酒精棉球消毒，针筒、针头煮沸消毒。每注射 1 只兔应换 1 个针头。特别是兔场存在该病的情况下更要注意。④本病传播广泛，病死兔的内脏、皮毛、排泄物和分泌物均带毒，可通过直接接触传播，被污染的饲料、饮水、用具、运输工具、兔毛、兔皮、饲养员衣服等可间接传播。因此，应严格消毒。兔舍、地面可用 2%～3%氢氧化钠溶液或 2%过氧乙酸溶液消毒。兔毛用福尔马林熏蒸消毒，病死兔深埋或焚烧。在发病期间严禁出售种兔和引进种兔，严禁外来人员及动物，如猫、犬等出入兔场。

2. 治疗措施

（1）发病后划定疫区，隔离病兔。病死兔一律深埋或销毁，用具消毒。

（2）疫区和受威胁区可用兔瘟灭活苗进行紧急接种，每只注射 2 毫升。

（3）发病初期的兔肌内注射高免血清或阳性血清，成年兔每千克体重 3 毫升，60 日龄前的兔每千克体重 2 毫升。待病情稳定后，再注射兔瘟组织灭活苗。

（4）病兔静脉或腹腔注射 20%葡萄糖盐水 10～20 毫升，庆大霉素 4 万单位，并肌内注射板蓝根注射液 2 毫升及维生素 C 注射液2毫升，也有一定效果。

（5）板蓝根、大青叶、金银花、连翘、黄芪等份混合后粉碎成细末（此即为“兔瘟散”），幼兔每次服1～2克，日服2次，连用5～7天；成年兔每次服2～3克，日服2次，连用5～7天。也可拌料喂食。

（6）同时配合控制继发感染，保护心脏、镇静安神等对症治疗。本病目前尚无特效药物治疗。

【诊断】

根据兔病毒性出血症多见于群发，发病迅速，抗生素治疗无效，发病率和致死率高，呼吸器官、内脏器官等有明显的出血症状，脑和脑膜瘀血，松果体和脑下垂体有血凝块等，可作出初步诊断。

根据本病临床症状和剖检的变化特点，在排除炎症后作出初诊。实验室可根据该病对人O型红细胞有凝集作用的特性，采取病毒兔肝脏，加入磷酸盐缓冲液，研碎制成1∶10悬液，经高速离心后作微量红细胞凝集试验和微量红细胞凝集抑制试验确诊。在疫区根据流行病学特点，典型的临诊症状和病理变化，一般可以作出诊断。在新疫区要确诊可进行病原学和血清学试验等，如病毒的负染色后电镜观察，用死亡兔病料感染健康兔试验，血凝与血凝抑制试验、琼脂扩散试验、酶联免疫吸附试验及荧光抗体试验等对本病也有诊断价值。

【鉴别诊断】

由于兔病毒性出血症常易与兔巴氏杆菌病、兔魏氏梭菌病、兔痘、兔黏液瘤病等其他疾病混淆，造成误诊。因此，需加以区别诊断。

1. 与兔巴氏杆菌病鉴别　兔巴氏杆菌病无明显年龄界限，多呈散发性流行，急性病兔无神经症状，鼻孔无流血症状，肝不显著肿大，但表面有散在灰白色坏死灶，脾肿大不显著，肾不肿大。兔巴氏杆菌病病型复杂，可表现为败血症、鼻炎、肺炎、中耳炎等，可从病料中分离出巴氏杆菌。用抗生素和磺胺类药物治疗有效。

2. 与兔魏氏梭菌病鉴别 兔魏氏梭菌病发病以急性腹泻和盲肠浆膜有鲜红色出血斑为特征，在粪便中可查出魏氏梭菌，肝病料做血凝试验呈阳性。

3. 与兔痘鉴别 兔痘病兔以皮肤丘疹、坏死、出血等为特征，内脏器官均有白色小结节出现，而兔病毒性出血症无上述病变特征。

4. 与兔黏液瘤病鉴别 患黏液瘤病的兔以全身皮下或头部皮下明显水肿，脓性结膜炎和黏液脓性鼻漏等为特征，肝脏和肾脏无明显病理变化。

（二）传染性水疱性口炎

兔传染性水疱性口炎，俗称流涎病，是由兔传染性水疱性口炎病毒引起的一种急性、发病率和病死率都比较高的传染病。主要症状是口腔黏膜发生水疱性炎症，并伴有大量流涎。

病毒主要存在于病兔的水疱液、水疱皮及局部淋巴结内。病毒对热敏感，在4℃时存活30天，－20℃时能长期存活，加热至60℃及在直射阳光的作用下，很快失去毒力；对化学药物抵抗力中等，2%氢氧化钠溶液或1%甲醛在几分钟内能将其杀死，1%石炭酸液需6小时以上才能灭活。

【流行特点】

本病多发生于春秋两季。对家兔口腔黏膜人工涂布感染，发病率达67%；肌内注射也可感染，潜伏期为5～7天。主要侵害1～3月龄的幼兔，最常见的是断奶后1～2周龄的仔兔，3～6月龄的青年兔及成年兔也有发病。病兔的唾液中带有病毒，通过直接接触和同槽摄食、饮水等可能自然感染。主要传播途径是消化道，病兔口腔中的分泌物或坏死黏膜含有大量病毒，当健康兔食入被病毒污染的饲料或饮水等，即可使健康兔感染。特别是在饲养管理不当、饲喂发霉饲料或存在口腔损伤等情况时，更易诱发本病。本病不感染其他家畜。

【临床症状及病理变化】

病兔感染后潜伏期 3～5 天。发病初期，舌、唇和口腔黏膜潮红、充血，继而出现粟粒大至扁豆大的水疱和小脓疱，水疱内充满含纤维素的清澈液体，水疱和脓疱破溃，发生烂斑，形成大面积的溃疡面，同时有大量唾液（口水）沿口角流出。若病兔继发细菌性感染，则可引起患部黏膜坏死，并伴有恶臭。由于流口水，导致唇外周围、颌下、颈部、胸部和前爪的被毛湿成一片，局部皮肤常发生炎症和脱毛。有时外生殖器也见可溃疡性损害。大量流涎导致体液丧失过多，进而引起全身机能障碍，并出现全身症状，病兔不能正常采食，继发消化不良，食欲减退或废绝，精神沉郁，并常发生腹泻，日渐消瘦，一般病后 5～10 天衰竭而死亡。死亡率常在 50%以上。患兔大多数体温正常，仅少数病例体温升至 41℃左右。

剖检可见兔唇、舌和口腔黏膜有糜烂和溃疡，咽和喉头部聚集有多量泡沫样唾液，唾液腺轻度肿大发红。胃扩张，内充满黏稠液体和稀薄食物，酸度增高。肠黏膜尤其是小肠黏膜，有卡他性炎症变化。

【预防和治疗】

1. 预防措施

（1）平时应加强兔群的饲养管理，特别是春秋两季要严格卫生防疫措施，防止引进病兔，引入种兔要隔离观察 1 个月以上，健康者方可入群。不喂霉烂变质的饲料。笼壁平整，以防尖锐物损伤口腔黏膜。搞好兔舍及环境卫生，定期消毒，对被病兔污染的兔笼用火焰喷射消毒或 2%氢氧化钠溶液消毒。

（2）在发病季节或发生疫情时可用药物进行预防，对健康兔可用磺胺二甲基嘧啶预防，每千克精料拌入 5 克，或每千克体重 0.1 克口服，每天 1 次，连用 3～5 天。

2. 治疗措施

（1）发病后要立即隔离病兔，并加强饲养管理。兔舍、兔笼及用具等用1%～2%氢氧化钠溶液，20%热草木灰水或0.5%过氧乙酸消毒。

（2）进行局部治疗，可用消毒防腐药液（2%硼酸溶液、2%明矾溶液、0.1%高锰酸钾溶液、1%盐水等）冲洗口腔，然后涂擦碘甘油。

（3）采用对症治疗，同时应用抗菌药物控制继发感染，可选用磺胺二甲基嘧啶治疗，每千克体重0.2克口服，每天1次，连服数天，并用小苏打水作饮水。

（4）采用中药治疗，可用青黛散（青黛10克、黄连10克、黄芩10克、儿茶6克、冰片6克、明矾3克研细末即成）涂擦或撒布于病兔口腔，1天2次，连用2～3天。

【诊断与鉴别诊断】

根据临床症状和流行病学即可作出初步诊断。但应注意与化学刺激剂、有毒植物、霉菌污染饲料引起的口炎等混淆，造成误诊。其主要区别在于有无传染性，故必要时可作易感动物试验而确诊。

兔传染性水疱性口炎没有兔痘那样的皮肤性丘疹、眼炎及内脏器官病变，两者相区别。兔传染性水疱性口炎的主要病变为口腔黏膜、舌、唇出现水疱、糜烂和溃疡，咽喉部聚集多量泡沫状液体，唾液腺肿大呈红色，这可与化学刺激剂、有毒植物、霉菌引起兔的口炎相区别。

（三）兔黏液瘤病

兔黏液瘤病是由黏液瘤病毒引起的一种高度接触传染性、致死性传染病。临床上以全身皮下，尤其是颜面部和天然孔、眼睑及耳根周围皮下发生黏液瘤性肿胀为特征。

本病毒对干燥具有较强的抵抗力，在干燥的黏液瘤结节中可存活 2 周，在潮湿环境中 8～10℃可存活 3 个月以上，26～30℃时能存活 1～2 周。对热敏感，55℃ 10 分钟、60℃数分钟内被灭活。对高锰酸钾和石炭酸有较强的抵抗力，0.5%～2%的甲醛溶液需要 1 小时才能灭活该病毒。

【流行特点】

病兔是主要的传染源，以病兔眼垢和病变部皮肤的渗出液中含毒量最高，可通过眼、鼻分泌物或正在渗出的皮肤液向外排毒。主要通过节肢动物（最常见的是蚊和蚤）叮咬传播，也可与病兔直接接触或与污染有病毒的饲料、饮水和用具等的接触而传染。多发生于夏、秋昆虫繁衍季节。

本病有高度的宿主特异性，只发生于家兔和野兔，其他动物无易感性。致死率可达 90%以上，但流行地区死亡率逐渐下降。

【临床症状】

兔黏液瘤病的潜伏期一般为 3～7 天，最长可达 14 天。以全身黏液性水肿和皮下胶冻样肿瘤为特征。被带毒昆虫叮咬部位出现原发性肿瘤结节，然后眼睑肿胀、流泪，有黏性或脓性眼垢，严重的上下眼睑互相粘连。肿胀可蔓延整个头部和耳朵皮下组织，使头部皮肤皱褶呈狮子头外观。肛门、生殖器、口和鼻孔周围浮肿。浮肿部位出现皮下胶冻样肿瘤，尤以黏膜和皮肤交界处多见。存活 2 周病兔的肿块显著充血，最终发生坏死。病程长的病例还可看到鼻炎，患兔呼吸有堵塞音及肺炎和呼吸困难。病兔直到临死前不久仍保持食欲。常出现死前的临终惊厥，死亡通常发生在感染后 8～15 天。

【病理变化】

兔黏液瘤病的最突出病变是皮肤肿瘤，皮肤、皮下水肿，尤以颜面部和天然孔周围皮肤明显。患部的皮下组织聚集许多微黄色胶冻样液体，使组织分开，皮肤出血，脾脏肿大，淋巴结肿大、出血，胃及肠道浆膜瘀血，心内、外膜出血，肝、脾、肾、肺充血等。

【诊断】

根据流行特点、临床症状以全身皮下，尤其是颜面部和天然孔周围皮肤、眼睑及耳根皮下发生黏液瘤性肿胀，剖检病变皮肤肿瘤和颜面与身体自然孔周围的皮肤及皮下浮肿可作出初步诊断，确诊需进一步做实验室诊断。实验室诊断在国际贸易中，尚无指定诊断方法，替代诊断方法有琼脂凝胶免疫扩散试验、补体结合反应、间接荧光抗体试验、病原分离与鉴定、免疫扩散试验（用于可见皮肤病变的死亡兔）、免疫荧光试验，或病变材料接种兔肾细胞，观察细胞病变也可鉴定。

【鉴别诊断】

鉴别诊断：兔葡萄球菌病，以头、颈、背、腿各部位皮下、肌肉、内脏形成脓肿为特征。脓肿破溃经久不愈，破溃后可见有乳脂状黄白色黏稠脓液，当细菌转移到时形成新的脓肿，当转移到全身时呈现脓毒败血症。兔痘以皮肤丘疹、坏死、出血和内脏器官有灰白色的小结节病灶等为特征，可作为与黏液瘤病相鉴别的依据。兔纤维瘤病不能通过直接接触传播，是一种良性肿瘤性传染病，只引起局部的纤维瘤，不会发生急性致死，多取良性经过，故两者可区别。兔病毒性出血症是由兔病毒性出血症病毒引起的兔的一种急性败血性传染病。以呼吸系统出血、肝坏死、实质脏器水肿、瘀血与出血性变化为主要特征，可据此加以区别。

【防制措施】

兔黏液瘤病是一种毁灭性家兔传染病，必须采取综合防疫方法加以预防控制。坚持消毒制度，消灭传染源。控制传播媒介，消灭吸血昆虫等。搞好环境卫生及兔舍卫生，清除吸血昆虫孳生场所，防止饲料、饮水及用具等的污染。发生本病时，要坚决采取扑杀、消毒、销毁、免疫接种等综合措施，扑杀病兔和同群兔，并进行无害化处理。彻底消毒被污染的环境、用具等，可有效控制疫情。

严禁从有黏液瘤病发生和流行的国家或地区进口兔及兔产

品。毗邻国家发生本病流行时，应封锁国境。引进种兔及兔产品时，应严格港口检疫，首先要求输出国兽医行政管理部门出具国际动物健康证书，证明动物装运之日无黏液瘤临床症状；自出生或装运前6个月内，一直在官方报告无黏液瘤病的养殖场饲养。一旦检出阳性动物，扑杀销毁或退回处理，同群动物继续隔离检疫。对进口兔毛皮等产品要实施熏蒸消毒。新引进的兔需在防昆虫动物房内隔离饲养14天，检疫合格者方可混群饲养。在发现疑似本病发生时，应向有关单位报告疫情，并迅速作出确诊，及时采取扑杀病兔、销毁尸体、彻底用2%～5%福尔马林液消毒污染场所、紧急接种疫苗、严防野兔进入饲养场及杀灭吸血昆虫等综合性防治措施。

本病目前无特效的治疗方法。通过免疫接种、及时隔离病兔、消除易感的节肢媒介动物、消除周围地区的野兔等措施可控制本病的发生。预防主要靠注射疫苗，国外使用的疫苗有Shope氏纤维瘤病毒疫苗，预防注射3周龄以上的兔，同时在接种时及接种后4、6和10天使用可的松以提高免疫力，免疫保护期1年，免疫保护率达90%以上。

（四）兔痘

兔痘是由兔痘病毒引起的家兔的一种急性、热性、高度接触性传染病，其特征性症状表现为病兔皮肤上出现红斑、丘疹、结节、痂皮或呈现广泛性坏死，鼻腔和眼内流出黏性分泌物，及内脏器官发生结节性坏死。

【流行特点】

兔痘病毒只有家兔能自然感染发病，各种年龄的兔均易感，但以青年兔和妊娠母兔最易感，发病后病死率也较高。病兔是主要的传染源，其鼻腔分泌物中含有大量的病毒。病原体主要通过病兔口鼻分泌物的飞沫在空气中传播，也可经污染的饲料与饮水传染。呼吸道与消化道是主要的感染途径。另外，皮肤伤口、交配等也可引起感染。本病病毒的毒力极强，在感染兔群中传播非常迅速。病兔康复后不带毒，故康复兔不是传染源。

【临床症状】

家兔患兔痘后，流行初期潜伏期较短，后期较长。一般潜伏期2～9天，长者15天左右。感染后，病毒最初感染鼻腔，在鼻黏膜内繁殖，后来则在呼吸道淋巴结、肺和脾内繁殖。病兔食欲丧失，发生腹泻和一侧或两侧眼睑炎。在感染后2～3天出现热反应，这时看到有多量鼻漏；另一个早期出现的症状是淋巴结肿大，特别是腘淋巴结和腹股沟淋巴结肿大并变硬，扁桃体也肿大。有时淋巴结肿大是唯一的临诊表现。

皮肤病通常在感染后5天，即在出现淋巴结肿大后1天出现。开始时是一种红斑性疹，后来发展为丘疹，保持细小的外形或发展为直径达1厘米的结节。最后结节干燥，形成浅表的痂皮。红斑和丘疹分布于整个皮肤，但也可以见于鼻腔和口腔上。颜面部和口腔有广泛水肿，硬腭和齿龈常发生灶性坏死。严重病例皮肤可出血。

感染的家兔几乎均有眼睛损害，轻者是眼睑炎和流泪，严重者发生化脓性眼炎或弥散性、溃疡性角膜炎，后来发展为角膜穿孔、虹膜炎和虹膜睫状体炎。有时眼睛变化是唯一的症状。雄兔常出现严重的睾丸炎，同时伴有阴囊广泛性水肿，包皮和尿道也出现丘疹。母兔阴唇也出现同样变化。尿生殖道常有广泛水肿，无论公兔或母兔都可能发生尿潴留。有时病兔有神经症状出现，主要表现为运动失调，痉挛，眼球震颤，有些机群发生麻痹，如肛门和尿道括约肌也可发生麻痹。

本病常并发支气管炎、咽喉炎、鼻炎和胃肠炎，怀孕母兔通常流产。病兔血液中淋巴细胞减少，但白细胞总数增多，其中以单核细胞增多最为明显。家兔通常在感染后7～10天死亡，但也有5天或拖延几周死亡的，一般来说，流行初期病程短，末期病程较长。

以上是痘疱型兔痘的典型症状。痘疱型兔痘病毒偶尔也可引起最急性的疾病，病兔死前只表现发热、厌食和眼睑炎症状而不出现皮肤症状。自然发生的非痘疱型兔痘也不出现皮肤损伤，有些兔在感染1周后死亡，仅表现不吃、发热和不安，有时有结膜炎和腹泻症状。

【病理变化】

病兔最显著的病理变化是皮肤损伤，可从仅有少数局部丘疹发展到严重的广泛性坏死和出血。剖检可见多种组织和器官出现灰白色结节或局灶性坏死。肝脏肿大，呈黄色，整个实质有很多白色结节和小的坏死灶；脾脏肿大，有灶性结节和坏死；心脏有炎性损伤；肺脏中布满小的灰白色结节，有弥散性肺炎及灶性坏死；口腔、上呼吸道出现丘疹或结节，相邻组织水肿或出血。在有些兔痘病例中，还可见到唇部痘疱，胸膜炎，卵巢、子宫布满白色结节，睾丸显著水肿和坏死，肾上腺、甲状腺、胸腺均有坏死灶等。本病常伴发鼻炎、喉炎、支气管炎、肺炎、胃肠炎及怀孕母兔流产等。

【诊断】

根据临床症状眼炎、皮肤出现红斑、丘疹及病理特点内脏器官发生结节性坏死、出血等特点可作出现场诊断。确诊主要依靠实验室诊断。可通过包含体检查、鸡胚接种、细胞培养、动物接种、红细胞凝集试验、血清中和试验、血清保护试验、琼脂扩散试验、红细胞凝集抑制试验等方法来进行诊断。荧光抗体检测及病毒的分离与鉴定都有助于本病的确诊。

【预防和治疗】

1. 预防措施　加强饲养管理，兔舍要保持通风、干燥，光照好。引入种兔或购入新兔，严格检疫，并隔离观察，防止病兔混入兔群。避免新近接种痘苗者接近兔群。兔群受到兔痘的威胁时，可用牛痘苗进行免疫接种。发生疫情，立即实施隔离措施，扑杀病兔，病死兔尸体深埋或焚烧，健康兔用牛痘苗进行紧急免疫接种。本病毒对干燥、热和碱敏感，58℃ 5 分钟即可被杀死；3%氢氧化钠、20%石灰乳和稀碘酊有良好的消毒作用，可以选这些药物对兔舍和笼位进行消毒。

2. 治疗措施 本病尚无有效的疗法，可采取对症治疗。①因为对于兔痘的研究还不多，所以其防治方法一般是参照其他动物痘的防治方法进行处理，可用牛痘苗做预防接种。②皮肤上或其他部位的痘，可将病变剥离后，伤口涂碘酊消毒，或用 2%硼酸溶液冲洗后，再用 3%蛋白银溶液冲洗。③在痘疹的局部，可涂以碘酊；若痘疹已破，可先用 3%石炭酸或 0.1%高锰酸钾溶液冲洗后再涂上碘甘油。

（五）兔轮状病毒病

兔轮状病毒病是有兔轮状病毒引起的一种以幼兔的脱水和水样下痢为特征的传染病。在地方流行感染的兔群中，往往发病率高，死亡率低。

【流行特点】

兔轮状病毒主要侵害 30～60 日龄幼兔，尤其是刚断奶的幼兔，成年兔多呈隐性感染。幼兔感染后，突然发病，在兔群中发病和流行。兔轮状病毒病在没有其他病原存在时，病程表现是温和的，发病程度除与母源抗体及病毒株的致病力因素有关外，还与一些饲养管理的实际情况有关。

仔兔血清中普遍存在母源抗体，母源抗体至 1 月龄时消失，2 月龄以上的兔由于感染了轮状病毒而使血清中的抗体水平又回升。仔兔感染兔轮状病毒后 3～5 天，从粪便中排出病毒。

【临床症状和病理变化】

兔轮状病毒病的潜伏期一般为 18～96 小时。幼兔感染轮状病毒后，突然发病，食欲减退，体温升高，昏睡，减食或不食，严重的表现糊状或水样腹泻，粪便呈淡黄色，腹泻，排出黏液样、水样或血样粪便。病兔的会阴或后肢的被毛都沾有粪便，多数下痢，3天左右发生死亡，死亡率可达40%。若伴有细菌继发感染则死亡加重。青年兔、成年兔大多数不表现症状，仅有少数呈短暂的食欲不振和排软便。本病流行迅速，发病初期伴有低热，如果并发或继发其他细菌性疾病，病死率可达60%～80%。如不采取治疗措施，发病2～3天即可脱水死亡。

【诊断】

兔轮状病毒病主要侵害小肠黏膜上皮细胞，在小肠黏膜上皮细胞内繁殖，引起细胞变性、坏死、黏膜脱落，使肠道的吸收功能发生紊乱。尸体剖检可见小肠明显充血、膨胀，结肠瘀血，盲肠扩张，含大量的黏液样内容物，病程较长者，有眼球下陷等脱水表现。

根据流行特点，结合仔兔糊状或水样腹泻，粪便呈淡黄色，腹泻，排出黏液样、水样或血样粪便及病理变化可作出现场诊断。确诊必须通过实验室诊断。

【鉴别诊断】

在临床诊断上，应注意与兔轮状病毒病和兔黏液性肠炎、兔魏氏梭菌病及兔球虫病的鉴别。

兔黏液性肠炎发病初期粪便变小，两头尖。粪便包有胶冻状黏液，便秘与腹泻交替发生，后期水泻，但无恶臭味。十二指肠充满泡沫状气体，结肠、直肠可见到多量胶冻样黏液，回肠、盲肠蚓突有出血斑。有的病例肝、心有局灶性坏死点。

兔魏氏梭菌病是一种肠毒血症，病兔腹泻，排褐色水样或带血胶冻样粪便。病死兔盲肠浆膜有出血斑，胃黏膜出血、溃疡等；采取病料涂片染色镜检，可看到革兰氏阳性、菌端钝圆的大杆菌，即可与兔轮状病毒病相区别。

感染兔球虫病的病兔一般较瘦弱，临床上有黄疸和贫血症状。剖检可见兔肠黏膜或肝脏表面有淡黄色结节。取结节或肠黏膜压片镜检，可见球虫卵囊，据此可与兔轮状病毒病相区别。

【预防和治疗】

1. 预防措施 本病主要危害刚断奶的幼兔，目前尚无有效的疫苗。因此，要特别注意加强断奶兔的饲养管理，搞好卫生，防寒保温，建立严格的卫生制度。饲料配合要合理，饲料种类相对稳定，变换时要逐渐过渡。不从有本病的兔场引种，必须引进种兔时要严格隔离检疫，观察1个月，健康者方可混群。发生本病时要立即隔离，全面消毒，死兔及排泄物、污染物等一律销毁。

2. 治疗措施 对于病兔要进行隔离，可用高免血清进行对症治疗，可以通过补液来补充体内的水、盐分丢失，维持体液平衡，增强机体的抵抗力。用收敛止泻剂及用抗生素防止细菌继发感染、补液等，可减少死亡。

（六）兔纤维瘤病

兔纤维瘤病是由纤维瘤病毒引起的一种良性肿瘤性传染病。临床上以皮下和黏膜下结缔组织增生，形成良性肿瘤为主要特征。兔纤维瘤病毒在分类学上属于痘病毒，这种病毒与传染性兔黏液瘤病毒有着共同的抗原关系，故兔感染兔纤维瘤病毒后产生的免疫力能有效抵抗黏液瘤病毒的感染。目前许多国家都利用兔纤维瘤病毒冻干活疫苗给家兔接种来预防兔黏液瘤病的发生。

【流行特点】

各种年龄的兔都可感染发病，在新生兔可引起全身症状和致病性感染。各品种的兔均有易感性。本病一年四季均可发生，但多见于吸血昆虫大量孳生的季节。本病的自然感染是由吸血昆虫传播的，蚊、跳蚤、臭虫等为本病的传播媒介。兔舍及环境卫生条件差，污染严重，适合吸血昆虫孳生的环境，饲养管理不善，均易导致本病的发生。

目前我国尚未有兔纤维瘤病和兔黏液瘤病发生的报道。

【临床症状】

由于兔的品种对兔纤维瘤病毒的易感性不同，其临床症状也有差异，在自然发生的病兔所发生的肿瘤，主要在腿和脚的皮下形成一至几个坚实、球状、可以移动的肿瘤块，最大的直径可达7厘米，厚一般为1～2厘米。肿瘤只限于皮下，不附着于深层组织。在病兔的口部和眼睛周围偶有肿瘤病灶。肿瘤可保持几个月，个别病例可保持一年之久。病兔仍保持其他方面的正常机能，也未发现肿瘤从原来的部位转移。

【诊断】

根据流行特点，临床上体温、食欲正常，不发生死亡，皮下出现触摸可移动的肿瘤等特征性症状，结合病理组织学检查可作出现场诊断。确诊必须采取实验室诊断。

【预防和治疗】

1. 预防措施 主要是加强饲养管理，搞好兔舍及环境卫生，坚持消毒制度，彻底消灭吸血昆虫，控制传播媒介，切断传播途径，可减少本病的发生。一旦发生本病，应坚决采取扑杀、消毒、烧毁等措施，对假定健康群立即用疫苗进行紧急预防注射。感染纤维瘤病毒的兔不仅能抵抗本病的再感染，而且对兔黏膜瘤病也有坚强的抵抗力。

2. 治疗措施 目前该病尚无有效的治疗方法。

（七）兔流行性肠炎

兔流行性肠炎是由病毒引起的一种急性肠道传染病。其临床特征是严重的水样腹泻。

【流行特点】

主要发生于断奶后肥育期的幼龄兔，各个品种的兔均有易感性。一年四季均可发生。消化道是主要的传播途径，还可以经鼻感染。饲养管理不良，饲料污染、发霉及气候突变等都有利于本病的发生和流行。由于本病传播速度很快，成为一种危害严重的新发生的传染病，可造成重大的经济损失，严重危害养兔业的发展。

【临床症状和病理变化】

家兔发生流行性肠炎后，食欲减退，出现严重的水样腹泻，腹部膨胀呈球状，脱水，被毛粗乱，体温无变化。感染后 3 天开始引起死亡，4～7 天达到死亡高峰，8～14 天停止死亡。剖检可见胃肠道内充满液体，大多数病例在结肠内见有大量半透明的黏液，在肠道及其他脏器未见有明显的炎性变化。

【诊断】

根据流行特征、临床上严重的水样腹泻结合病理变化只能作出初诊，确诊应采取病兔的粪便或肠内容物，经过处理后给家兔口服或滴鼻感染可复制出典型的病例予以判断。目前尚无血清学诊断方法用于诊断本病。

【预防和治疗】

1. 预防措施 加强对兔群的饲养管理，不饲喂污染及霉烂饲料，搞好环境卫生，对兔舍、兔笼及用具定期进行消毒。发生本病时，要立即隔离病兔进行治疗，兔舍、兔笼及用具等用 0.5%过氧乙酸溶液或 2%氢氧化钠溶液全面进行消毒，病死兔及其排泄物、污染物等一律销毁，防止扩大传播。目前尚无用于预防本病的疫苗。

2. 治疗措施 目前尚无有效疗法，一般采用止泻、补液，保护胃肠黏膜，改善胃肠机能，抗菌消炎，防止继发感染等对症治疗和支持疗法。

（八）兔疱疹病毒病

兔的疱疹病毒病是由疱疹病毒引起的慢性传染病，以皮肤和黏膜出现红斑、丘疹为主要特征。一般情况下，本病毒可以在兔体内长期潜伏，长达数年之久或终身存在。当遇到适宜条件时，病毒可重新被激活，造成负性感染而表现出明显的临床症状。目前对本病自然感染的流行情况还不十分清楚。

【临床症状】

在自然条件下，家兔感染兔疱疹病毒后，4～7天在局部皮肤出现红斑，2周内消失，有时表现不食或少食、腹泻、消瘦、发热，皮肤出现丘疹和水疱，可引起睾丸炎和发热，角膜肿胀，出现水疱。

【防制】

目前尚无理想的防治措施，主要采取对症治疗，一方面加强饲养管理，搞好兔舍及环境卫生，坚持消毒制度，彻底消灭吸血昆虫，控制传播媒介，切断传播途径；另一方面防止继发感染。一旦发生本病，应坚决采取扑杀、消毒、烧毁等措施，对假定健康群，立即用疫苗进行紧急预防接种。

（九）兔鲍纳病

兔鲍纳病的病原为亲神经病毒，该病毒在动物体内主要存在于中枢神经、周围神经及自主神经系统内。乳腺、血液及其他器官内不含有病毒。

【流行特点】

家兔对本病很易感。病毒通常经患兔唾液传染给健康兔，也可通过消化道和呼吸道侵入机体，马、绵羊、牛也常为传染源。本病常出现于1～2月份和4～6月份，以后逐渐减少，呈局限性发生，或年复一年的反复出现。

【临床症状和病理变化】

家兔感染鲍纳病潜伏期平均为21～28天。前期症状为精神不好，食欲不佳，闭目，头下垂，用头撞击遇到的物体，碰到物体后，顶着不动，并且长时间保持这种姿势。后肢麻痹，也能见到膀胱及直肠括约肌麻痹，还能发生各种各样的痉挛，如牙关紧闭、咬牙、肌肉强直性痉挛等。在脑髓各部具有血管灶性淋巴细胞浸润，神经节细胞发生显著损伤，在神经节细胞核内发现包含体等。

【诊断】

兔鲍纳病诊断的主要依据是在神经节细胞内发现包含体，包含体周围有光亮的膜，染色呈特殊的玫瑰色，为圆形或椭圆形嗜酸小体。

【鉴别诊断】

主要应将兔鲍纳病与李氏杆菌病作鉴别诊断，因为两者均具有典型的神经症状。

（1）李氏杆菌病的潜伏期短，一般只有2～8天，死亡快，死前口吐白沫，怀孕母兔发生流产。鲍纳病的潜伏期为21～28天，无口吐白沫和流产现象。

（2）李氏杆菌病的神经症状往往是间歇性，向前冲、转圈、肌肉震颤，发病也无明显季节性。鲍纳病发病时表现的神经症状往往为持续性，顶着一个物体不动，表现肌肉强直性痉挛，牙关紧闭，发病有明显季节性。

（3）李氏杆菌病死亡兔的肝、脾及心肌有散在性或弥漫性的淡黄色或灰白色坏死病灶，淋巴结显著肿大或水肿，胸腔、心包有多量的清亮渗出液。鲍纳病主要可见到脑髓各部具有血管的灶性淋巴细胞浸润，神经节细胞发生显著的损伤。在显微镜下可发现神经节细胞核内有包含体存在。

【预防和治疗】

1. 防制措施 病兔及污染的饲料是主要的传染源，所以从外地引进种兔时，必须进行隔离观察，确认为健康时才可混群饲养和配种。发现病兔应及早隔离，对兔舍、兔笼等进行彻底消毒，消毒药品可选择氢氧化钠或石灰乳等。

2. 治疗措施 在本病流行期间，可在饲料内增喂些食盐，以促进消化，并增加饮水量。碘化钾、安钠咖注射，能收到一定的预防效果。治疗也可给予镇静剂，或给予降低脑内压的药物，如注射高渗葡萄糖溶液。有条件时，可注射25％山梨醇溶液或20％甘露醇溶液10～20毫升，每天2次，连用3～5天。

（十）兔狂犬病

狂犬病是由狂犬病毒引起的一种人和温血动物共患的传染病。病毒主要侵害中枢神经系统、其特点是狂躁不安和意识紊乱，最后发生麻痹而死亡。

【流行特点】

该病毒主要存在于病畜的延脑、大脑皮质、海马角、小脑和脊髓中。唾液腺和唾液中也有大量的病毒。动物致病多为病畜咬伤所致，但也发现有些病畜并无被咬伤史也患病，因此，认为动物发病除直接被咬伤外，伤口、破损皮肤、黏膜等接触病死动物尸体、污染物和通过其他途径也能被感染。

自然发病的还有许多野生动物，如狼、狐、貂等。实验人工感染发病家兔最敏感。兔场中家兔被感染的机会也随时存在。许多兔场养犬、养猪，一旦发生狂犬病也会伤害家兔，其尸体污染物和排泄物都可能通过外伤感染家兔。

【预防和治疗】

1. 预防措施　因为兔的狂犬病偶有发生，家兔的数量又太多，所以没有必要，也不可能都注射疫苗。高免血清又昂贵，从经济效益考虑也行不通。因此，应重预防，一旦发现病兔及时扑杀。

2. 治疗措施　临床症状明显的动物无法治愈，应予以扑杀处理。病兔不能剥皮利用，应深埋或焚烧。兔场不要养犬、养猪、养猫，也不准野犬、野猫进入兔场。注意公共卫生，防止传染给人。

二、兔细菌性传染病

（一）兔巴氏杆菌病

兔巴氏杆菌病又称兔出血性败血症，是由各种血清型多杀性巴氏杆菌引起的一种急性、热性、败血性传染病。多杀性巴氏杆菌是一种革兰氏阴性菌，通常分为 A、B、C、D 和 E 五个血清型。临床上出现鼻炎、地方流行性肺炎、全身性败血症、中耳炎、结膜炎、子宫积脓和睾丸炎等特征症状。

【流行特点】

巴氏杆菌常寄生于家兔的呼吸道黏膜中，家兔不表现任何临床症状。当饲养管理不善、营养缺乏、气候剧变、潮湿、拥挤、长途运输或患寄生虫病时，造成机体抵抗力下降，存在于家兔鼻黏膜、咽喉黏膜等处的多杀性巴氏杆菌乘机侵入机体，引起感染。当引进兔种时，可能把该菌引入，迅速传染给易感兔。病菌还常常随着病兔唾液、鼻液、粪、尿等排出，污染饲料和饮水，致使其他健康兔发生感染。此外，还可经吸血昆虫的叮咬和皮肤、黏膜的损伤发生感染。各个品种、不同年龄的家兔对巴氏杆菌病均有易感性，其中以 2～6 月龄的兔最易感。本病一年四季均可发生，但以春秋两季发生较多，呈散发或地方性流行。

【临床症状】

本病的潜伏期常为几小时至 5 天，根据病程长短和临床症状的不同可分为以下几种。

1. 鼻炎型 此型比较常见，其病程可长达数月，甚至更长，以浆液性、黏液性、黏液脓性鼻液为特征。病初从鼻孔流出浆液性鼻液，后转变为黏液性或黏液脓性鼻液。因分泌物刺激鼻黏膜。病兔常用前爪抓擦鼻部，使鼻孔周围的被毛潮湿、黏结，甚至脱落，上唇和鼻孔周围皮肤发炎、红肿，黏液脓性鼻液在鼻孔周围结痂或堵塞鼻孔，使呼吸困难并发出鼾声。由于病兔抓擦鼻部可将病菌带到眼内、耳内或皮下，引起结膜炎、角膜炎、中耳炎、皮下脓肿、乳腺炎等并发症，最终衰竭而亡。

2. 地方流行性肺炎型 常表现为急性经过，自然发病时，很少见到肺炎的临床症状。通常前一天很健康的家兔，第二天就死于笼中。病初常见食欲不振、精神沉郁、体温较高，有时还出现腹泻、关节肿胀等症状，最终因败血症死亡。

3. 败血症型 多呈急性经过，常在1～3天发生死亡，病兔精神沉郁、食欲废绝、呼吸急促、体温升至40℃以上，流浆液性或脓性鼻液，有时出现下痢、全身震颤、四肢抽搐，有时病兔无明显症状而突然死亡，该型与鼻炎型联合发生的最为常见。

4. 结膜炎型 幼兔和成年兔均可发病，以幼兔发病率较高。病兔眼睑中度肿胀、结膜发红，有大量分泌物，常将眼睑粘连，炎症转为慢性后，红肿消退，常出现流泪不止。

5. 中耳炎型 又称“斜颈病”。主要临床症状是斜颈，是由于细菌扩散到内耳或脑内的结果，而不单纯是中耳炎的症状。发病严重时，兔头向一侧滚转，一直斜到顶住笼子边缘，依靠一旁。由于斜颈站不稳，影响吃草料和饮水，体重减轻。如果感染扩散到脑组织，会出现运动失调和其他神经症状。

6. 生殖器官型 主要表现母兔子宫炎和子宫化脓，公兔的睾丸炎和附睾炎。一般来说，母兔的发病率高于公兔。母兔患病时可见到阴道内有浆液性、黏液性或黏液脓性分泌物流出。本型也可以转为败血症，以致造成死亡。

7. 脓肿型 由于细菌的转移，肺、肝、心、肌肉、脑、睾丸、皮肤下部可能发生脓肿，脓肿发生后可引起败血症而死亡。脓肿常含有白色到黄褐色奶油样脓汁。脓肿大小不一，发生在皮下时有的有鸽卵大小，病程长的还可能形成纤维素性包囊。

【病理变化】

剖检不同临床表现型的病死家兔时，病变有所差异：

1. 鼻炎型 鼻黏膜潮红、肿胀或增厚，有时发生糜烂，鼻腔和鼻旁窦内有大量分泌物。

2. 地方流行性肺炎型 通常呈急性纤维素性肺炎和胸膜炎变化。病变多发生于肺的叶、心叶、膈叶前下部，包括实变、膨胀不全、脓肿和出现灰白色小结节病灶。肺胸膜、心包膜覆盖有纤维素。若炎症严重，还可见包围脓肿的纤维组织，甚至脓肿整个肺叶出现空洞。

3. 败血症型 病程短者，无明显症状，病程稍长的病兔鼻腔黏膜充血，鼻腔内有许多黏性、脓性分泌物，喉头、气管黏膜充血、出血、水肿。心内、外膜有出血斑点，肝肿大、瘀血，并有许多坏死小点，肠黏膜充血、出血，脾和淋巴结肿大、出血，胸、腹腔有较多淡黄色液体，有的病例肺出现脓肿，胸腔、腹腔的肋膜和肺上常有乳白色纤维素附着。

4. 中耳炎型 初期鼓膜和鼓室内膜成红色，病程稍长者，一侧或两侧鼓室腔内充满白色、奶油状渗出物。若中耳和内耳感染向脑部蔓延，这时可造成化脓性脑膜炎。

【鉴别诊断】

兔巴氏杆菌病与兔李氏杆菌病、野兔热、兔支气管败血波氏杆菌病和葡萄球菌病有类似之处，应注意区别诊断。

1. 与兔李氏杆菌病鉴别 李氏杆菌病为急性型，临床症状及肝脏的剖检变化与急性败血型巴氏杆菌病相似，但李氏杆菌病的肾、脾、心肌有散在性或弥漫性针尖大小的黄色或灰白色的坏死病灶，淋巴结显著肿大，胸腔和心包腔内有大量清亮的渗出液，这些是急性败血型巴氏杆菌病所没有的。

2. 与野兔热鉴别 兔急性败血型巴氏杆菌病与野兔热的急性型常呈突然败血症而死亡，死亡兔的肝脏均可出现弥漫性粟粒大的坏死灶。但野兔热的淋巴结显著肿大，呈深红色并有小的灰白色干酪样的坏死病灶。脾脏肿大，切面可见到粟粒大至豌豆大小的灰色或乳白色的坏死病灶。有的病例在肾脏也能见到同样的病灶。这些器官的剖检变化特征是兔急性败血型巴氏杆菌病所没有的。

3. 与兔支气管败血波氏杆菌病鉴别 虽有卡他性鼻炎或肺脓肿，但无中耳炎，病原为多形态的支气管败血波氏杆菌。

4. 与葡萄球菌病鉴别 主要病变为脓肿和脚皮炎。脓肿多发生于皮下和肌肉，肺和其他内脏少见。无化脓性鼻炎、中耳炎等病变。

【预防与治疗】

1. 预防措施 预防兔巴氏杆菌病，应注意以下几点。

（1）选择无巴氏杆菌病的健康兔自繁自养。

（2）严格检查新引进家兔，观察1个月无病后方可入群，不能把病兔引进兔场。

（3）搞好兔舍内外环境卫生，通风良好，控制饲养密度，定期消毒。本菌对外界的抵抗力不强，一般消毒药均可杀灭，可选用4%氢氧化钠溶液、1%漂白粉、2%过氧乙酸溶液等消毒药物进行消毒。笼具用火焰喷射消毒效果更好，可以将黏附笼具上的兔毛焚烧，以免到处飞扬造成空气污染。

（4）扑杀、淘汰病兔，对年老体弱、久治不愈的病兔及时进行扑杀、淘汰，以清除传染源。

（5）接种兔巴氏杆菌灭活菌苗，皮下注射1毫升，免疫期4～6个月。接种兔巴氏杆菌和魏氏梭菌二联灭活菌苗，未断奶兔皮下注射1毫升，其余兔2毫升，4～6个月，进行第二次接种。还可以使用兔瘟-兔巴氏杆菌-魏氏梭菌三联灭活菌苗，可以同时预防兔瘟、巴氏杆菌病和魏氏梭菌病。

兔群注射巴氏杆菌疫苗后，在相对稳定的环境中，对急性和亚急性巴氏杆菌病有一定的免疫效果，但遇到外界环境突然变化（如气候、饲料、长途运输等）和来自疫区的强毒攻击时，导致免疫力下降，致使巴氏杆菌疫苗免疫效果降低，导致免疫失败。

（6）每100千克饲料加15～20克喹乙醇，混合均匀后饲喂，可获得较好的预防效果。

2. 治疗措施 一旦出现病兔，立即采取隔离、治疗。

（1）氟哌酸肌内注射，每天2次，每次0.5～1毫升，连续5天为一疗程。

（2）庆大霉素肌内注射，每千克体重用2万单位，每天2次，连续5天为一疗程。

（3）青霉素10万～20万国际单位联合链霉素10～20毫克，肌内注射，每天2次，连用2～3天。

（4）环丙沙星注射液0.5毫升，肌内注射，每天1次，连用3天。

（5）2.5%恩诺沙星注射液0.5毫升，肌内注射，每天2次，连用3天。

（6）静脉或肌内注射增效磺胺嘧啶钠，每千克体重20～25毫克，12～24小时1次，连用2～3天。卡那霉素、磺胺二甲氧嘧啶等药物注射，或滴鼻、点眼、敷用眼药膏。

（7）口服喹乙醇，每千克体重25毫克，每天2次，连服2～3天。

（8）对脓肿患兔，待其变软成熟，切开排脓，用3%过氧化氢冲洗，再涂紫药水和金霉素软膏。

（9）有条件的兔场可分离病原做药敏试验，选用高敏药物防治，效果更佳。

（二）兔支气管败血波氏杆菌病

兔支气管败血波氏杆菌病是由支气管败血波氏杆菌引起的以鼻炎和肺炎为特征的一种家兔常见的广泛传播的传染病。支气管败血波氏杆菌是严格寄生菌。

【流行特点】

豚鼠、兔、犬、猫、马等多种动物都可感染本病，人也可感染。健康兔主要通过呼吸道而感染。天气骤变、感冒、寄生虫、刺激性气体或灰尘刺激上呼吸道等降低了兔的机体抵抗力，易引发本病。本病分为鼻炎型和肺炎型，鼻炎型常呈地主流行性，肺炎型多散发。成年兔发病较少，幼年兔发病率和死亡率较高。

【临床症状】

在临床上，仔兔和青年兔多呈急性型，成年兔多为慢性型。本病可分为鼻炎型和肺炎型，但两者并不能截然分开，一般是从鼻炎型过渡到肺炎型。

鼻炎型：在家兔中常发，多数病例鼻腔流出多量浆液性或黏液性分泌物，通常不变为脓性。发病诱因消除后，症状可很快消失，但常出现鼻中隔萎缩。

肺炎型：其特征是病兔鼻炎长期不愈，鼻腔流出黏液或脓性分泌物，呼吸加快，食欲不振，逐渐消瘦，一般在几天至数月内死亡。

【病理变化】

剖检鼻炎型病例，可见鼻腔黏膜、支气管黏膜充血，并有多量浆液、黏液。肺炎型主要病变为胸部发炎、出血。有的病例胸腔有大如鸽蛋、小如芝麻的脓疱，脓疱数量不等，多者可占体积的90%以上，脓疱内积满黏稠乳白色的脓汁。有的病例在肝脏或肾脏表面有黄豆至蚕豆大的脓疱，有的则出现心包炎、胸膜炎、胸腔积脓和肌肉脓肿。

【预防与治疗】

1. 预防措施

（1）加强饲养管理，改善饲养环境，做好防疫工作。

（2）兔场最好坚持自繁自养。对新引进的兔，必须隔离观察1个月以上，证明无此病感染才可入群。

（3）本病常与巴氏杆菌混合感染。兔群一旦发病，必须查明原因，消除外界刺激因素，隔离感染兔，以控制病原传播。

（4）可用分离到的支气管败血波氏杆菌，制成蜂胶或氢氧化铝灭活菌苗，进行预防注射，每只兔皮下注射1毫升，每年2次。也可用兔巴氏杆菌-波氏杆菌二联苗或巴氏杆菌-波氏杆菌-兔病毒性出血症三联苗预防注射。

2. 治疗措施

（1）卡那霉素，每只兔每次0.2～0.4毫克，皮下或肌内注射，每天2次。

（2）庆大霉素，每只兔每次1万～2万单位，肌内注射，每天 2 次。

（3）四环素，每只兔每次 1 万～2 万单位，肌内注射，每天 2 次。

（4）酞酰磺胺噻唑，按每千克体重 0.2～0.3 克内服，每天 2 次。

（5）链霉素，按每千克体重肌内注射 1 万～2 万单位。

（6）注意停药后可能复发，对治疗无效和反复复发的病兔及时淘汰。

（三）兔魏氏梭菌病

兔魏氏梭菌病又称兔魏氏梭菌性肠炎，是由 A 型魏氏梭菌所产生外毒素引起的肠毒血症，引起家兔剧烈腹泻、排泄物腥臭的一种急性传染病，发病兔死亡率很高，给养兔业带来严重损失。

【流行病学】

魏氏梭菌在自然界分布很广，存在于土壤、蔬菜、饲料、污水、动物的乳汁、粪便和健康动物的肠管中。病兔和带菌兔及其排泄物，含有病原菌的土壤和水源是主要的传染源。消化道是主要传染途径。此病一年四季均可发生，尤以冬春季节发病率高。有的是散发，也有的暴发，几天内大批家兔发病死亡。除哺乳仔兔外，不同年龄、品种、性别的家兔对本病菌均易感。以 1～3 月龄仔兔发病率最高。主要通过消化道或损伤的黏膜感染，发病诱因有饲养管理不当、青饲料短缺、粗纤维含量低、饲喂高蛋白饲料或长途运输、气候骤变等。

【临床症状】

本病潜伏期 2～3 天，长的可达 10 天。患兔临床症状表现为精神沉郁，食欲不振，体温不升高，排出大量黑色水样粪便，粪水污染臀部及后腿，有特殊臭味。在水泻的当天或次日即死亡，死前抽搐，陷入昏迷状态，绝大多数为最急性，一般药物治疗无效，发病率和死亡率都较高。由于剧烈腹泻，尸体消瘦，严重脱水。抓住病死兔尸体颈部提起，会流出黄色粪尿。发病期间体温无明显变化，个别病兔体温可升高到 40℃以上，临死前体温下降到 37℃以下。

【病理变化】

剖检尸体可见肛门附近及两后肢突出的关节下面的毛沾污黑褐色或绿色稀粪，腹腔有腥臭气味，胃内积有食物和气体，胃底部黏膜脱落，有出血和大小不一的黑色溃疡。肠壁弥漫性充血或出血，小肠充满气体和稀薄的内容物，肠壁薄而透明。肠系膜淋巴结充血、水肿，盲肠浆膜明显出血，盲肠与结肠内充满气体和黑绿色水样粪便，有腥臭气味。心外膜血管怒张，呈树枝状。肝与肾瘀血、变性、质脆，膀胱多有茶色尿液。

【预防与治疗】

1. 预防措施

（1）平时加强饲养管理，搞好环境卫生，少喂高蛋白饲料，兔舍内避免拥挤，注意灭鼠、灭蝇。实践证明，用低能量的饲料饲喂家兔，腹泻死亡率将下降到 5%左右，而高能量的饲料腹泻死亡率高达 30%以上。控制精料的采食，粗纤维含量不能低于 14%，经常供给青饲料，以维持肠道中的正常菌群。

（2）严禁引进病兔。发生疫情后，立即隔离或淘汰病兔。兔笼、兔舍用 4%热氢氧化钠溶液消毒，病兔分泌物、排泄物等一律焚烧深埋。

（3）及时进行预防接种。繁殖母兔于春、秋季各注射 1 次 A 型魏氏梭菌氢氧化铝灭活苗，仔兔断奶后立即注射疫苗。注射后，7 天产生免疫力，免疫期能维持 4～6 个月。

2. 治疗措施

（1）病初可用特异性高免血清进行治疗，按每千克体重 3～5 毫升皮下或肌内注射，每天 2 次，连用 2～3 天，疗效显著。

（2）金霉素，按每千克体重 20～40 毫克肌内注射，每天 2 次，连用 3 天。可用金霉素 22 毫克拌入 1 千克饲料中喂兔，连喂 5 天，可预防本病。

（3）红霉素，按每千克体重 20～30 毫克肌内注射，每天 2 次，连用 3 天。

（4）卡那霉素，按每千克体重 20～30 毫克肌内注射，每天 2 次，连用 3 天。

（5）在使用抗生素的同时，也可在饲料中加入药用炭、维生素 B_{12} 等辅助药物。

（6）口服喹乙醇，按每千克体重 5 毫克，每天 2 次，连用 3 天。

（7）0.5％痢菌净，按每只兔皮下注射 1～2 毫升，每天 2 次，对患病早期兔有治疗效果，对未发病兔有预防作用。

（8）注意配合对症治疗，每只兔口服食母生 5～8 克和胃蛋白酶 1～2 克，腹腔注射 5％葡萄糖生理盐水，每次每只兔 20～50 毫升，可提高疗效。

【鉴别诊断】

从症状和病变上来看，它们也有各自的特征性变化。

1. 与兔沙门氏菌病鉴别 急性病例以败血症、下痢和流产为特征，断奶仔兔和青年兔多发。蚓突黏膜有弥漫性淡灰色小结节，肝脏表面有散在的针尖大小的坏死灶。母兔的子宫发炎，胎儿发育不良。

2. 与兔巴氏杆菌病鉴别 本病多呈散发，无明显年龄界限。肝脏不肿大，有散在灰白色坏死灶。肾不肿大，有鼻炎、中耳炎、结膜炎等症状。

3. 与球虫病鉴别 多发于断奶前后的仔兔，成年兔不出现死亡。病兔营养不良、黄疸、贫血，剖检肠黏膜或肝表面有淡黄白色结节。

4. 与兔瘟鉴别 各种兔均易感，死亡率高，以呼吸系统出血，实质器官瘀血、肿大和点状出血为特征。

（四）兔葡萄球菌病

兔葡萄球菌病的病原是金黄色葡萄球菌，金黄色葡萄球菌常存在于兔的鼻腔、皮肤及周围潮湿环境中，在适当条件下通过各种途径使兔感染，如通过飞沫传播，可引起上呼吸道炎症；通过表皮或黏膜的伤口侵入时，可引起转移性脓毒血症；通过脐带感染，可引起仔兔败血症；通过母兔的乳头感染，可引起乳房炎，仔兔吮乳后也可引起肠炎。

【流行特点】

病兔（特别是患病母兔）是主要传染源。本病的发生无明显的季节性，与兔的年龄、性别、品种也无关。

【临床症状和病理变化】

根据病菌侵入部位和扩散程度的不同，可呈现多种症状和剖检变化。

1. 仔兔脓毒败血症 仔兔出生后2～6天，在胸、腹、颈、颌下、腿内侧等部位的皮肤上出现粟粒大乳白色的脓疮，内含乳油状脓汁，多数于2～5天内发生败血症死亡。10～21日龄的乳兔则在皮肤上形成黄豆大的脓疮，病程较长，最后消瘦死亡。幸存者脓汁渐干而痊愈。

2. 转移性脓毒血症 在病兔头、颈、皮下或肌肉、内脏器官形成的一个或数个大小不一的脓肿，小如豌豆，大似鸡蛋，外包以结缔组织膜，触之柔软而有弹性，经1～2个月后脓肿自行破裂，流出乳白或淡黄色干酪样浓稠的脓液，脓液中的葡萄球菌若污染了损伤的皮肤又形成转移性的新脓肿。脓液自皮下脓灶向外流出，自愈后也常可见到。轻者无明显症状，重者减食、消瘦。如果病菌侵入血液，则发生全身感染的脓毒血症而死亡。脓肿发生在其他器官，则出现器官机能受破坏的临床表现。脓肿转移过程中，如导致脓毒败血症，则病兔很快死亡。病死兔皮下、心、肺、肝、脾及子宫等内脏器官有脓肿，脓肿外有结缔组织包膜。有些病例可发生心包炎和胸、腹膜炎及骨膜炎。

3. 脚皮炎 本病发生于大小兔后腿跖趾区的跖侧面皮肤，前肢则较少见，病因是由于笼底板不平，有毛刺或铁丝、钉帽突出于外，或因垫草潮湿，足底负重过大，引起足底皮肤充血，脚毛磨脱或造成伤口感染发炎，引起溃疡。初始时足掌心表皮充血、红肿、脱毛，进而化脓，在足底部形成一块硬币大小的无毛溃疡面，经久不愈。病兔因脚病不愿走动并小心地换脚休息，减食、消瘦。有的导致化脓性鼻炎或脓毒败血症而死亡。

4. 乳房炎 多在母兔分娩后最初几天内出现，多由于乳头被仔兔咬破，细菌侵入所致。有时哺乳母兔的饲料中精料比例过高，导致乳汁过多，仔兔吃不完，乳房膨胀也可以引发本病。急性型病兔体温略有升高，乳房患部皮温增高，乳房呈紫红色或深蓝色。慢性型病兔发病初期，乳房局部发硬并逐渐增大，最后形成脓肿，往往旧脓肿治愈结痂，新脓肿又形成，脓汁呈乳白色或淡黄色油状。有时母兔会因败血症死亡。

5. 仔兔急性肠炎 又称“仔兔黄尿病”。常发生于4～5日龄仔兔，是因仔兔吮食了患乳房炎母兔的乳汁引起急性肠炎。一般全窝兔发病，病兔肛门四周被毛及后肢被毛潮湿、腥臭，昏睡，全身发软，病程2～3天，死亡率较高。剖检可见肠黏膜充血、出血，肠腔积液，膀胱扩张并积尿。

6. 鼻炎 病兔流大量浆液性脓性鼻液，鼻孔周围有干痂，呼吸困难，打喷嚏，常用前爪抓鼻部，鼻黏膜充血，鼻腔有大量脓性分泌物，鼻窦黏膜充血，内积脓。结膜感染时可发生化脓性结膜炎。

【预防和治疗】

1. 预防措施

（1）保持兔笼、兔舍卫生清洁，防止兔受损伤，兔在笼中不可太拥挤，把喜咬斗的兔分开饲养。

（2）搞好饲养管理，给乳汁不足的母兔适当增喂优质和多汁饲料，仔兔也可让其他母兔喂养，以免乳头被仔兔咬破。对乳汁过多的母兔，则要减少精饲料及多汁饲草的喂量，以防乳房膨胀，乳头管扩张，使病菌趁机而入。

（3）被病菌污染的兔笼及病兔粪便要严格消毒，死兔应焚烧深埋。

（4）患病兔场，可用金黄色葡萄球菌培养液制成菌苗，对健康兔每只皮下注射 1 毫升，有一定的预防作用。

（5）仔兔产出时用 3%碘酒或 5%龙胆紫酒精涂抹脐带断端，防止脐带感染。

（6）母兔分娩前 3～5 天，饲料中加入土霉素粉，每千克体重 20～40 毫克，或磺胺嘧啶，每千克体重 0.1～0.15 克预防。

2. 治疗措施

（1）青霉素，每千克体重 2 万～4 万国际单位，肌内注射，每天 2 次，连用 4～5 天。一般内服时，每千克体重 10～15 毫克，每天 2 次，连用 2～3 天。

（2）庆大霉素及卡那霉素，每千克体重 2 万～4 万单位，肌内注射，每天 2 次，连用 3～5 天。

（3）金霉素，口服，每只兔 100 克，每天 1 次，连用 4 天。此外，也可用庆大霉素、新霉素等药物进行治疗。

（4）红霉素，每千克体重 4～8 毫克，以 5%葡萄糖溶液稀释，静脉注射，每天 2 次，连用 2～3 天。

（5）有皮肤脓肿时，可用消毒针头将脓肿刺破，用消毒棉擦去脓汁，涂上青霉素软膏或土霉素软膏。对乳房炎，轻者用 0.1%高锰酸钾液冲洗乳头，涂上鱼石脂软膏，重者可用 0.5%普鲁卡因注射液，加上青霉素，在乳房硬结周围封闭，每天 1 次，连续治疗 3～5 天。对脚皮炎或体表溃疡，可用 0.5%雷佛奴耳或 0.1%高锰酸钾洗净创口，涂上红霉素软膏，也可用紫药水或 2%碘酒涂搽，并配合全身用药。对患鼻炎病兔，可用

0.1%高锰酸钾液洗后，再用青霉素滴鼻。

(6) 复方板蓝根注射液，每千克体重 0.05～0.1 毫升，每天 1 次，肌内注射，连用 2～3 天，效果也不错。

(7) 对乳房炎可用中药治疗，金银花、连翘、蒲公英、地丁各 10 克，煎水拌料或温敷乳房，每天 2～3 次；用韭菜捣烂，晚上包敷患部，连用 3～5 天。也可用金银花、野菊花、蒲公英各 3 克，水煎服，连用 3～5 剂；或蒲公英 10 克、地丁 10 克、菊花 4 克、银花 4 克、连翘 3 克，水煎灌服。

（五）兔链球菌病

本病是由溶血性链球菌引起的家兔的急性败血症，特征为高热、呼吸困难、发病急、死亡快，主要危害幼兔。

【流行特点】

链球菌在自然界中分布很广，溶血性链球菌存在于健康家兔体内，当饲养管理不当，天气剧变，长途运输等应激因素使机体抵抗力降低时，可诱发本病。病兔和带菌兔还可作为传染源，污染饲料、饮水、用具及环境等，经上呼吸道黏膜或扁桃体传染健康兔。本病一年四季均可发生，但以春秋两季多见；各年龄兔都可发生，但对幼兔的危害更大。

【临床症状】

临床上，初期表现为精神沉郁，食欲不振，体温升高，后期病兔伏卧地面，四肢麻痹，伸向外侧，头贴地，强行运动呈爬行姿势，流白色浆液性黄色脓性鼻液，病兔有腹泻症状。急性病例不表现任何症状即死亡。

【病理变化】

剖检可见皮下组织出血性浆液性浸润。喉头、气管黏膜出血。肝脏肿大、瘀血、出血、坏死，切面模糊不清，有血水渗出。小肠黏膜出血。有的病兔肝脏出现大量淡黄色索状坏死灶，坏死灶连成片状或条状，表面粗糙不平，病程长者坏死灶深达肝脏实质。脾脏、肾脏出血。心肌色淡，质地较软，有的病例肺脏轻度气肿，有局部灶性或弥漫性出血点。

【预防和治疗】

1. 预防措施

（1）对兔群加强饲养管理，防止受寒感冒，减少各种应激因素，消除发病诱因。

（2）发现病兔立即隔离治疗，兔舍、兔笼及场地用3%来苏儿或1/300菌毒敌做全面消毒，兔具用0.2%农乐消毒。

（3）未发病兔可用磺胺类药物预防，每只兔100～200毫克，每天2次内服，连用5天。

（4）用当地分离的链球菌制成氢氧化铝灭活菌苗，预防本病。

2. 治疗措施

（1）每只兔青霉素10万国际单位，每千克体重磺胺嘧啶钠0.2～0.3克，同时分别肌内注射，每天2次，连用3～4天。

（2）先锋霉素Ⅱ，按每千克体重20毫克肌内注射，每天2次，连用5天。

（3）如有脓肿，应切开排脓，用2%洗必泰冲洗，涂碘酒或碘仿磺胺粉，每天1次。

（六）兔大肠杆菌病

兔大肠杆菌病是由致病性大肠埃希氏杆菌所引起。大肠杆菌为肠道正常寄生菌，在一定条件下可大量繁殖，产生毒素并引起发病。

【流行特点】

主要侵害20日龄与断奶前后的仔兔和幼兔，即1～3月龄多发，而成年兔很少发病。第一胎仔兔和笼养兔的发病率较高。患兔急性腹泻，水样或胶冻样粪便，严重脱水，消瘦，1～2天内死亡。死亡率极高，给养兔业带来极大损失。

【临床症状】

发病兔表现为精神沉郁，食欲减退或不食，下痢和流产，体温正常，个别兔的体温稍偏低，在 38.1℃左右，腹部臌胀，开始粪便细小、成串，外包有透明、胶冻状黏液，随后出现水样腹泻，肛门、后肢、腹部和足部的被毛被黏液及黄色水样稀粪污染，患兔脱水，眼眶下陷，被毛粗乱，迅速消瘦，急性病例通常在 1～2 天后便死亡。少数可拖至 1 周，一般很少自然康复。

【病理变化】

腹泻病兔剖检可见胃膨大，充满大量液体和气体，胃黏膜上有针尖状出血点；十二指肠充满气体并被胆汁黄染；空肠、回肠肠壁薄而透明，内有半透明胶冻样物和气体；结肠和盲肠黏膜充血，浆膜上有时有出血斑点，有的盲肠壁呈半透明，内有大量气体；胆囊亦可见胀大，膀胱胀大，内部充满尿液，便秘。病死兔剖检可见盲肠、结肠内容物较硬且成形，上面有胶冻样物质，肠壁有时有出血斑点。肝脏与心脏可见小坏死灶。败血型可见肺部充血、瘀血，局部肺实变。仔兔胸腔内有大量灰白色液体，肺脏实变，纤维素渗出，胸膜与肺粘连。

【预防和治疗】

1. 预防措施 平时要加强饲养管理，促进家兔健康生长，创造良好的饲养环境。

（1）断奶前后仔兔的饲料必须逐渐更换，不能突然改变。平时要加强饲养管理，定期消毒，减少应激因素，并注意兔舍通风透气，每天坚持清扫兔舍兔笼，将清理物放到固定场所，堆积发酵处理后，方可作肥料施用。

（2）定期进行消毒，兔舍、兔笼和用具及周边区域可用 3%来苏儿或 4%氢氧化钠溶液消毒，食槽、水槽可选用百毒杀消毒。

（3）常发本病的兔场，对断奶前后的仔兔，可用盐酸环丙沙星混饮，每升水加入 0.75～1.25 克盐酸环丙沙星，每天 2 次，连用 2～3 天，对该病有预防作用。

（4）定期免疫，可用兔大肠杆菌病多价灭活疫苗或多联苗进行免疫接种。

2. 治疗措施

（1）可用庆大霉素，每千克体重 5～10 毫克，肌内注射，每天 2 次。

（2）5%诺氟沙星，每千克体重 0.5 毫升，肌内注射，每天 2 次。

（3）卡那霉素每千克体重 25 万单位，肌内注射，每天 2 次。

（4）螺旋霉素，每千克体重 10 毫克，肌内注射，每天 2 次。

（5）病程稍长的病兔要补液，静脉或腹腔注射 5%葡萄糖盐水 20～40 毫升，另加维生素 C 2 毫升。

（6）链霉素，肌内注射，每千克体重 20 毫克，每天 2 次，连用 4～5 天。

（7）也可用大蒜酊或大蒜泥口服治疗。

（8）促菌生口服，每只兔 2 毫升，每天 1 次，连用 3～4 次。

（9）鞣酸蛋白、硅碳银等拌湿料口服，每天 2 次。便秘病兔早期可口服人工盐、大黄、苏打片、石蜡油或植物油，促其排便，并且供应新鲜青绿饲料。

（10）补液及电解质疗法：此疗法是降低死亡率，提高治愈率十分重要的辅助疗法，必须配合对抗病原疗法一起使用。可用口服补液盐溶液（配制遵照药品说明书），任病兔自由饮用。

【鉴别诊断】

1. 与兔沙门氏菌病鉴别 死于沙门氏菌病的兔剖检可见肝脏有散在的、针尖大小、灰白色的坏死病灶，蚓突黏膜有弥漫性、淡灰色、粟粒大的特征性病灶。

2. 与球虫病鉴别 球虫引起的兔腹泻，将粪便或肠内容物涂片镜检，可见有大量的球虫卵囊。

3. 与轮状病毒病鉴别　轮状病毒性腹泻主要发生于幼兔，青年兔、成年兔呈隐性感染。剖检病兔，空肠和回肠部的绒毛呈多灶性融合和中度缩短，某些肠段的黏膜固有层和下层轻度水肿。

4. 与兔泰泽氏病鉴别　泰泽氏病的特征性病变是肝门静脉附近的肝小叶和心肌有灰白色针尖大小或条状的病灶。

（七）兔副伤寒

沙门氏菌病也称为副伤寒，主要是由沙门氏菌属中的鼠伤寒沙门氏菌和肠炎沙门氏菌引起的，以败血症、急性死亡、下痢和流产为特征的传染病。

【流行特点】

本病一年四季均可发生，但以1～4月份发病率最高，断奶幼兔和怀孕25天后的母兔易发病，发病率高达57%，流产率为70%，致死率为49%。病兔是最主要的传染源。当健康兔食入被病菌污染的饲料、饮水等因素，使兔体抵抗力降低，体内的病原菌繁殖和毒力增强时，均可引起发病。幼兔可经子宫内或脐带感染，造成兔的大量死亡，对养兔业造成很大的损害。

【临床症状】

家兔感染后，除少数病兔无明显症状而突然死亡外，多数病例有腹泻症状。粪便稀，有黏性，内含泡沫。体温升高，精神沉郁，食欲下降，喜饮水，消瘦。母兔从阴道排出黏脓性分泌物，阴道黏膜潮红、水肿，孕兔常发生流产并死亡，未死而康复者不易再受孕。流产胎儿体弱，皮下水肿，很快死亡。

【病理变化】

剖检病死兔，超急性病例无特征病变，一些脏器充血、出血，胸腹腔有浆液或纤维素性渗出物。其他病例，肠黏膜充血、出血，黏膜下层水肿。肠淋巴滤泡和淋巴集结肿胀，局部坏死形成溃疡，溃疡表面附着淡黄色纤维素坏死物。圆小囊和盲肠蚓突黏膜有粟粒大的坏死结节。肝有灰黄色小坏死灶。脾肿大、充血。肠系膜淋巴结增大、水肿。流产病兔的子宫肿大，子宫腔内有脓性渗出物，子宫壁增厚，黏膜充血，有溃疡，其表面附着纤维素坏死物。未流产病兔的子宫内有木乃伊或液化的胎儿。阴道黏膜充血，表面有脓性分泌物。

【预防和治疗】

1. 预防措施

（1）加强饲养管理和卫生清洁工作，不喂变质和被粪便污染的饲料和饮水。因为没有症状的成年兔常带有细菌，而母兔还可能通过乳汁传给仔兔，所以应加强防护。

（2）由于病死兔的所有脏器都带有菌，故对死亡兔的尸体要深埋或焚烧处理。

（3）笼具与场地要经常清扫和消毒，粪便堆积发酵处理后方可利用。

（4）兔舍内要经常性消灭老鼠和苍蝇，因为它们在副伤寒传播上起着极为重要的媒介作用。

（5）孕前与孕初母兔皮下或肌内注射鼠伤寒沙门氏菌灭活菌苗，每只兔1毫升。疫区兔场也注射这种菌苗，每只兔每年2次。

2. 治疗措施

（1）土霉素，肌内注射，每次每千克体重20～25毫克，每天2次，连用3～4天。

（2）土霉素，口服，每千克体重20～25毫克，每天2次，连用3天。

（3）琥珀酰磺胺噻唑，每千克体重0.1～0.3克，每天分2～3次内服。

（4）乳酸环丙沙星，肌内注射，每千克体重5毫克，每天2次，或用环丙沙星纯粉1克加水40升饮服。

（5）口服复方新诺明，每千克体重20～25毫克，每天2次。

（6）磺胺脒，每千克体重0.1～0.2克，分2次口服，连用2～3天。

（7）静脉注射10%葡萄糖盐水，每只兔每次20～40毫升。

（8）黄连3克、黄芩6克、黄柏6克、马齿苋9克，水煎汁口服，连用2～3天，有一定疗效。

（9）大蒜洗净捣烂，加适量凉开水灌服，每天3次，连用5日。

【鉴别诊断】

1. 与兔李氏杆菌病鉴别 李氏杆菌病除能引起怀孕母兔流产外，还有神经症状，如头颈歪斜、运动失调等。

2. 与兔大肠杆菌病鉴别 主要侵害20日龄与断奶前后的仔兔和幼兔，即1～3月龄多发，而成年兔很少发病。第一胎仔兔和笼养兔的发病率较高，引起仔兔和幼兔的肠道传染病，患兔急性腹泻，水样或胶冻样粪便，严重脱水，消瘦，1～2天内死亡，死亡率极高，给养兔业带来极大损失。

（八）兔李氏杆菌病

兔李氏杆菌病的病原为单核李氏杆菌，该病的主要表现为脑膜脑炎、败血症、坏死性肝炎和心肌炎。

【流行特点】

各种动物均可感染，兔对本病的易感性较高。患病和带菌动物是主要的传染源。患病动物的粪、尿、乳汁、精液及眼、鼻、生殖道分泌物，均可分离到李氏杆菌。本病可通过消化道、呼吸道、眼结膜和破损的皮肤感染。污染的水和饲料是主要传播媒介。本病多为散发，有时呈地方流行性。冬季缺乏青饲料、天气骤变、寄生虫感染等均可成为致病因素。

【临床症状】

本病潜伏期为2～8天。病兔可表现以下三种类型。

急性型多见于幼兔，病兔体温可达 40℃以上，精神沉郁，食欲废绝。鼻黏膜发炎，流出浆液性、黏液性、脓性分泌物，几个小时或 1～2 天内死亡。

亚急性型病兔精神不振，食欲废绝，呼吸加快，中枢神经机能障碍，做转圈运动，头颈偏向一侧，全身震颤，运动失调。孕母兔流产，胎儿皮肤出血。一般经 4～7 天死亡。

慢性型病兔主要表现为子宫炎，分娩前 2～3 天发病。病兔精神沉郁，拒食，流产，并从阴道内流出红色或棕褐色分泌物。有的出现头颈歪斜等神经症状，流产康复后的母兔长期不孕。

【病理变化】

剖检患急性或亚急性李氏杆菌病死亡的兔，主要变化是皮下水肿，心、肺水肿，胸腔积液。肝脏、心肌、肾、脾有散在或弥漫性针尖大的淡黄色或灰白色坏死点，淋巴结肿大。慢性病例除上述变化外，子宫内可见有脓性渗出物或暗红色液体，子宫壁增厚并有坏死灶，有时在子宫内可见变性胎儿或灰白色凝块。脑膜和脑组织充血、水肿。

【预防与治疗】

1. 预防措施

（1）严格执行兽医卫生防疫制度，搞好环境卫生，消灭老鼠及其他啮齿类动物。管好饲草、水源，防止污染。

（2）发生本病，即全群检疫，病兔隔离治疗或淘汰。笼舍用具及场地用 4%氢氧化钠溶液、3%来苏儿、10%漂白粉、5%石炭酸、1%～2%福尔马林消毒。

（3）病兔肉及其产品应做无害化处理。有关工作人员应注意个人防护，以防感染。

2. 治疗措施 病兔患病初期用大剂量药物治疗有一定效果，一旦出现神经症状，药物就难以奏效了。

（1）青霉素，每次 10 万～20 万国际单位，肌内注射，每天 2 次，连用 3～4 天。

（2）10%磺胺嘧啶钠注射液，成年兔 3～4 毫升，青年兔1～5 毫升，幼兔 1 毫升，肌内注射，每天 2 次，连用 3 天。

（3）青霉素 10 万国际单位和庆大霉素 8 万单位联合使用，肌内注射，每天 2 次，连用 3～5 天。同时口服磺胺嘧啶 0.5～0.3 克，每天 3～4 次，连用 5～7 天。

（4）新霉素拌料，按每只兔 2 万～4 万单位，每天喂 3 次。

（5）链霉素，10 万单位/只，肌内注射，每天 2 次，连用 3 天。

（6）磺胺二甲嘧啶，每千克体重 100～200 毫克口服，每天 1 次，连用 3～5 天。

（7）大蒜汁（1 份大蒜加 5 份清水，制汁）5 毫升/只，每天 3 次，连用 5 天。

（8）金银花、栀子根、野菊花、茵陈、钩藤根、车前草各 3 克，水煎服，可治疗幼兔李氏杆菌病。

（9）大青叶（或板蓝根）10 克、钩藤 10 克、蜈蚣 2 条、蚯蚓 2 条，水煎服或拌料，每天 2 次，连用 3～5 天，可治疗李氏杆菌引起的怀孕母兔流产。

（九）兔坏死杆菌病

兔坏死杆菌病是由坏死杆菌引起的。兔坏死杆菌病是以皮肤和皮下组织（尤其是面部与颈部）的坏死、溃疡及形成脓肿为特征的散发性传染病。

【流行特点】

患病动物是主要传染源，但健康带菌动物在一定程度上也起着传播作用。坏死杆菌能侵害多种动物，幼兔比成年兔易感性高。动物在污秽条件下易受感染。病原一般通过皮肤、黏膜的伤口的侵入，在内脏引起坏死病变。本病常呈散发或地方流行性，潮湿、闷热、昆虫叮咬、营养不良等可促发本病。

【临床症状】

在临床上病兔停止采食、流涎，体重迅速减轻。在唇部、口腔黏膜、齿龈、颈部、头面部及胸部及四肢外侧有圆形或椭圆形大小不一的突起肿块，数量多的达10个，直径一般2～3厘米，厚1厘米。指压肿块有硬感和热感，无痛感，随后出现坏死、溃疡，形成脓肿。病原也可在病兔腿部和四肢关节的皮肤内繁殖，发生坏死性炎症，或侵入肌肉和皮下组织形成蜂窝织炎。坏死病变具有持久性，可连续存在数周或数月，病灶破溃后散发恶臭气味，病兔体温升高，体重减轻，衰弱，此型病例病程较长，数周到数月。

【病理变化】

剖检病死兔可见口腔黏膜、齿龈、舌面、颈部和胸前皮下组织及肌肉组织等坏死。淋巴结（尤其是下颌淋巴结）肿大，并有干酪样坏死灶。多数病兔在肝、脾、肺等处有坏死灶。并伴有心包炎、胸膜炎，腿部有深层溃疡病变。皮下肿胀，内含黏稠脓性或干酪性物质。坏死组织有特殊臭味。

【预防与治疗】

1. 预防措施

（1）兔舍要清洁，干燥，光线充足，空气流通。除去兔笼、兔舍内尖锐物，以避免兔体皮肤、黏膜损伤。

（2）从外地引进种兔时，必须进行隔离检疫1个月，确定无病时方可入群。

（3）兔群一旦发病，要及时进行隔离治疗，淘汰病兔、死兔。彻底清扫兔舍并进行消毒。兔舍、地面、兔笼用4%氢氧化钠溶液全面消毒，用具用0.1%高锰酸钾洗涮，其他常用的消毒药有5%来苏儿、1%克辽林、5%～10%漂白粉溶液、1%～2%甲醛溶液和10%～20%石灰乳等。

2. 治疗措施

（1）青霉素，按每只兔20万国际单位，肌内注射，每天2次，连用3天，或每千克体重4万国际单位腹腔注射，每天2次，连用4～5天治愈。

（2）土霉素，每千克体重20～40毫克，肌内注射，每天2次，连用3天。

（3）磺胺二甲嘧啶，每千克体重首次量0.15～0.2克，维持量0.07～0.1克，每天1～2次；肌内注射，每天2次，连用3～4天。

（4）进行局部治疗时，首先清除坏死组织，再用3%双氧水或0.1%高锰酸钾溶液冲洗，然后涂擦碘甘油剂，每天2～3次。皮肤炎症肿胀期，用5%来苏儿冲洗，再涂上鱼石脂软膏。出现溃疡后，清理创面，涂搽青霉素软膏。同时配合全身治疗。

（5）若兔的食欲下降，可灌服硫酸钠导泻或灌服苏打片健胃。

【鉴别诊断】

根据临床症状、剖检变化结果一般可作出诊断。

1. 与葡萄球菌病鉴别 化脓性炎症以形成有包囊的脓肿为特征，脓肿虽多位于皮下或肌肉，但局部皮肤常不坏死和形成溃疡，脓液无恶臭气味。

2. 与绿脓杆菌病鉴别 常在肺等内脏和皮下形成脓肿，脓液呈淡绿色或褐色，有芳香气味。

3. 与传染性水疱口炎鉴别 虽有流涎症状和口膜炎病变，但口膜炎的病变表现为水疱、糜烂和溃疡。其他组织器官常无病变。本病呈急性经过，病原为一种病毒。

（十）兔结核病

兔结核病的病原为结核杆菌。兔结核病是以食欲不振、咳嗽及慢性消瘦为特征的传染病。该菌对外界抵抗力较强，本病是人、畜共患的一种烈性传染病。

【流行特点】

一般通过呼吸道感染，经飞沫传播。患有结核病的人、牛和鸡的粪便、分泌物等污染了饲料和饮水后，被家兔饮食后也可染病。还可通过交配和皮肤创伤感染。有抵抗力的家兔感染较轻。在易感兔体内病原菌可迅速繁殖。适宜的传播条件、饲养管理不善可促发本病。又因本病发生于人类，所以对人类健康的危害性也应引起注意。

【临床症状】

本病潜伏期长，常呈隐性经过，不表现明显的临床症状。病兔食欲不振，消瘦，日益衰弱，黏膜苍白，被毛粗乱，咳嗽气喘，呼吸困难，眼虹膜变色，晶状体透明，体温稍高。肠结核病例有腹泻症状，呈进行性消瘦。有些病例常见肘关节、膝关节和跗关节的骨骼畸形，外观肿大。

【病理变化】

剖检病死兔，尸体消瘦，内脏器官有大小不一、灰色或淡褐色的结节。结节通常发生于肝、肺、肾、肋膜、腹膜、心包、支气管淋巴结和肠系膜淋巴结等部位，脾脏少见。结节具有干酪样坏死中心和纤维组织包膜，肺内结节互相融合可形成空洞。

肺的病变主要表现有三种形式：粟粒型，结节针尖大至粟粒大的灰白色结节。结节型，结节绿豆大至黄豆大的灰白色结节。混合型，肝脏有针尖大白色斑点，可密布于整个肝；肾有粟粒至绿豆粒大的灰白色结节，多发生于皮质部。肠系膜淋巴结肿大，表面和切面有不规则黄白色斑纹。

空肠、回肠、盲肠和结肠的病变主要有两种类型：一是在肠系膜的浆膜有扁平结节微突出于表面，灰白色，半透明，其上有黄白色斑纹；二是结节突出于浆膜表面，大如豌豆，灰白色，半透明，切面有黄白色干酪样物。在浆膜上布满针尖大至粟粒大的灰白色、半透明结节。

【预防与治疗】

1. 预防措施

（1）加强饲养管理，严格兽医卫生防疫制度，定期对兔舍、兔笼和用具等进行消毒。消毒药品可用20%石灰水或5%漂白粉。

（2）兔场要与鸡场、猪场等隔开，防止其他动物进入兔舍。对饲养过家禽特别是发生过结核病的场所，未经彻底消毒，不可饲养家兔。结核病人不能当饲养员。

（3）新引进的兔必须隔离观察1个月以上，经检疫无病方可混群。

（4）发病兔要立即淘汰，被污染的场地要彻底消毒，严格控制病原传播给健康兔。

2. 治疗措施 本病的治疗意义不大，关键要靠预防。必要时，可肌内注射链霉素，每千克体重4万单位，每天2次，连用7天。

（十一）兔伪结核病

兔伪结核病是由伪结核耶尔森氏菌引起的一种慢性消耗性疾病。本病以肝、脾、蚓突及圆小囊发生肿胀和乳脂样坏死结节为特征。

【流行特点】

带病和患病动物为传染源，啮齿动物是其贮存场所，病原菌可随病兔的粪便排出，导致病原菌散播于广泛的自然界。消化道为主要传播途径，污染的饲料或饮水在传播该病中起着重要的作用。也可通过损伤的皮肤、黏膜、呼吸道及泌尿生殖道感染。营养不良、寄生虫寄生等使兔体抵抗力降低时易诱发该病。当饮水、饲料被病菌污染，家兔吃了后感染发病。本病的感染率很高，如果在一栋兔舍发病，其感染率在30%以上，严重的可达80%～90%。同时，由于该病是人兽共患病，故控制该病具有公共卫生学意义。

【临床症状】

病兔不表现明显的临床症状。一般表现为食欲不振，精神沉郁，腹泻，进行性消瘦，被毛粗乱，最后极度衰弱而死。多数病兔有化脓性结膜炎，腹部触诊可感到有肿大的肠系膜淋巴结和肿大坚硬的蚓突。少数病例呈急性败血性经过，体温升高，呼吸困难，精神沉郁，食欲废绝，很快死亡。

【病理变化】

剖检常见病变在回盲部圆小囊肿大变硬，蚓突肿大、肥厚、坚硬呈腊肠状，浆膜下有大量的灰白色干酪样小结节，黏膜表面被干酪样坏死结节覆盖，肠系膜淋巴结肿大数倍并有大面积的干酪样坏死灶或脓肿。小肠集合淋巴结肿大、坏死。脾肿大数倍，呈紫黑色，并有大量呈粟粒大到绿豆大的灰白色干酪样坏死结节分布。肠系膜脱落，出血，肠管变薄，有粟粒大的结节，切面呈干酪样坏死灶。肝肿大，表面布满灰白色粟粒大结节，形似松花蛋上的松花状。扁桃体、肺、肾和支气管淋巴结有时出现干酪样坏死灶。新形成的结节中有白色黏液状，陈旧的病灶为干酪样团块，浅表的结节常突出于器官的表面，其他组织器官的病变较为少见。若该病发生全身性败血症则表现为全身性脏器充血、瘀血和出血，尸体肌肉暗红色，无其他特征性变化。

【鉴别诊断】

兔伪结核病和结核病及球虫病应注意区别诊断。结核病是由结核分支杆菌引起，为革兰氏阳性杆菌，且具有抗酸染色的特点。结核病的病程较长，其主要病变是在肺、肝、胃等器官出现坚硬的结节状结核病灶。兔球虫病是由兔球虫引起，主要表现为腹泻，以断乳兔多见，病程短而死亡率高。病变主要在肝和肠部，表现为肠黏膜增厚、充血，小肠内充满气体和黏液，或在肠黏膜有数量不等的圆形、粟粒大的结节。胆管壁增厚，结缔组织增生而引起肝细胞萎缩。

【预防和治疗】

1. 预防措施　兔伪结核病病初症状不明显，难以发现，给诊断造成困难。因此，对该病应以预防为主。

（1）平时加强饲养管理，改善兔场卫生条件，防止寄生虫侵袭；注意灭鼠杀虫，避免饲料、水源及用具的污染。

（2）引进种兔要隔离检疫，严禁带入病原。平时对兔群可用血清凝集试验进行检疫，淘汰阳性兔，培育健康兔群。

（3）屠宰时如发现患本病的兔，要销毁尸体，不得食用，以防止人感染此病。

（4）可用伪结核耶尔森氏菌多价灭活菌苗进行预防注射，每只兔颈部皮下注射 1 毫升，免疫期 6 个月，每年注射 2 次。

（5）耶尔森氏菌属对理化因素抗性较弱，当夏季烈日直射、加热及各种消毒剂均能短时间将其杀死，而寒冷季节有利于耶尔森氏菌存活。因此，在秋冬季节可选用高敏的抗生素来预防该病，可选用较为容易混饲于饲料中的抗生素，2%环丙沙星混于精料，连喂 3 天，每月 3 次，可达到预防效果。

2. 治疗措施

（1）肌内注射链霉素，每千克体重 20 毫克，每天 2 次，连用 5～7 天。

（2）用 0.5%黄色素 5～10 毫克，静脉注射；同时肌内注射青霉素能获得较好的治疗效果。

（3）对肠型病兔可服用果导片或苏打片改善消化功能的药物。

（4）本病活体难以确诊，又无特效药物治疗，因此，对患病动物一般不做治疗，而即予淘汰。如有必要治疗时，可用链霉素、四环素、卡那霉素，但效果不太稳定。

（十二）兔绿脓杆菌病

绿脓杆菌病以出血性肠炎和肺炎为特征。绿脓杆菌广泛分布于土壤、水、空气及家畜的体表皮肤上，其毒力较弱，一般经继发烧伤或创伤感染，有时也经呼吸或消化道而感染。

【流行特点】

该菌感染家兔一般为散发，不易引起大批死亡，因此，平时不被人们重视。其实兔场一旦发生本病，病兔的粪、尿等分泌物及被污染的饲料、饮水及笼具等都成为本病的传染源，如果不进行彻底消毒或有效的免疫，会造成家兔不断发病，不断死亡。

【临床症状】

临床上本病常突然发生，病兔精神沉郁，昏睡，呼吸困难，体温升高，气喘，鼻腔及眼内流出分泌物，被毛粗乱无光泽，蹲伏一处，眼半闭或全闭，口唇黏膜发绀、下痢，排出血样的稀粪，急性型1～2天死亡，慢性型5～6天死亡。慢性病例有腹泻症状或皮肤出现脓肿，病灶中散发出特殊的气味。有的病兔生前无任何症状，死后剖检才见有剖检变化。

【病理变化】

剖检可见死亡的仔兔全身青紫色，脐部肿胀，皮下有绿色或茶色渗出液，腹腔积液，胃、十二指肠、空肠黏膜有出血，肠内容物呈血样，脾肿大，呈樱桃红色，肝肿大有黄绿色坏死灶，肺脏有大量大小不等、淡绿色或黄绿色的脓疱，内有淡绿色脓汁，肺与胸膜粘连，气管及支气管黏膜有出血，气管内有淡绿色黏液。病死母兔的内脏器官与仔兔病变相似，均呈败血症状，只是肺脏脓疱较大，有的连成一片，脓疱内有绿色脓汁，胸腔有黄绿色积液。

【预防和治疗】

1. 预防措施

（1）平时搞好饮水和饲料卫生，防止水源及饲料的污染，做好防鼠、灭鼠工作。

（2）有本病史的兔场，可用绿脓假单胞菌单价或多价灭活苗，每只兔皮下或肌内注射1毫升，免疫期为6个月，每年免疫2次。

（3）当发生本病时，对病兔及可疑兔要及时隔离治疗，兔舍应全面消毒。常用消毒药品为4%氢氧化钠溶液。

（4）死兔及污物一律烧毁、深埋。

2. 治疗措施 绿脓杆菌对多种抗生素产生抗药性，为确保治疗效果，最好先做药敏试验，选用高敏药物。

（1）庆大霉素，每只兔每次 2 万～4 万单位，肌内注射，连用 3～5 天。

（2）多黏菌素 B，每千克体重 2 万单位，肌内注射，每天 2 次。

（3）羧苄青霉素，每次每只兔 20 万～40 万单位，肌内注射，每天 2 次，连用 3 天。

（4）复方新诺明，每千克体重 200 毫克，口服，每天 2 次。

（5）新霉素，每千克体重 2 万～4 万单位，每天 2 次，连用 3～4 天，效果较好。

（6）中药：郁金 2 克、白头翁 2 克、黄柏 2 克、黄芩 2 克、黄连 1 克、栀子 2 克、白芍 2 克、大黄 1 克、诃子 1 克、甘草 1 克，共研细末，开水冲半小时后拌料，预防用量为每只兔每天每千克体重 1 克，治疗量为每天每千克体重 2 克。

（十三）兔泰泽氏病

兔泰泽氏病的病原是毛样芽孢杆菌，病兔为本病的主要传染源。

【流行特点】

本病不仅存在于兔，而且存在于多种实验动物及家畜中。主要侵害 6～12 周龄兔，断奶前的仔兔和成年兔也可感染发病。病原从粪便排出，污染用具、环境、饲料及饮水等，通过消化道感染。兔感染后并不马上发病，而是侵入肠道中缓慢增殖，当机体抵抗力下降时发病。应激因素，如拥挤、过热、气候剧变、长途运输及饲养管理不当等往往是本病的诱因。

【临床症状】

临床上本病发病很急，以严重腹泻为主，多呈绿褐色黏稠粪便。病兔精神沉郁、不食、虚脱并迅速脱水，常在出现症状12～

36 小时内死亡。发病率高达 62%，死亡率为 45%左右。少数耐过急性期的病兔表现食欲不振，消瘦。

【病理变化】

剖检病死兔脱水消瘦，后肢被大量粪便污染。在回肠末端、盲肠及结肠浆膜、黏膜出现弥漫性充血、出血，肠壁严重水肿、增厚，黏膜尤其蚓突、圆囊部黏膜粗糙，呈暗红、黄绿色的米粒大小坏死颗粒，盲肠和结肠内充满气体和褐色糊状内容物。肠系膜淋巴结水肿，脾脏严重萎缩。肝脏肿大，有许多灰白色条斑状坏死。少数死亡兔可见心肌上有灰白色斑点或片状坏死区。个别耐过急性期的病兔肠壁因严重坏死与纤维化而增厚，肠腔变得狭窄。

【预防和治疗】

1. 预防措施

（1）加强饲养管理，改善环境条件，定期进行消毒，消除各种应激因素。

（2）隔离或淘汰病兔。兔舍全面消毒，兔排泄物发酵处理或烧毁，防止病原菌扩散。

（3）对已知有本病感染的兔群，在有应激因素作用的时间内用土霉素拌料，连用 5 天，可预防本病发生。

2. 治疗措施 兔发病初期，用抗生素治疗有一定效果。

（1）用 0.006%～0.01%土霉素饮水，疗效良好。

（2）青霉素，每千克体重 2 万～4 万国际单位，肌内注射，每天 2 次，连用 3～5 天。

（3）链霉素，每千克体重 20 毫克，肌内注射，每天 2 次，连用 3～5 天。青霉素与链霉素联合使用，效果更明显。

（4）红霉素，每千克体重 10 毫克，分 2 次内服，连用 3～5 天。

（5）金霉素，每千克体重按 40 毫克加入 5%葡萄糖溶液中静脉注射，每天 2 次，连用 3 天。

此外，四环素等治疗也有一定效果。治疗用量为每天每千克体重 2 克。

（十四）野兔热

野兔热又叫土拉弗氏菌病、土拉杆菌病。本病是以体温升高、脾和淋巴结肿大和粟粒状干酪样坏死为特征的传染病。

【流行特点】

土拉弗氏菌病通常经节肢动物叮咬，或经呼吸道、消化道、伤口、受损的皮肤和黏膜感染。细菌通过排泄物、污染的饲料和饮水用具及节肢动物，如蛹、蝉、蝇、跳蚤、蚊和虱等进行传播。许多种类的野生动物（包括啮齿动物）和家畜、家禽及野禽都具有易感性，人也可受到传染。

【临床症状】

该病急性病例多无明显症状而呈败血症死亡。多数病例病程较长，机体消瘦、衰竭，下颌、颈下、腋下和腹股沟淋巴结肿大、质硬，有鼻液，鼻腔黏膜发炎，体温升高 1～5℃，白细胞增多。

【剖检变化】

剖检病死兔，急性死亡者，无特征病变。如病程较长，淋巴结显著肿大，色深红，切面见大头针尖大小的淡黄灰色坏死点；淋巴结周围组织充血、水肿；脾肿大、色深红，表面与切面有灰白或乳白色的粟粒至豌豆大的结节状坏死；肝肿大，有散发性针尖至粟粒大的坏死结节；肾的病变和肝的相似。

【防治措施】

预防该病应注意严防野兔进入兔场，按防疫规定引进种兔；消灭鼠类、吸血昆虫和体外寄生虫；病兔及时治疗，对病死兔应采取烧毁等严格处理措施；剖检病兔时要注意防止感染人。

治疗措施可用链霉素、卡那霉素等抗生素，链霉素效果较好，每只兔肌内注射 10 万单位，每天 2 次，连用 3 天。也可用合霉素口服。

【鉴别诊断】

1. 与野兔热鉴别 淋巴结、脾、肝、肾有特征的化脓性坏死结节，因此，根据临床症状和剖检变化可作出诊断。但在伪结核病与李氏杆菌病病兔的有些器官也可见坏死灶或坏死结节，应注意区别。

2. 与伪结核病鉴别 灰白色粟粒状结节病变主要位于盲肠蚓突、圆小囊，其次为脾、肝、肠系膜淋巴结，有慢性下痢症状。

3. 与李氏杆菌病鉴别 灰白色坏死灶主要见于肝、心、肾，同时有脑炎、流产及单核细胞增多等临诊变化，无淋巴结坏死灶。

（十五）兔炭疽

兔炭疽的病原为炭疽杆菌，本病的发生无季节性。兔群一旦发病，在短时间被污染的饲料、饮水、器具是本病传播的重要媒介。传染途径主要是消化道，其次是破损的皮肤及黏膜。

【临床症状】

本病潜伏期一般为10～12小时。病兔体温升高，呼吸困难，黏膜发绀，食欲不振，步态不稳，战栗，血尿和腹泻，在粪便中常混有血液和气泡。病程稍长，病兔的喉部、头部可发生水肿，导致呼吸困难，死后天然孔出血。

【剖检变化】

炭疽是恶性的人兽共患病，病死兔不可随意剖检。必须剖检时，要做好个人防护和各种消毒措施。动物死亡后尸僵不全、剖检可见胃黏膜出血、溃疡，肠黏膜充血，被覆暗红色黏液、肠系膜淋巴结肿大，切面有点状出血。肝肿大、出血，切面外翻，流出暗红色血液，凝固不全。脾肿大，呈暗红色，质软如泥。头、咽，皮下组织胶样浸润，咽部淋巴结肿胀。膀胱积尿，黏膜出血。

【预防和治疗】

1. 预防措施

（1）兔场发生本病时，要立即向上级有关兽医和卫生防疫部门报告，同时采取有效的封锁、消毒措施，防止本病传播、蔓延。

（2）严格遵守兽医卫生制度，对病兔要彻底烧毁或深埋。被污染的场地和用具等，要用5%氢氧化钠或20%的漂白粉进行彻底消毒。

（3）发生过炭疽病的地区，每年应注射1次炭疽芽孢苗，免疫期1年。

2. 治疗措施

（1）青霉素，每只兔肌内注射20万国际单位，每隔6～8小时注射1次，连用3天。

（2）链霉素，每千克体重注射20～30毫克，每天2～3次，连用3天。

（3）注射抗炭疽高价血清，每只兔皮下注射2毫升。

（4）磺胺类药物也有一定效果，如与抗炭疽血清、青霉素、链霉素同时应用，效果更好。

（十六）兔肺炎球菌病

本病又称肺炎双球菌病，是由肺炎链球菌引起的一种呼吸道传染病。以体温升高、咳嗽、流鼻液和突然死亡为特征。

【流行特点】

本病发生有明显的季节性，以春末夏初、秋末冬季多发。不同品种、年龄、性别的兔对本病均有易感性，但仔兔和妊娠兔发病严重。幼兔为地方性流行，成兔为散发。本菌为呼吸道的常在菌，为条件致病菌。一旦兔的抵抗力下降，气候突变、长途运输、兔舍卫生条件恶劣、密度过大、拥挤等均可诱发此病。

【临床症状】

临床上病兔表现精神不振，食欲减退，体温升高、咳嗽、流鼻涕，急性病兔无明显临床症状，多为骤然死亡，慢性者多见口鼻发绀，呼吸困难或呈腹式呼吸，体温升高，可达40℃以上，采食量减少。孕兔流产，或产出弱仔，成活率低。母兔产仔率和受孕率下降。有的病兔发生中耳炎，出现恶心、滚转等神经症状。

【病理变化】

剖检病死兔，病变主要在呼吸道。气管黏膜充血、出血，气管、喉头、会厌软骨内有粉红色黏液和纤维素性渗出物。肺部可见大片出血斑或水肿，有红色肝变区，严重的病例出现脓肿，整个肺化脓坏死，肝脏肿大、脂肪变性，脾肿大，子宫和阴道出血，见有纤维素性胸膜炎、心包炎、心包与胸膜粘连，消化道及泌尿系统均见有出血。两耳发生化脓性炎症。新生仔兔为败血症变化。

【预防和治疗】

1. 预防措施

（1）一旦发生本病，可用本场分离的肺炎链球菌制成灭活苗全面预防注射。

（2）加强饲养管理，搞好环境卫生和消毒工作，对兔舍墙体地面进行彻底消毒，兔笼分批用火焰消毒，以控制本病发生。

（3）冬季做好兔舍的防护工作，减少应激刺激，加强兔舍的通风及防寒保温措施，减少湿度及昼夜温差，将病、健兔分开饲养；加强幼兔管理，增加其小环境温度。

（4）使用磺胺等药物全群预防性投药。

2. 治疗措施

（1）新霉素4万～8万单位或青霉素4万～8万国际单位肌内注射，每天2次，连用3天。

（2）头孢唑啉钠，按每千克体重0.1克，每天2次注射。3

天后大部分病兔好转，7 天 1 个疗程，同时辅调制营养饲料，加强保温，减少室内湿度，经 2 个疗程巩固治疗。

（3）磺胺二甲基嘧啶，每千克体重首次剂量为 100 毫克，维持剂量为 70 毫克，24 小时 1 次，连用 3～4 天。

（4）丁胺卡那霉素肌内注射，每千克体重 7 毫克，每天 3 次。口服为每千克体重 10 毫克，每天 3 次，连用 3～5 天。

（5）红霉素肌内注射，每千克体重 20～40 毫克，每天 2 次，连用 3～4 天。

（6）抗肺炎双球菌血清，每只按 10～15 毫升，加入 4 万～8 万单位新生霉素皮下注射，每天 1 次，连用 3 天。

（十七）兔布鲁氏菌病

兔布鲁氏菌病是由布鲁氏菌引起的，以侵害生殖器官等网状内皮细胞丰富的组织为主的一种传染病。临床上以雌兔生殖道发炎、流产，雄兔睾丸炎等表现为特征。

【流行特点】

各品种兔都有易感性，性成熟的兔更易感，野兔高于家兔。本病主要经消化道传播，也可经皮肤、结膜及交配感染，吸血昆虫也可传播本病。本病一年四季均可发生，一般为散发。降低家兔抵抗力的各种因素，兔与羊、牛、猪混养，野兔进入兔场，吸血昆虫大量孳生，环境污染及卫生条件差等都可促进本病的发生。

【临床症状】

病兔表现体温升高，精神沉郁。孕兔流产、子宫炎、阴道排出大量分泌物，甚至脓性或血样分泌物。公兔的附睾和睾丸肿胀。有时会出现脊椎炎，造成后肢麻痹。一般全身反应不明显。

【病理变化】

剖检病死母兔子宫蓄脓，其黏膜溃疡或坏死，有时在完整的绒毛尿囊膜上出现浅表的化脓性渗出液。肝脏、脾脏、肺脏和腋淋巴结脓肿。

【预防和治疗】

1. 预防措施

（1）无疫病地区，坚持自繁自养，严防本病传入。

（2）不从疫区引种、购入饲料及相关的畜产品。

（3）新引进的兔要严格检疫，隔离观察，证明无病后方可入大群饲养。

（4）本地流行区，搞好检疫消毒工作，淘汰病兔，建立无病新兔群，严格隔离饲养，防止和其他家畜混群和接触。

2. 治疗措施 布鲁氏菌是兼性细胞内寄生菌，可选用抗生素和磺胺类药物进行治疗。

（1）链霉素，每千克体重20毫克，每天2次肌内注射，连用5天。

（2）金霉素，每只兔每天100～200毫克，分2次内服，连用3天。

（3）土霉素，每千克体重40～50毫克，每天2次肌内注射，连用5天。

（4）磺胺嘧啶，每千克体重0.15～0.2克，每天2次肌内注射，连用3天。

（5）子宫炎时，可用0.1%高锰酸钾溶液冲洗子宫，放入金霉素胶囊。睾丸炎时，可局部温敷，涂擦消炎膏。

（十八）兔棒状杆菌病

兔棒状杆菌病是由鼠棒状杆菌和化脓棒状杆菌所引起的一种人类和动物的多型性、慢性传染病，其特征为实质器官及皮下形成小化脓灶。

【流行特点】

本菌广泛分布于自然界中，家兔易感性强。主要通过污染的土壤、垫草与剪毛或其他原因发生的外伤接触感染，或通过污染的饲料、饮水等经消化道感染。本病多呈散发性，冬春季多发。

【临床症状】

临床上病程较长时，出现食欲减退，时有咳嗽。呼吸困难，流涕。随着病情发展出现体表淋巴结肿大、化脓、破溃、流出白色牙膏样脓汁，随后结成硬痂。有的病例在胸腔、肺、腹腔淋巴结及器官组织中发生化脓和干酪样病灶。此时可见慢性支气管炎症状，出现咳嗽、呼吸困难、流鼻液等症状。有的还可能出现关节炎。

【病理变化】

剖检见皮肤和淋巴结脓肿，淋巴结的病变是由大小不一的灰色或灰绿色结节所构成，呈干酪样或灰浆状，形成同心环，被一个坚韧的包囊所包围。有病变的肺脏有肉样的变硬小叶，其中有绿色干酪样化脓灶。这种干酪样病灶及由于钙质的沉积而呈灰浆状病灶，还见于肝、脾、肾等。

【预防和治疗】

1. 预防措施

（1）本病的主要传染源是病畜，因其排泄物和分泌物的排出污染饲料、饮水等，当家兔吃了这些被污染的饲料和饮水后可感染发病。因此，应管理好饲料和水源，不要被棒状杆菌污染。要搞好兔舍清洁卫生，做到经常性地消毒，对被病兔污染的场地、用具要彻底消毒。

（2）发现病兔要及时隔离观察治疗，因为病兔是直接的传染源，其分泌物、喷嚏、咳嗽都可能造成互相传播。

（3）一旦发生外伤应立即涂碘酒或龙胆紫，以防伤口感染。

2. 治疗措施

（1）青霉素，每千克体重 2 万～4 万国际单位肌内注射；每天 2 次，连用 5～7 天。

（2）链霉素，每千克体重 2 万单位肌内注射，每天 2 次，连用 5～7 天。

(3) 金霉素，静脉注射，每千克体重 5～10 毫克，每天 2 次，连用 3～5 天。注射时以甘氨酸钠注射液稀释。

(4) 新胂凡纳明（914）静脉注射，每千克体重 40 毫克，以蒸馏水或生理盐水稀释配成 5%溶液静脉注射。特别注意：注射时应缓慢进行，不要将液体漏到皮下，以免引起局部坏死。

（十九）兔肺炎克雷伯氏菌病

兔肺炎克雷伯氏菌病是由肺炎克雷伯氏菌引起的兔的一种传染病。

【流行特点】

青年兔和成年兔临床上以肺炎及其他器官化脓性病灶为主要病变特征，而幼年兔以腹泻为主要特征。各种年龄、品种的兔均易感，但幼年兔易感性高，发病率和死亡率也高。呼吸道是主要的传播途径，也可以经泌尿系统和皮肤感染。本病一年四季均可发生，一般呈散发性流行。饲养管理不良，卫生条件差，兔舍潮湿、过热、突然断奶或更换饲料等各种降低机体抵抗力的因素及其应激因素的存在，易引起呼吸道、泌尿系统和皮肤感染而发病。

【临床症状】

青年兔、成年兔由于病程长，而无特别的临床症状。病兔一般表现为食欲逐渐减少，进行性消瘦，被毛粗乱，行动迟缓，呼吸快而急促。幼兔体温升高，精神沉郁，行动迟缓，不食，饮水增加，剧烈腹泻，排褐色粪便，肛门周围被毛污染，病程一般为 1～3 天，长的可达 4～5 天，均以死亡告终。

【病理变化】

剖检本病的主要病变在肺部，一般都是呈双侧性，轻度者出现小叶性肺炎变化，肺表面散在少许粟粒大深紫红色病变区，切面深红色，湿润，有的有粟粒大小脓疱，严重者则双侧肺实变，呈大理石样，质地硬，切面干燥，呈紫红色。病死兔肠道黏膜出血，尤以盲肠浆膜最为严重；肠腔内有大量黏稠物和大量气体，肠系膜淋巴结肿大，切口多汁、外翻。部分死兔腹腔内有少量淡红黄色积液；肝脏肿大、质硬，有少量白色坏死点，其他脏器无明显病变。

【预防和治疗】

1. 预防措施

（1）对兔场进行全面清查，发现咳嗽者全部隔离。

（2）兔舍全面消毒，温、湿度控制在规定范围内，减少对兔的刺激。

（3）也可对28日龄以上兔每只皮下接种自制氢氧化铝灭活菌苗1毫升。

2. 治疗措施

（1）丁胺卡那霉素，肌内注射，每千克体重7毫克，每天2次；也可口服，每千克体重10毫克，每天4次，连用3～5天。

（2）头孢拉定，肌内注射，每千克体重20～30毫克。

（3）链霉素，肌内注射，每千克体重20毫克，每天2次，连用3天。

（二十）兔类鼻疽

兔类鼻疽是类鼻疽假单胞菌引起兔的一种细菌性传染病。

【临床症状】

临床症状是急性败血症，皮肤、肺、肝、脾、淋巴结等处形成结节和脓肿，鼻腔和眼有脓性分泌物，有时出现关节炎。该病的自然疫源性与病原菌生存环境的温度、湿度、降水量和土壤均有密切关系。降水量与类鼻疽菌的发生成正相关，雨季和洪水泛滥季节更易造成类鼻疽的流行。

急性型多见于幼龄兔，表现为厌食、发热、咳嗽，鼻、眼流出脓性分泌物，关节肿胀、运动失调，公兔睾丸肿大，病程1～2周，死亡率不高。成年兔多取慢性或隐性经过，临床症状不明显。常呈地方性流行，偶尔暴发流行。

【病理变化】

剖检见肝脏有结节性脓肿或肝变区，肝、脾、肾、淋巴结、睾丸或关节有散在的、大小不等的结节，其内常含有浓稠的干酪样物质。有神经症状的病例可见脑膜脑炎；后躯麻痹的病例多在腰、荐部脊髓出现脓肿。

由于该病对人和动物的危害性较大，并且是一种自然疫源性疾病，因此，更应做好该病的预防工作。

【预防和治疗】

1. 预防措施

（1）加强引进动物的检疫，防止引入患病和带菌动物而污染原来清洁的地区。

（2）新发病地区或养殖场应对患病动物采取严厉的措施，扑杀并销毁感染患病动物及其周围的啮齿动物，对同群动物进行抗菌药物的预防性治疗，同时采取严格彻底的消毒措施，防止病原体污染土壤和水源而造成疫情的扩散传播。

（3）该病的疫区应定期检疫、消毒，消灭鼠害，防止水源、饲料和土壤的污染。

2. 治疗措施 发现患病动物应及时隔离、消毒和治疗。常用的治疗药物有四环素、强力霉素、卡那霉素和磺胺类药物等。无治疗价值的动物应及时淘汰扑杀，死亡和患病动物的尸体应焚烧或高温化处理。禁止食用。

（二十一）兔破伤风

破伤风又名强直症，是由破伤风梭菌所致的一种兔的急性、中毒性传染病。

【流行特点】

破伤风梭菌广泛存在于施肥的土壤和尘土中，在潮湿的淤泥和健康的人、畜粪便中也常见到。该菌为厌氧菌，能形成芽孢，芽孢位于菌体顶端，呈鼓槌状。细菌在动物体内产生溶解于水的外毒素，即引起破伤风症候群的痉挛毒素和引起溶血的溶血毒素。外伤是本病的主要传染途径。剪毛、咬伤、钉伤、分娩及注射消毒不严格等都可能感染。

【临床症状】

破伤风的特征是兔全身肌肉或部分肌肉群呈现持续性痉挛，对外界刺激的反射性增高。发病的潜伏期长短不一，一般为 7～14 天，短的 1 天，长的可达数月。常见症状为咀嚼肌及面肌痉挛，嘴巴张开困难，牙关紧闭。随后颈、背、躯干及四肢迅速阵发性强直痉挛，呈角弓反张。肌肉阵发性痉挛可能自发，也可因外界刺激，如声响、强光或触动所诱发，还可以见到行走时呈“木马”状。

【病理变化】

剖检由于窒息所致死亡兔，血液凝固不良，呈黑紫色。肺充血和水肿，黏膜及浆膜有小出血点。心肌变性，脊髓和脊髓膜充血，有出血点，四肢和躯干肌肉间结缔组织浆液浸润。

【预防和治疗】

1. 预防措施

（1）防止外伤，剪毛时注意不要剪破皮肤，一旦剪破皮肤，及时用 5%碘酊涂擦。把喜欢打斗的兔分开饲养，以防咬伤。笼内避免有钉子和带刺物，以防钉伤和刺伤。

（2）搞好饲养管理，保持兔舍的空气流通良好。

2. 治疗措施

（1）肌内注射抗破伤风血清以中和毒素，每次每只兔 2 万～4 万单位，1 天 1 次，连用 2～3 天。

（2）镇静、解痉挛，肌内注射 25%硫酸镁溶液 1～2 毫升。

（3）对症治疗，可注射强心剂、葡萄糖生理盐水等。

（4）外伤处理，用 0.2%高锰酸钾溶液冲洗后、再涂上 5%碘酊，然后再撒布磺胺粉。

（二十二）兔嗜水气单胞菌病

兔嗜水气单胞菌病是以幼兔排泄乳白色稀便，盲肠浆膜、黏膜出现弥漫性出血为特征的传染病。嗜水气单胞菌属于弧菌科，气单胞菌属，是引起人肠道感染病原之一。嗜水气单胞菌的不同菌株间存在着毒力差异，强毒株的溶血性可高于低毒株 20 倍。致病菌株产生多种毒力因子，如溶血素、细胞毒素和肠毒素等。

【流行特点】

本菌宿主范围十分广泛，变温动物、家禽、水禽、鸟类、哺乳动物（如兔、牛等）都可感染本菌并致败血症死亡。嗜水气单胞菌在自然界，尤其是在水中广泛分布。该菌可以单独或与其他致病菌混合感染，可以通过外伤经被污染的水源感染，能产生具有溶血性并引起败血症的外毒素。1～2 月龄的幼兔最易感染。

【临床症状和病理变化】

临床上开始见家兔精神不好，不吃料，随后出现腹泻，粪便呈乳白色，病兔很快死亡。剖检死亡兔可见肠道严重出血，特别是盲肠的浆膜和黏膜呈弥漫性出血。肝、肾瘀血，心包有积液，心肌出血，肺瘀血。腹膜炎，腹水增多，腹腔内脏器官表面有灰白色假膜，肝和肾脏苍白或因胆汁浸润而变绿。肾肿大而松软。

【预防和治疗】

1. 预防措施

（1）嗜水气单胞菌在自然界，尤其是在水中广泛存在，因此，在饮水时应特别注意，尤其是利用养鱼的池塘水时更要小心，因为鱼类等变温动物对本菌十分敏感，鱼类在水中往往是本菌的带菌者而污染水源，兔饮用被污染的水可被感染。应注意水质的检查和消毒。

（2）被病兔及死亡兔污染的场所、用具等应很好地消毒。消毒方法是铁笼可用火焰消毒，木制的用具可用开水烫或在强阳光下曝晒消毒，兔舍的过道等可用化学药品进行消毒。发现病兔立即隔离，防止互相感染，对体弱而又不能治愈的病兔采取扑杀、淘汰处理，死亡兔不要随意抛弃，应焚烧或深埋处理。

2. 治疗措施 治疗可选用庆大霉素、环丙沙星、增效磺胺等药物。

（二十三）兔螺旋梭菌病

兔螺旋梭菌病是以急性腹泻为特征的传染病。本病的病原为革兰氏阳性螺旋形梭状芽孢杆菌，能产生毒素致幼兔腹泻而死亡。

【流行特点】

不同年龄的兔都可发生，而以刚断奶的仔兔最易感染。成年兔发病，如使用克林霉素一类的抗生素，可使肠道中的正常细菌区系受到破坏，引起肠道内的生态失衡，螺旋梭菌迅速生长繁殖并产生毒素，进而出现致命的肠毒血症。

【临床症状】

本病的临床特征是急性腹泻发作，没有任何先兆症状而死亡。死前仅能见到精神沉郁，肛门被粪便污染，粪便呈黑色液体状。

【病理变化】

剖检变化为胃黏膜脱落；盲肠明显膨大，内有黑色液体和气体，有特殊的刺鼻气味，盲肠黏膜充血，结肠有大量恶臭的液体，肝、脾、肾脏瘀血。

【预防和治疗】

1. 预防措施

（1）本病的饲养管理十分重要，特别是幼兔和怀孕母兔容易感染，饲料配方应稳定。在对病兔的治疗中，应特别注意抗生素的应用，成年兔发病后，如果使用克林霉素类抗生素，可使肠道的正常细菌区系受到破坏，引起肠道内的生态平衡失调，而引发疾病。

（2）病兔排泄物、病死兔的内脏器官均带有病菌，当其污染兔场地时，将成为污染源，因此，应及时清理和消毒，粪便堆积发酵后方可利用。

2. 治疗措施

（1）庆大霉素，肌内注射，每千克体重 3～5 毫克，每天 2 次，连用 2～3 天；同时口服黄连素、维生素 C 各 1 片。

（2）四环素，肌内注射，每千克体重 25～40 毫克，每天 2 次，连用 2～3 天；也可口服，每天每只兔 100～200 毫克，连用 2～3 天；饮水，每毫升 2.5～5 毫克。

（3）磺胺脒，每千克体重 0.1～0.2 克，分 2 次口服，连用 2～3 天。

（4）环丙沙星肌内注射，每千克体重 5 毫克，每天 2 次，连用 2～3 天。

（5）脱水严重时应及时补液，静脉注射 10%葡萄糖盐水 20～40 毫升，每天 2 次，连用 2～3 天；同时注射维生素 C 2 毫升。

三、兔其他微生物传染病

（一）兔密螺旋体病

兔密螺旋体病又称兔梅毒，是由兔密螺旋体引起的兔的慢性传染病，以兔的生殖器、面部及局部淋巴结的炎症、结节和溃疡为特征。

【流行特点】

本病的易感动物是家兔和野兔，其他动物和人均不感染。兔密螺旋体主要通过交配而传播。8 月龄以下不到配种年龄的兔也可经外生殖道的接触而感染。将病料人工接种于睾丸、阴道、阴囊或背部皮下、眼角膜等处都会使兔感染发病。兔密螺旋体还可以引起兔的淋巴结炎，这种兔缺乏明显的临床症状，但可以长期带有病原体，兔抵抗力下降时，就可能引起发病。

本病的传染源是病兔和隐形感染的家兔，被污染的垫草、用具、饲料等都是传播媒介。本病在兔群中一旦发病，则发病率极高。绝大多数发生于成年兔，性未成熟而未交配的幼兔则很少发病、一般适龄母兔的发病率比公兔高。发病常呈良性经过，死亡率极低。

【临床症状】

家兔感染密螺旋体后，潜伏期 5～30 天，有时长达 3 个月。发病初期，公兔的阴囊和包皮水肿，进而皮肤出现糠麸样变化，阴茎水肿，龟头肿大。母兔可见外生殖道和肛门周围红肿，并逐渐形成粟粒大的结节，以后肿胀部的表面逐渐有渗出物而变为湿润，结成棕色痂块，痂下出现溃疡，稍凹下，并易于出血。病变部的痛痒使病兔摩擦或抓挠，并把病菌带到鼻、眼睑、唇、爪等部位，使感染蔓延，造成被毛脱落，皮肤红肿，形成结痂、溃疡。病变处愈合后被毛重新长出。

慢性病变多发生于干燥的稍突起部位，容易被忽视。腹股沟淋巴结和腘淋巴结肿大。本病无明显全身症状，精神、食欲、大小便、体温等均无异常。对公兔的性欲影响较小，但可影响母兔的配种和受胎率。本病主要为慢性经过，病程可拖延几个月，甚至更长，以后逐渐恢复。

【预防和治疗】

1. 预防措施 平时防止本病的主要措施包括清除带菌的各种动物，消毒和清理被污染的水源、场地、饲料、兔舍、用具等，以防传染和扩散。防止引进病兔，购入新兔时要隔离观察 1 个月，并定期检查外生殖器，无病者方可放入群内饲养。配种时要详细进行临床检查，检查健康时才能参加配种。病兔和可疑病兔应停止配种，隔离治疗，重病者要坚决淘汰。另外，应彻底清除污物，并用2%氢氧化钠、1%～2%甲醛或3%来苏儿消毒兔笼和用具等。

2. 治疗措施 可用青霉素肌内注射，每千克体重4万～5万国际单位，每天2次，连续5天。用药后10～14天内可以治愈，恢复后的兔即能允许配种。也可用新胂凡纳明，每千克体重40～60毫克，以注射用水或生理盐水配成5%溶液静脉注射，必要时隔2周重复注射1次。青霉素和新胂凡纳明合并使用，效果更好。铋剂为胂剂的良好佐药，可用10%次水杨酸铋注射液肌内注射（配合治疗），每千克体重0.07～0.08毫升，隔14天注射1次。局部用2%硼酸溶液，0.1%高锰酸钾溶液洗涤后，涂抹青霉素软膏或碘甘油。

（二）兔疏螺旋体病

兔疏螺旋体病又称莱姆病，是由伯氏疏螺旋体引起的一种自然疫源性人兽共患传染病。临床上以叮咬性皮肤损伤、发热、关节肿胀疼痛、脑炎和心肌炎为主要特征。

【流行特点】

本病分布很广，传播迅速，而且易引起人和动物多种脏器多系统损伤，致残率高，危害性大，对人类和动物的健康，以及畜牧业的发展造成严重威胁，已引起世界各国的普遍关注。蜱类是主要传播媒介，优势传染源。主要通过媒介蜱和吸血昆虫的叮咬而传播，也可通过直接接触而水平传播，或随蜱类粪便污染创口而感染。不同年龄和不同品种的兔均可感染发病，但以新西兰白兔最易感。本病多发于6～9月份，具有明显的季节性，常呈地方性流行的特点。

【临床症状和病理变化】

家兔被带菌蜱叮咬后，病原随蜱的唾液进入皮肤伤口，潜伏期为3～30天，在皮肤中缓慢增殖和扩散，造成皮肤红斑、发炎等损伤。当其增殖到一定数量时便可侵入血流而散布全身，引起动物发热、关节肿胀、疼痛及神经系统、循环系统及泌尿系统等的损伤，并表现相应的临床症状。病死家兔四肢关节肿大，关节囊增厚，含有多量的淡红色滑液，全身淋巴结肿胀，以及心肌炎及肾小球肾炎等。

【鉴别诊断】

根据该病多发生于炎热夏季，与当地蜱类和吸血昆虫活动时间、数量有关，有接触蜱类和吸血昆虫的历史等流行特点，结合临床上发热、嗜睡、关节肿胀疼痛，局部皮肤肿胀过敏，以及脑炎、心肌炎等特征和病变，可作出现场诊断。要确诊应进行实验室检查和血清学实验。

在本病的定性过程中，必须与兔布鲁氏菌病相区别。兔布鲁氏菌病在临床上除出现发热、关节肿胀疼痛外，还可引起孕兔流产、生殖道炎症；公兔则发生睾丸肿大、附睾炎等。取流产胎儿及阴道分泌物进行细菌学检验或采取血清学进行试管凝集试验，可与兔疏螺旋体病相鉴别。

【预防和治疗】

1. 预防措施　主要措施是彻底消灭蜱类、吸血昆虫及鼠类，严防其叮咬。夏、秋季节可用驱避剂与杀虫药驱逐与杀灭蜱类和吸血昆虫、效果良好。改善兔舍建筑结构，搞好环境卫生，铲除其孳生地。严禁其他动物特别是野生动物进入兔场，引进兔种一定要严格检疫。发生疫情要及早作出诊断，隔离病兔进行治疗，全面彻底消毒，消灭宿主动物和传染源。工作人员要穿防护服，注意自身防护，以免感染。目前尚无用于预防本病的疫苗。

2. 治疗措施　病初，可用青霉素、强力霉素、先锋霉素、红霉素、四环素等进行治疗，晚期治疗效果不佳。青霉素，每只兔每次肌内注射 5 万～10 万国际单位，每天 2 次；强力霉素，每千克体重 5～10 毫克，每天口服 1 次；先锋霉素，每千克体重 20 毫克，肌内注射，每天 2 次，连用 6 天；红霉素，每次 50～

100 毫克肌内注射，每天 3 次，连用 5 天；四环素，每只兔内服 100～200 毫克，连用 5 天。

（三）兔衣原体病

衣原体病又称鹦鹉热，是由鹦鹉热衣原体引起的一种人兽共患传染病，也是一种自然疫源性疾病。在临床上以引起人类、鸟类及多种哺乳动物的肺炎、肠炎、结膜炎、流产、多发性关节炎、脑脊髓炎及尿道炎等为特征。

衣原体对高温的抵抗力不强，在低温则可存活较长时间，如 4℃可存活 5 天，0℃存活数周。对化学试剂敏感，0.1％福尔马林溶液、0.5％石炭酸溶液在 24 小时内，70％的乙醇溶液中数分钟，2％来苏儿液 5 分钟均能将其灭活。

【流行特点】

各种年龄、品种的兔都可感染发病，但以 6～8 周龄的兔发病率最高，呼吸道是主要传播途径，还可经口腔感染和胎盘垂直感染等。蚊、蚤、虱、螨等为传播媒介。本病一年四季均可发生，呈地方流行性或散发性。管理不当，营养不良，过度拥挤，长途运输，患细菌性或原虫性疾病，环境污染等应激状态，均可导致大批发病死亡。

【临床症状和病理变化】

家兔感染衣原体后在临床上可出现下列四种病型。

1. 流产型 孕兔可引起流产和死胎。病死兔子宫及阴道黏膜发炎，胎儿水肿，皮下及肌肉出血等。

2. 脑脊髓炎型 病兔体温升高，精神沉郁，厌食或少食，虚弱，流涎、四肢无力、关节肿大，不愿站立，倒地，四肢划水状，角弓反张，最后出现麻痹症状，3 天内死亡。剖检病死兔见纤维蛋白性腹膜炎、胸膜炎和心包炎。脑膜和中枢神经系统血管充血、发炎、水肿。脾和淋巴结肿大，有的发生大叶性肺炎病变等。

3. 肺炎型 病兔出现高热，精神不振，食欲下降，咳嗽、消瘦，从鼻中流出浆液状分泌物。病死兔肺的尖叶、心叶及膈叶充血与硬变，膈叶间中隔增厚，外观似大理石状，气管与支气管黏膜轻度充血。肝坏死，脾肿大等。

4. 肠炎型 多发于断奶幼兔，病兔排水样粪，消瘦，脱水，低热，急性死亡。病死兔有黏液性肠炎，肠系膜淋巴结肿大，胃肠道前段充满液体，结肠内有大量澄清黏液性内容物。脾萎缩，还可见肺炎及结膜炎病变。

【预防和治疗】

1. 预防措施 加强对兔群的饲养管理，提高机体的抵抗力。消除各种应激因素的不良影响，给予全价营养饲料，饮用清洁水，饲养密度适中，兔舍通风良好，搞好环境卫生。实行“全进全出”制度，坚持兽医卫生消毒措施，兔场严禁饲养其他动物，灭鼠灭虫。引进兔种要严格进行检疫，并隔离观察 1 个月，检查，健康者方可混群。平时也可用土霉素或金霉素拌入饲料中喂兔，进行药物预防。发生疫情时迅速把病兔隔离治疗，无治疗价值的一律淘汰，病死兔及分泌物和排泄物全部烧毁。兔舍、兔笼及用具、场地环境用 2%氢氧化钠溶液或 3%来苏儿彻底消毒。流产胎儿及分泌物用 3%漂白粉消毒处理后深埋。未发病兔进行血清学检查，阳性者立即淘汰。本病人、畜共患，工作人员接触病兔时要注意自身防护，以免发生感染。目前尚无用于预防本病的疫苗。

2. 治疗措施 可选用金霉素，每千克体重 20～40 毫克，每天 2 次肌内注射，连用 3～5 天；口服四环素，每只兔每次口服 100～200 毫克，每天 2 次，连用 3～4 天；红霉素，每次每只兔肌内注射 50～100 毫克，每天 3 次，连用 3 天；土霉素粉剂口服，每天每只兔 100～200 毫克，连用 3～4 天。肌内注射剂量为每千克体重 40 毫克，每天 2 次，连用 3～4 天。流产母兔可用 0.1%高锰酸钾溶液冲洗产道，然后放入金霉素胶囊，每天 1 次。

同时注意支持疗法及对症治疗，方可收到良效。

【鉴别诊断】

在临床上，应注意兔衣原体病、兔沙门氏菌病和兔球虫病的鉴别诊断。

1. 与兔衣原体病鉴别 病兔消瘦、水泻，迅速死亡。怀孕母兔发生流产，并能引起肺炎。胃、十二指肠和空肠充满液体。结肠内有大量清亮黏液，肠系膜淋巴结肿大。肝、蚓突无坏死病灶，而肺脏有坏死病灶。

2. 与兔沙门氏菌病鉴别 病兔腹泻物呈泡沫状，阴道有黏液性分泌物，怀孕母兔发生流产。剖检肠黏膜出血，黏膜下层水肿，肠系膜淋巴结水肿坏死，蚓突黏膜有弥散性粟粒大白色结节，表面被麸皮状物覆盖，心、肝脏也见有同样结节。

3. 与兔球虫病鉴别 病兔眼球发紫，结膜苍白、贫血，出现黄疸、腹部膨胀呈青紫色。急性型突然四肢痉挛。死亡兔血液稀薄，凝固不良。十二指肠、回肠、盲肠黏膜鲜红色、肠管扩张。蚓突、圆小囊、肝脏有灰白色坏死灶，表面没有麸皮状物覆盖。

（四）兔支原体病

兔支原体病是由支原体引起的家兔的一种慢性、呼吸道传染病。临床上以呼吸道和关节的炎症反应为主要特征。本病发生于世界各国，我国各地也有本病的存在。对家兔危害严重的支原体主要是肺炎支原体和关节炎支原体，可引起家兔的支气管肺炎和急性或慢性关节炎，造成很大的经济损失，威胁养兔业的发展。

【流行特点】

支原体对外界抵抗力不强，14℃可存活 47 天，但耐低温，冻干保存于－25℃可存活 23 年以上。常用消毒剂能很快将其杀灭。各种年龄、品种的兔均有易感性，但以幼龄兔发病率最高。

呼吸道是主要的传播途径，还可经其他途径感染。本病一年四季均可发生，但以早春和秋、冬寒冷季节多见。兔舍及环境污染、空气污染、天气突变、受寒感冒、饲养管理不良等，均可诱发本病的发生与流行。

【临床症状】

病兔主要表现为鼻腔流出黏液性或浆液性分泌物，打喷嚏，咳嗽，呼吸急促，喘气，食欲减退，不愿活动。有的病兔四肢关节肿大，屈曲不灵活。

【病理变化】

本病的主要病变在肺、肺门淋巴结。急性死亡的家兔肺有不同程度的气肿和水肿，肺尖叶和中间叶有紫红色病变；慢性病例肺肉变，将病变部位割下来放在水里可以下沉。淋巴结肿大，切面湿润，周缘水肿，气管及支气管有多量泡沫状浆液。后期出现纤维素性、化脓性和坏死性肺及胸膜炎。

【鉴别诊断】

根据流行特点以早春和秋、冬寒冷季节多见，临床症状打喷嚏，咳嗽，呼吸急促，喘气及肺的尖叶、心叶、中间叶和膈叶前缘水肿，气肿和肝变等，可作出现场诊断。确诊需进行病变组织分离培养，通过血清学试验进行验证。

在临床诊断上，应注意兔支原体病与兔巴氏杆菌病、兔波氏杆菌病和兔肺炎克雷伯氏菌病等的鉴别。

1. 与兔巴氏杆菌病鉴别 病兔除有鼻炎及肺炎症状外，还有中耳炎、结膜炎、子宫脓肿、睾丸炎、脓肿及全身败血症等病型。病理变化除纤维性、化脓性肺炎和胸膜炎外，还可见到其他实质脏器充血、出血、变性及坏死等。取病料染色镜检，可见到两极着色的卵圆形小杆菌，即为巴氏杆菌，故可与兔支原体病相鉴别。

2. 与兔波氏杆菌病鉴别 病兔除有鼻炎和支气管炎症状外，还可出现脓疱性肺炎。剖检可见肺部有大小不一的脓疱，肝表面有黄豆至蚕豆大的脓疱，还可引起心包炎、胸膜炎、胸腔积脓等。采取病料涂片染色镜检，可见到革兰氏阴性多形态的小杆菌，即为波氏杆菌，故可与兔支原体病相鉴别。

3. 与兔肺炎克雷伯氏菌病鉴别 两者虽然均有咳嗽、流鼻液症状，但肺炎克雷伯氏菌病可咳出白色脓性分泌物。肺呈小叶性肺炎，肺表面有坏死性病灶。肝脏有灰白色坏死病灶，淋巴结肿大、脓肿，这是支原体病所没有的，可做鉴别诊断。

【预防和治疗】

1. 预防措施 加强对兔群的饲养管理，搞好兔舍和周围环境卫生，防止受寒感冒，消除各种应激因素的不良影响，兔舍通风换气。坚持兽医卫生消毒措施。不从疫区引进兔种，需要引进时要严格进行检疫，并隔离观察1个月以上，确认健康者方可混群。发生疫情时，病兔隔离治疗或淘汰，防止疫情扩大蔓延。未发病兔可用治疗药物进行预防。兔舍、兔笼及用具、场地环境用2%氢氧化钠溶液或0.5%过氧乙酸彻底消毒。目前尚无用于本病预防的疫苗。

2. 治疗措施 可选用卡那霉素，每千克体重10～30毫克肌内注射，每天2次，连用5天，同时用0.006%～0.01%土霉素饮水；抗喘王注射液，每千克体重0.05～0.1毫升，每天2次肌内注射，连用5天；四环素，每千克体重20毫克肌内注射，每天2次，连用5天；盐酸金霉素，每千克体重5～10毫克，以甘氨酸钠注射液稀释，摇匀后肌内注射，也可静脉注射；也可应用林可霉素、泰乐菌素、支原净、2.5%恩诺沙星及乙基环丙沙星注射液等进行治疗。

（五）兔附红细胞体病

兔附红细胞体病是由附红细胞体引起的一种人兽共患传染病。临床上以高热、贫血、黄疸、消瘦和脾脏、胆囊肿大为主要特征。

【流行特点】

附红细胞体不但能感染人发病，而且可感染许多哺乳动物、啮齿动物和反刍动物。家兔附红细胞体的感染率可达60%～80%。由此可见，附红细胞体传播广泛，严重威胁多种动物和人类的健康。

附红细胞体对于干燥和化学消毒剂的抵抗力不强，一般常用消毒药均可将其杀死，0.5%石炭酸溶液37℃ 3小时可将其杀死。但对低温抵抗力强，5℃可存活15天，冰冻凝固的血液中可存活31天，冻干保存可存活数年。

各种年龄和品种的兔均有易感性。本病一年四季均可发生，但于温暖季节，尤其是吸血昆虫大量繁殖的夏、秋季节多见。吸血昆虫及小型啮齿动物是本病的传播媒介，垂直传播也有可能。兔舍及兔笼污染严重，兔体表有寄生虫病，以及存在吸血昆虫孳生的环境和条件，均可促使本病的发生和流行。

【临床症状】

家兔感染附红细胞体潜伏期3～21天，以1～2月龄幼兔危害最严重，成年兔症状不明显，呈带菌状态。病兔表现精神不振，食欲减退，体温升高，结膜淡黄，贫血、消瘦、全身无力，运动失调，无目的地运动，遇到障碍物头顶住不动，眼半睁半闭。呼吸加快，心力衰竭，尿黄，粪便时干时稀。有的病兔还出现神经症状。最后由于贫血、消瘦、运动失调而死亡。

【病理变化】

病死兔剖检可见血液稀薄，黏膜苍白，结膜苍白，腹腔积液，脾脏肿大，胆囊胀满，膀胱胀大，充满黄色透明的尿液，胸膜脂肪和肝脏黄染等。

【预防和治疗】

1. 预防措施 加强对兔群的饲养管理，搞好兔舍和周围环境卫生，定期进行消毒，清除污水、污物及杂草，使吸血昆虫无孳生之地。夏秋季节兔体可喷洒药物，防止昆虫叮咬，并内服抗生素，消除各种应激因素对兔体的不良影响。不从疫区引进兔种，需要引进时要严格进行检疫，并隔离观察1个月以上，确认健康者方可混群。发生疫情时，兔舍可用0.2%过氧乙酸溶液或2%氢氧化钠溶液消毒，病兔隔离治疗或淘汰，防止疫情扩大蔓延。本病是一种人兽共患传染病，应注意公共卫生，当有本病发生时，应做好自身保护工作。

2. 治疗措施 可选用新胂凡纳明，剂量按每千克体重40～60毫克，以葡萄糖溶液溶解成10%注射液，静脉缓慢注射，每天1次，隔3～6天重复用药一次；四环素，每千克体重40毫克，肌内注射，每天2次，连用2～3天；土霉素，每千克体重40毫克，肌内注射，每天2次，连用2～3天。此外，黄色素也可用于本病的治疗。

（六）兔毛癣病

兔毛癣病又称兔体表真菌病、霉菌病，是由须毛癣菌或石膏样小孢子菌所引起的兔的一种真菌性传染病。本病的特征为感染皮肤出现不规则形脱毛、断毛和皮肤炎症。

【流行特点】

病原真菌依附于动植物体上，生存于土壤中，或存在于各体外环境。兔通过直接接触这些传播媒介而感染。不同性别、年龄、品种的兔均易感染，但主要侵害仔兔和幼兔，侵害皮肤和被毛。本病除感染兔外，也感染各种畜禽，野生动物和人。一年四季均可发生，但以春季和秋季换毛季节多发。发病后直接影响皮毛的生长和质量，危害兔的健康。病兔和带菌兔是主要传染源。通过直接接触，或经被污染的土壤、饮水、饲料、用具等传染媒介而感染。兔舍拥挤、潮湿、卫生条件恶劣等可诱发本病。仔兔和幼兔发病率高。

【临床症状】

病状多在脑门和背部，其他皮肤的任何部位均可发生，表现圆形脱毛，形成边缘整齐的脱毛斑，露出淡红色皮肤，表面粗糙，见有灰色鳞屑。发生炎性变化，初期为红斑、丘疹、水疱，最后形成结痂，脱落后形成小的溃疡。病兔发痒、不安、食欲减退、消瘦、衰竭而死。如继发葡萄球菌或链球菌病，会使病情加重，引起死亡。如母兔感染本病，仔兔吃奶后感染，在口、眼、鼻子周围形成红褐色结痂，仔兔成活率很低。部分病兔可并发结膜炎，脓性分泌物使上下眼睑粘连。少数病兔因继发腹泻或呼吸道感染死亡。

【预防和治疗】

1. 预防措施

（1）坚持常年消灭鼠类及吸血昆虫；兔舍、兔笼、用具、兔体保持清洁卫生。兔舍通风换气，定期用碳酸氢钠溶液消毒。

（2）经常检查兔背毛状态。发现病兔及早隔离、治疗、淘汰。病兔停止哺乳、配种。

（3）加强饲养管理，千万不要喂发霉的饲料，增加青料，在日粮中增加胡萝卜素和青绿饲料。

（4）消灭体外寄生虫，用咪康唑溶液进行药浴。病情严重的要淘汰。病兔用过的笼具要严格消毒。粪便尿液等污物用石灰乳消毒后深埋，死兔烧毁。

（5）本病为人兽共患病，特别是儿童，防止人身感染，工作人员注意人身防护工作。

2. 治疗措施 可用制霉菌素、两性霉素 B 和灰黄霉素、克霉净等进行治疗，效果很好。

（1）灰黄霉素每千克体重 25 毫克，拌料或用水制成悬液，内服。外部先用 10％碘酊，后涂擦克霉净 1 号或 7 号，连用 10 余天，治愈率为 95％。

（2）克霉唑癣药水或克霉唑软膏，均匀涂擦患部，每天 3～4 次，直至痊愈。

（3）10%水杨酸酒精或5%～10%硫酸铜溶液涂擦患部，直至痊愈。制霉菌素软膏或2%福尔马林软膏涂布患处，每天3～4次，至痊愈。

（4）兔体进行消毒，兔笼、兔舍、地面、用具等用3%氢氧化钠溶液消毒，净化环境。粪便和尿用10%～20%石灰乳消毒深埋，死兔一律烧毁处理。

（5）加强饲养管理，注意防治螨病、球虫病及葡萄球菌病。

（七）兔深部真菌病

深部真菌病又名曲霉菌病，是由曲霉菌属的真菌引起的一种人、畜共患的真菌病。临床上的主要特征是在呼吸器官组织中发生炎症，并形成肉芽肿结节。

【流行特点】

曲霉菌及其孢子广泛分布在自然界中（如稻草、谷物、木屑、霉变饲料及墙壁、地面、用具和空气中都有存在）。本病遍布全世界，我国常有发生。

曲霉菌及其孢子能产生一种毒素，可使家兔、犬、豚鼠、小鼠和禽类发生痉挛、麻痹和组织坏死。各种年龄和各品种的兔均有易感性，但以幼龄兔多发，成年兔少发。呼吸道是主要传播途径，还可以经消化道和皮肤伤口感染。本病一年四季均可发生，以梅雨季节多见。兔舍阴暗、潮湿、闷热和通风不良，在梅雨季节，饲槽、饮水器、兔笼、垫草和饲料等发霉时，均易引起本病。

【临床症状】

家兔感染此病时，病兔表现精神不振，饮食减少，被毛粗乱，无光泽，逐渐消瘦。体温在39～40℃，呼吸困难；有的病兔眼结膜肿胀，有分泌物，眼球发紫。最后多因衰竭消瘦而死亡。病程多为2～3天。轻度感染者症状不明显。病兔肺脏表面有大小不等的黄白色圆形结节；气管环充血，气管内有黏性分泌物和泡沫，胃底部有出血。

【诊断与鉴别诊断】

根据临床上病兔逐渐消瘦及呼吸困难等特征性症状，结合肺脏表面、肺组织及胸膜下均有大小不等的黄白色、圆形结节等可以作出现场诊断。但是本病必须与两种兔病相区别。

1. 与兔结核病鉴别 病兔食欲不振，被毛粗乱，日益衰弱，消瘦，咳嗽，呼吸困难。黏膜苍白，眼睛虹膜变色，晶状体不透明，体温稍高。患肠结核病兔腹泻。剖检可见尸体消瘦并呈淡黄色至灰色。肝、肺、肋膜、腹膜、肾、心包等部位出现坚实的结节。结核结节大小不一，中心有坏死干酪样物，外面包有一层包膜。

2. 与兔肺炎鉴别 食欲减退或废绝。结膜潮红或发绀。呼吸加快，有不同程度的呼吸困难，严重时伸颈或头向后仰。咳嗽，鼻腔有黏液性或脓性分泌物。肺表面可见到大小不等、深褐色的斑点状肝样病变。

【预防和治疗】

1. 预防措施 预防本病主要应加强饲养管理，兔舍、兔笼及用具保持干燥、卫生、清洁、通风换气，定期进行全面消毒。以新鲜配制的0.3%过氧乙酸溶液熏蒸病兔兔舍；清除垫料、清洗料槽和饮水器，并用10%的漂白粉水溶液浸泡消毒；更换发霉的垫草和饲料，保管好饲料、饲草。采用洁净的饲料饲喂家兔。

2. 治疗措施 治疗该病可以采用制霉菌素每千克饲料100万单位或者每升饮水100万单位，连用3天；灰黄霉素，按照每天每千克体重25毫克内服，每天2次；两性霉素B用注射用水配成0.09%的浓度，按每千克体重0.125～0.5毫克，缓慢静脉注射，隔天1次。同时，按照每升水中加碘化钾5～10毫克，作为饮水用药。治疗本病还可以采用5-氟胞嘧啶及双氟苯咪唑。

（八）兔放线菌病

本病是由放线菌引起的一种散发性传染病，以骨髓炎和皮下肿胀为特征。引起家兔发病的主要是牛放线菌。

【流行特点】

本病病原存在于污染的土壤、饲料和饮水中，也寄生于动物口腔和上呼吸道中，只要皮肤和黏膜发生损伤，便有发病的可能，特别是饲喂粗硬饲草时，发病机会增加。

【临床症状】

本病可侵害下颌、鼻骨、足关节及腰椎骨造成骨髓炎。表现为侵害部位的骨骼增生、肿胀，皮下组织出现炎症，甚至形成肿胀和囊肿。病程长者，结缔组织内出现致密的肿瘤样团块。有的脓肿破溃形成瘘管，使脓汁从瘘管内排出。病变多见于头部和下颌部。

【病理变化】

剖检病死兔，受侵害的组织出现单纯性骨髓炎，周围组织形成化脓性炎症。黏液样脓汁，无特殊臭味，脓汁中含直径为3～5毫米的“硫黄颗粒”。

【预防和治疗】

1. 预防措施

（1）预防本病尚无疫苗。

（2）主要依靠加强饲养管理，如饲喂柔软饲草，防止口腔及皮肤创伤，发现伤口及时进行外科处理等。

2. 治疗措施

（1）内服碘化钾溶液，成年兔每天0.1～0.2克，连续14～28天，直至肿胀完全消失为止。同时，用碘酊涂擦肿胀部，或用碘酊棉球塞入脓肿腔及瘘管中。青霉素、链霉素和碘化钾联合应用，效果更好。

（2）治疗本病时，软组织病灶经治疗可以恢复，一旦病变侵入骨中则难以痊愈。

（3）对软组织局限性病灶，只要体积不大，与健康组织界限清楚，可进行切除。切除后的创口用碘酊纱布填塞，每天更换1次。

（4）用青霉素160万国际单位局部注射，每天2次，连用7～14天，同时，用碘酊涂擦肿胀部位。

（5）也可应用烧烙法将深层病灶烧烙干净。

四、兔寄生虫病

（一）兔球虫病

本病是由于艾美耳属的多种球虫寄生于家兔的肠上皮细胞和肝脏胆管上皮细胞内引起的一种寄生虫病。

【流行特点】

球虫病各个季节都可发生，但以高温高湿季节多发，在南方为5～7月份，北方为7～9月份。兔舍潮湿和高温高潮地区发病率高。本病以断奶至4月龄的幼兔易感性和死亡率最高，成年兔感染后成为带虫者。因此，病兔、带虫兔及被卵囊污染的用具、环境等都是本病的传染源。鼠类、昆虫及饲养人员都可以是本病的机械传播者。

【临床症状和病理变化】

根据球虫的寄生部位可分为肠型、肝型和混合型三种。开始时病兔食欲减退，精神沉郁，伏卧不动，生长停滞。眼鼻分泌物增多，体温升高，腹部胀大，臌气，下痢，肛门沾污，排粪频繁。肠球虫有顽固性下痢，甚至血痢，或便秘与腹泻交替发生。家兔球虫病的后期往往出现神经症状，四肢痉挛、麻痹，因极度衰竭而死亡。

肠型球虫病一般为急性型。患病幼兔突然倒下，四肢痉挛，头向后仰，发出惨叫，很快死亡。慢性型病兔食欲不振，腹部膨胀，膀胱积尿，腹泻，拱背，肛门沾满恶臭的稀粪，经 8～10 天死亡。死后剖检，急性型的兔肠血管充血，肠黏膜有点状出血；慢性型病兔肠黏膜上有很多坚硬白点及化脓坏死性病灶。

肝型球虫病是球虫侵害肝脏所致，表现为肝脏肿大，肝区有触痛感，眼球发紫，眼结膜苍白，有少数间有黄疸症状。病兔下痢，贫血，被毛失去光泽、易脱落，很快消瘦死亡。死后剖检，见肝表面有粟粒大小的白色微黄结节，刺破结节有白色脓汁流出。病兔腹水较多。

混合型球虫病具有肠型和肝型两种临床症状，较多发生在老兔场。病兔消瘦，贫血，下痢与便秘交替发生。常做排尿状，肝肿大，腹部增大，走路有水碰撞声，不久便营养衰竭而死。

【预防和治疗】

1. 预防措施 本病应以预防为主，措施如下。

（1）保持兔舍的干燥、清洁。平时在精料中加入 1%～2% 的木炭末，可防止兔拉稀和抑制虫卵的生长、繁殖。

（2）仔兔、幼兔、成兔分群饲养。

（3）发现病兔，立即隔离治疗，同时全群紧急药物预防。对病兔的尸体和内脏要深埋或烧掉，被污染的圈舍、场地、用具等要进行消毒。消灭兔场内的鼠类、蝇类及其他昆虫。

（4）新引进兔一定要隔离观察。

（5）加强饲养管理，提高兔抵抗力。在球虫病流行季节，在每吨饲料中混入氯苯胍 150 克，连续喂兔 45 天。

（6）对断奶前后至 4 月龄幼兔进行药物预防。

2. 治疗措施

（1）磺胺喹噁啉 预防用 0.02%浓度饮水，连用 3～4 周；治疗用 0.03%浓度饮水或混饲。

（2）磺胺氯吡嗪（三字球虫粉） 预防按 0.02%浓度饮水，供断奶仔兔饮用，连用 30 天，药液最好当天配制，当天用完；发病时治疗量为 0.3%浓度。

（3）磺胺甲基异噁唑（新诺明）和三甲氧苄氨嘧啶　按5：1混合，治疗量按0.04%浓度混料饲喂，连用7天，必要时停3天再用7天。

（4）二硝苯酰胺（球痢灵）　将此药与3倍量磷酸钙一同研细，配成25%的混合物，预防以0.012 5%浓度剂量拌料饲喂；治疗以0.025%～0.03%浓度混饲，连用3～5天。

（5）莫能霉素　预防按0.002%浓度混饲；治疗按0.005%浓度混饲。

（6）磺胺二甲嘧啶　按0.2%的浓度饮水或按0.5%～1%的比例混饲，连用3～5天。必要时，停药1周再重复用药1～2个疗程。

（7）氯苯胍　拌料饲喂，每吨饲料中用药300克，1周后用药量减半。

（8）兔球灵　按每天每千克体重100毫克内服。或将1克药拌入1千克饲料，让兔自由采食，连续喂给21天，能有效地控制家兔球虫病的发生。

（9）大蒜或葱头　用5%～10%的大蒜或葱头浸液灌服，每天2次，每次1～2汤匙。也可将大蒜或葱头切碎拌入饲料内喂给。

（10）敌菌净　按每千克饲料200毫克或每千克体重20毫克服用。若按每千克体重给药，每天1次，连喂60天，间隔1周后，继续下一疗程。

（11）氯羟吡啶　按每100千克饲料加入12.5克给兔喂服，连续2个月，间隔1周后，继续下一疗程。

对球虫病的治疗应注意以下几点：其一，早期用药，晚期效果不好。其二，轮换用药，一般一种药用3～6个月改换其他药，但不能换同一类型的药，如不能从一种磺胺药换成另一种磺胺药。其三，应注意对症治疗，采取辅助疗法。如补液，补充维生素K、维生素A等。

（二）兔豆状囊尾蚴病

豆状囊尾蚴病是豆状带绦虫中绦期豆状囊尾蚴寄生于家兔等啮齿类动物的肝脏包膜、大网膜及肠系膜等处所引起的一种绦虫蚴病。豆状囊尾蚴呈球形，似黄豆或豌豆样水疱，透明，其中有一个白色小头节。感染严重时能引起肝脏损害，消化紊乱，甚至死亡。近年来，随着养犬的增多，该病的流行也逐渐普遍，严重地影响着养兔业的发展。

【流行特点】

成虫寄生于犬和狐狸等肉食性动物的小肠，带有虫卵的孕节节片随粪便排出体外。兔在吞食了被豆状带绦虫的孕卵节片或虫卵污染的饲料和饮水后，在消化道中六钩蚴逸出，钻入肠壁，随血流进入肝实质，并在其中发育15～30天；之后穿破肝被膜进入腹腔，黏附在内脏表面继续发育成熟。犬、狐等吞食了含豆状囊尾蚴的兔内脏后，囊尾蚴包囊在犬等的消化道中破裂，囊尾蚴的头节附着于小肠壁上，约经1个月发育为成虫。

【临床症状】

病兔大多为1月龄以上幼兔，少量寄生时常无明显症状，大量感染表现为被毛粗糙无光泽，食欲不良、腹部膨胀，用手提起有拍水声音。可视黏膜苍白，贫血，消化不良或紊乱，食欲减退，仔兔生长发育迟缓，大多水样腹泻，部分粪球小而硬，且外裹一层胶冻样黏液，挂在兔笼底部。病重者出现黄疸，精神萎靡，嗜睡少动，耳朵苍白，眼结膜苍白，呈现贫血症状。病兔逐渐消瘦，后肢瘫痪。急性死亡，死亡率极高，至60日龄时几乎100％死亡。剖检发现尸体消瘦，皮下水肿，有大量淡黄色腹水。肝脏色彩不均，表面有黑红或灰白色条纹。严重的慢性病例可见肝肿大、硬变，肠系膜、网膜及肝表面等处有大小不一绿豆大至黄豆大灰白色、半透明囊泡的豆状囊尾蚴。有时囊尾蚴可多达数十或数百个，状似葡萄串。

【预防和治疗】

1. 预防措施 豆状囊尾蚴病主要是管理不当引起的，应以预防为主。首先，养兔场应避免野犬进入，兔场自养的犬也要定期驱虫，用吡喹酮每千克体重 5 毫克 1 次口服或皮下注射，可驱除成虫。其次，加强饲养管理，防止兔的饲料及饮水被犬粪便污染，切断传播途径。最后，对家兔的废弃物要妥善处理，绝对禁用病死的兔内脏喂犬，可减少人为传播。另外，搞好兔场环境卫生，各种用具和设施经常消毒，场内还要做好防鼠、灭鼠工作，以防病原进入兔场。

2. 治疗方法

（1）吡喹酮，每千克体重 25 毫克，皮下注射，每天 1 次，连续 5 天。或者每千克体重 50 毫克，1 次口服，连用 3 天。

（2）甲苯咪唑，按每千克体重 35 毫克，1 次口服，连用 3 天，或按每千克体重 200 毫克 1 次口服。

（3）丙硫苯咪唑，按每千克体重 40 毫克，1 次口服。

（4）早晨空腹服生南瓜子 50 克或者炒熟去皮碾成末，2 小时后喂服槟榔 80～100 克煎剂，再经半小时喂服硫酸镁溶液。

（三）兔弓形虫病

兔弓形虫病是一种人兽共患病，病原是弓形虫。弓形虫病在人、畜及野生动物中广泛传播，各种兔均可感染。猫是弓形虫的终末宿主，在猫小肠上皮内进行增殖和生殖，最后形成卵囊随猫粪便排出体外。动物吃了含有弓形虫的中间宿主的肉、内脏、渗出物、排泄物和乳汁而被感染。弓形虫的速殖子还可以通过皮肤黏膜感染，也可以通过胎盘感染胎儿。兔饲料被含有大量弓形虫卵囊的猫粪污染，是兔场弓形虫病暴发流行的主要原因。

【流行特点】

本病的易感动物为包括兔在内的多种动物及人，因此，其感染来源为多种发病和带虫动物；其中猫粪便中含有大量卵囊，是最重要的传染源。感染途径主要经消化道，也可经破损的皮肤、黏膜及胎盘感染。被患猫的粪便及其他病畜、带虫畜的分泌物、排泄物污染的饲料、饮水、用具、土壤等均是传播媒介，多种昆虫和蚯蚓也可成为传播媒介。本病无明显的季节性，但多发于温暖潮湿的季节和地区、养有家猫的畜群、有野生猫科动物活动的放牧地。

【临床症状】

兔弓形虫病的症状可分为急性型、慢性型与隐性型。急性型主要发生于仔兔，病兔突然发病，不食，精神沉郁，体温升高和呼吸加快，有眼屎，流鼻液，嗜睡，腹部由于腹水膨胀。几天内出现运动失调或麻痹，有惊厥，常于发病后2～8天内死亡。慢性型病程较长，常见于老龄兔，病兔减食，进行性消瘦、贫血。常后躯麻痹，随着病程发展，病兔出现中枢神经症状，通常表现为后躯麻痹，病程较长，多数可康复，但也有死亡者。怀孕母兔出现流产。病兔有的突然死亡，但病兔大多可以康复。隐性型不表现临床症状，血清学检查呈阳性。

【病理变化】

急性型以淋巴结、脾、肝、肺和心脏的广泛坏死为特征。上述器官肿大，并有很多灰白色坏死灶及大小不一的出血点，肠高度充血，常有扁豆大的溃疡，胸、腹腔有渗出液，此型主要发生于仔兔。

慢性型以各脏器水肿、增大，并有散在的坏死灶为特征。此型常见于老年家兔。

隐性型主要表现为肉芽肿性脑炎，伴有非化脓性脑膜炎的病变。

【预防和治疗】

1. 预防措施

（1）猫是弓形虫的完全宿主，兔和其他动物仅是弓形体原虫无性繁殖期的寄生对象，因此，要防止猫接近兔舍传播该病，饲养员也要避免和猫接触，并灭鼠。加强兔舍的卫生管理，定期做好消毒工作。

（2）定期消毒饲料、饲草和饮水，严禁被猫的排泄物污染。

（3）对流产胎儿及其他排泄物要进行消毒处理，场地用1%来苏儿、3%氢氧化钠溶液彻底严格消毒。发现病兔应及时隔离治疗，对病兔尸体应烧毁或深埋，在发病期间应注意人的防护。

2. 治疗措施 治疗家兔弓形虫病以磺胺类药物疗效好，与抗菌增效剂合用效果更佳。可参考如下方法进行治疗：

（1）*磺胺嘧啶＋甲氧苄氨嘧啶* 前者首次用量每千克体重0.2克，维持量每千克体重0.1克。后者用量每千克体重0.01克，每天1次内服，连用5天。

（2）*磺胺甲氧吡嗪＋甲氧苄氨嘧啶* 前者首次用量每千克体重0.1克，维持量每千克体重0.07克。后者用量每千克体重0.01克，每天1次内服，连用5天。

（3）*长效磺胺＋乙胺嘧啶* 前者首次用量为每千克体重0.1克，维持量每千克体重0.07克。后者用量每千克体重0.01克，每天1次内服，连用5天。

（4）*蒿甲醚* 每千克体重用量6～15毫克，肌内注射，连用5天，有很好的效果。

（5）*双氢青蒿素片* 每只兔每天用量为10～15毫克，连用5～6天。

（6）*磺胺嘧啶钠注射液* 肌内注射，每次0.1克，每天2次，连续3天。

（四）兔双腔吸虫病

双腔吸虫病是由双腔属的矛形双腔吸虫、中华双腔吸虫寄生于兔的胆管和胆囊中所引起的寄生虫病。本病在反刍兽多见，家兔亦可感染。

【流行特点】

病原为矛形双腔吸虫或中华双腔吸虫，虫体扁平透明，矛头样。其中矛形双腔吸虫体较大，更呈细长尖锐矛头样；中华双腔吸虫体较小，相对较短宽一点。但均较肝片吸虫小许多。

双腔吸虫的发育需两个中间宿主，第一中间宿主为条纹蜗牛、枝小丽螺等陆地蜗牛，第二中间宿主为蚂蚁。成虫在胆管或胆囊中产卵，随胆汁至肠道后随粪便排出体外。被第一中间宿主吞食后，虫卵在蜗牛体内孵出毛蚴，经母胞蚴、子胞蚴的发育阶段，最后产生尾蚴。许多尾蚴在蜗牛的呼吸腔内黏团，经蜗牛呼吸孔排出体外，黏在植物或其他物体上，被第二中间宿主蚂蚁吞食，在其体内形成囊蚴。兔等终宿主吃了含囊蚴的蚂蚁而感染。囊蚴在兔肠道脱囊而出，移行到胆管、胆囊发育为成虫。本病多发生在低湿的山间草场，兔可因饲喂在这些地方收割的青草而发病。

【病理变化】

本病主要造成胆管、胆囊的慢性炎症，管壁增厚，肝肿大，被膜肥厚，表面粗糙；同时吸食宿主营养，造成消化紊乱、贫血。病兔主要表现消瘦、贫血、黄疸，颌下水肿，下痢；严重者瘦弱死亡。

根据贫血、消瘦、黄疸、水肿症状结合流行病学调查可怀疑本病。确诊需粪检查到虫卵或剖检在胆管胆囊中找到虫体。

【预防和治疗】

对本病的预防是不喂高发地区的青草，必要时进行预防性驱虫。药物防治可用下列药品：三氧苯丙酰嗪，按每千克体重 30 毫克口服，安全有特效。丙硫咪唑，按每千克体重 30 毫克口服。吡喹酮，按每千克体重 10～15 毫克口服。

（五）兔肝片吸虫病

本病是由肝片吸虫寄生于动物肝脏胆管所引起的一种人兽共患寄生虫病。本病为世界性分布，多见于反刍动物，兔也可被寄生，特别是以青饲料为主的兔发病率和死亡率均高，可造成严重的经济损失。

【流行特点】

肝片吸虫为大型吸虫，长 20～35 毫米，宽 5～13 毫米，柳叶状，腹背扁平。成虫在肝脏的胆管中产卵，随胆汁进入肠道并随粪便排出体外，在适宜的温度（15～30℃）以及充足的水分和阳光的条件下孵化出毛蚴，毛蚴钻入中间宿主—椎实螺体内，经胞蚴、母雷蚴、子雷蚴，最后发育成尾蚴，尾蚴从螺体逸出，附着在水草上形成感染性囊蚴。兔吃了带有感染性囊蚴的草而被感染。童虫在小肠内脱囊而出，穿过肠壁进入腹腔，然后穿过肝包膜、肝实质进胆管发育为成虫。自感染到发育为成虫需 3～4 个月。成虫可寄生 3～5 年。本病多发生于低洼和沼泽地区和多雨的年份。夏秋两季为该病的多发期，这与中间宿主淡水螺的繁殖、产卵、迅速生长有关。

家兔的发病主要是饲喂了在水边生长的含有囊蚴的青草所致。囊蚴圆形、极小、直径 0.8 毫米，肉眼不易见到，主要附着在各种水草叶茎上，以水面附近最多。囊蚴在潮湿的干草和水内能存活 3～5 个月以上，在干燥及直射阳光下 3～4 周死亡。

【临床症状】

临床表现可分为急性型和慢性型。

急性型主要由幼虫在肝组织中移行造成的。病兔突然发病，体温升高，精神沉郁，食欲减退，喜俯卧，贫血、腹痛、腹泻、黄疸，逐渐衰弱，肝区有压痛，很快死亡，有的因出血性肝炎而死。

慢性型主要是由成虫寄生在胆管造成的，病兔运动无力，背毛松乱，无光泽，进行性消瘦；严重贫血，可视黏膜苍白，结膜黄染；后期严重水肿，特别是颌下、眼睑、胸下水肿明显，消化紊乱，便秘腹泻交替，经 1～2 个月死于恶病质。

【病理变化】

剖检慢性死亡的病兔，可见寄生的成虫。兔体消瘦，皮下、心冠及肠系膜处水肿，胆管、肝脏发炎和贫血。早期肝脏肿大，后期萎缩硬化。有较多虫体寄生时发现胆管扩张，胆管壁明显增粗，呈灰白色索状或结节状，突出于肝脏表面。胆管狭窄，甚至堵塞，胆汁瘀滞而出现黄疸。胆管壁切面增厚，内壁粗糙，管腔内有虫体和糊状物，严重病例可见到肝硬变。

【预防和治疗】

1. 预防措施

（1）对病兔及带虫兔进行驱虫；对以饲喂青饲料为主的家兔，每年要进行定期预防性驱虫。

（2）注意饲草和饮水卫生，不用沟塘、河边的水草、青草喂兔，如不得已需要饲喂，最好的消毒办法是青贮发酵后饲喂（青贮1个月）。也可药物定期驱虫来预防，可以1年2次。

（3）及时清理兔粪，并进行堆积发酵处理；定期对兔舍进行彻底消毒。可以用2%的氢氧化钠溶液消毒兔笼及地面1次，对饮水器和食槽也要进行彻底清洗。

（4）消灭中间宿主淡水螺。

（5）加强饲养管理，增强家兔的抵抗力。

2. 治疗措施

（1）蛭得净（溴酚磷） 对童虫、成虫均有效，按每千克体重10～15毫克给药，1次口服。

（2）丙硫咪唑 对成虫有效，童虫作用较差，按每千克体重15～20毫克，1次口服。

（3）碘醚柳胺 对童虫和成虫均有效，用量参照药品说明书。

（4）硝氯酚 按每千克体重3～5毫克口服。或每千克体重1～2毫克，肌内注射。

（5）硫双二氯酚（别丁） 每千克体重80～100毫克，口服，隔2天再服1次。

（六）兔蛲虫病

兔蛲虫病是由兔栓尾线虫寄生于兔的盲肠、结肠和直肠等引起的消化道线虫病。虫体呈线状，雌雄异体，雄虫体长3～5毫米，粗0.14～0.2毫米，为线头状；雌虫长8～12毫米。该病分布较广，感染普遍，是家兔常见病，严重者引起死亡。

【临床症状】

少量感染时一般不表现临床症状。严重感染时，患病家兔食欲降低，精神沉郁，背毛逆乱无光，眼睛流泪，有较重的结膜炎，机体消瘦，生长受阻，并相继出现轻微下痢，患兔肛门疼痒，常将头弯回肛门部，用嘴啃肛门处，从所排粪便中发现若干条5～7毫米长的白色针状线虫。根据病兔临床症状及蛲虫病特征，诊断为蛲虫病。

【预防和治疗】

1. 预防措施

（1）要加强管理，提高家兔机体的抵抗力。

（2）要注意搞好兔舍卫生，定期对环境进行消毒，及时清理粪便并堆积发酵处理，发现病兔及时隔离治疗，被病兔粪便污染的笼舍、饲槽、饮水槽要及时清洗消毒。

（3）要定期给家兔驱虫，驱虫每半年1次，驱虫药物可用阿维菌素粉或抗蠕敏片。

2. 治疗措施

（1）用2%阿维菌素粉，按每千克体重0.25克的量拌料饲喂，10天后再重复用药1次，效果显著，用后10天病兔粪便中未发现蛲虫。

（2）抗蠕敏片（即丙硫苯咪唑片，50毫克/片），按每千克体重15毫克研碎拌料饲喂，10天后再重复1次。

（3）盐酸左旋咪唑，每千克体重用5～6毫克口服。

（4）硫化二苯胺，以2%的比例拌料饲喂。

（5）对症治疗。结合患病家兔有轻微拉稀症状，采取抗菌消炎措施，用复方敌菌净按每千克体重1片的剂量，酵母片每只兔每次2片，每天2次，研碎拌料饲喂，连用数日，直到病兔拉稀症状消失。

（七）兔脑原虫病

兔脑炎原虫病是由微粒子科的兔脑原虫寄生于脑内引起的慢性原虫病，通常呈隐性感染，本病在很多兔场广泛发生。

【流行特点】

兔脑炎原虫具有广泛的宿主，包括无脊椎动物、啮齿类动物、兔形动物、草食动物、肉食动物和灵长类等。其中家兔的感染率最高。消化道是主要感染途径，经胎盘传染也有可能，病兔的尿液中含有兔脑炎原虫，也可传染本病。本病广泛分布于世界各地，我国也有报道，发病率为15%～76%。

【临床症状和病理变化】

本病一般为慢性或隐性感染，症状为衰弱，体重减轻，出现尿毒症；严重者出现神经症状，如惊厥、颤抖、斜颈、麻痹、昏迷、平衡失调及腹泻、蛋白尿等。有时见脑炎和肾炎症状。病末期出现下痢，后肢背毛被污染，引起局部湿疹，在3～5天内发生死亡。呈隐性感染的病兔大多不表现临床症状，只有当天气变化或者使用免疫抑制剂时才表现临床症状。病兔死后剖检发现肾表面密布针尖大的白色小点，或有灰色小凹陷。如肾脏受害严重，则表面呈颗粒状或高低不平。脑内出现肉芽肿，肉芽肿中心发生坏死，有多量脑炎原虫。

【预防和治疗】

目前尚无有效的治疗该病的化学药物，也没有用于免疫注射的疫苗，用抗血清治疗有一定的效果。也有人报道，用烟曲霉素和氟苯哒唑治疗（每天每千克体重20毫克），对本病有一定的效果。预防措施主要是加强一般卫生防疫，改善卫生状况，清除患病兔和可疑病兔，以便净化兔群。屠宰时发现特征性病变或者检出病原应对兔脑及内脏进行无害化处理。

（八）兔隐孢子虫病

兔隐孢子虫病是由微小隐孢子虫寄生于家兔等多种动物的黏膜上皮细胞表面引起的病原虫病。除家兔外，人、羊、牛、猪、马、犬、猫、鼠等多种哺乳动物都可以感染。家兔等啮齿动物多呈隐形感染。

【流行特点】

隐孢子虫病多发生在温暖多雨的季节，其致病范围很广，主要侵袭消化道黏膜，也可以存在肺、扁桃体、肾脏、胰腺等脏器黏膜上。

【临床症状】

家兔感染时未见有明显的临床症状。严重感染时可见精神委顿、食欲减退、渐进性消瘦、腹泻、脱水等症状。机体营养较差时免疫机能低下，可造成死亡。

【病理变化】

病兔剖检可见尸体消瘦，组织脱水，小肠黏膜出血，十二指肠和空肠肠壁变薄，肠系膜淋巴结轻度肿大。

【预防和治疗】

1. 预防措施 预防该病应加强饲养管理，改善兔舍环境卫生条件，提高家兔的营养水平。对幼龄的腹泻兔及时进行隔离治疗。病愈兔能长期带虫并向外排卵，注意粪便的无害化处理，防治粪便污染环境、食物和饮水。对发病区兔舍进行1%的甲醛溶液或者5%的氨水进行消毒，有利于减少兔隐孢子虫感染。

2. 治疗措施 治疗该病可采用大蒜及大蒜素，有较好的治疗效果，在治疗的同时可用复方新诺明、多酶片等辅助药物。严重腹泻的要及时输液，补充电解质，纠正酸碱平衡。国外也有采用螺旋霉素治疗该病，有较好的疗效。

（九）兔肉孢子虫病

兔肉孢子虫病是由兔肉孢子虫引起的一种原虫病。兔少量感染时一般不表现临床症状，严重感染时，可出现肌肉无力及跛行，生长发育缓慢，肉质下降，甚至不能食用，从而造成严重的经济损失。

【临床症状和病理变化】

肉孢子虫的中间宿主是爬虫类、禽类、啮齿类和草食动物等，终末宿主为肉食动物。肉食动物排出含有子孢子的孢子囊，家兔吞食后感染此病。轻度中毒感染时无症状，严重感染时可出现运动障碍。剖检病变主要心肌、后肢、侧腹和腰部的肌肉可见有许多白色条纹。

【预防措施】

预防本病可加强饲养管理，防止肉食性动物进入兔场以免污染饲料和饮水。由于白尾灰兔对本病的感染率较高，预防上应将家兔和白尾灰兔隔离饲养。屠宰加工过程中，严格禁止将病兔的肌肉、内脏随地抛弃，应做无害化处理后方能利用。兔舍保持清洁、卫生、干燥。在感染严重的场地可用0.1%的伊力佳注射液进行药物预防。

（十）兔卡氏肺孢子虫病

本病是由卡氏肺孢子虫寄生于肺脏而引起的一种原虫病。本病是一种人兽共患病，可感染多种动物，其中包括兔。兔的感染常呈隐性，没有明显的症状和病变，但在使用大量的免疫抑制剂，如考的松之后，可出现临床症状。

【临床症状】

兔的卡氏肺孢子虫病大多不出现临床症状，有人对大鼠使用考的松后出现呼吸困难等症状。但也有人报道，对兔使用考的松后未出现明显的症状。本病多流行于早产兔、幼龄兔及营养不良者，且可出现高热、气促、干咳和呼吸困难等症状，并发生死亡。

【预防措施】

加强饲养管理，改善兔舍卫生环境，防止鼠类、鸟类等进入兔舍。加强检疫及时发现并淘汰病兔，病兔内脏、粪便等要进行发酵处理。被病兔粪便污染的笼舍、饲槽、饮水槽要及时清洗消毒。由于兔卡氏肺孢子虫传播途径尚不十分明了，故尚缺乏治疗措施。有人认为鼠类可能是病原的携带者，在医学上，用戊烷脒治疗人的卡氏肺孢子虫病有特效。但对兔的效果不明显。

（十一）兔棘球蚴病

兔棘球蚴病是细粒棘球绦虫的幼虫寄生于兔及多种动物和人体内脏器官引起的一种绦虫蚴病，是一种人兽共患寄生虫病。

【流行特点】

棘球蚴可寄生于各种野生和家养的草食动物，猪、野生啮齿动物及兔行目、犬、猫、多种灵长动物和人的肝、肺、腹腔和其他部位。本病为世界性分布，家兔感染此虫比较少见。

本病的生活史亦是其成虫细粒棘球绦虫寄生于犬等终宿主小肠内，并不断向外界排出孕卵节片或虫卵，兔吞食后被感染，卵内的六钩蚴由肠壁经血循环进入肝脏、肺脏及其他脏器，其中肝脏寄生的最多，其次为肺脏，约经 1 个月发育为棘球蚴，之后棘球蚴仍在不断长大，当犬等终宿主吞食了含有棘球蚴的动物内脏而感染，在犬的小肠发育为细粒棘球绦虫成虫。本病的致病作用主要是不断长大的棘球蚴压迫其寄生的脏器，使之萎缩和功能障碍，出现相应的症状。

【临床症状】

在本病发生的初期和寄生数量很少时不表现临床症状。到病的后期棘球蚴长得很大或寄生数量较多时，病兔主要表现消瘦、黄疸、消化紊乱和营养失调等症状，个别寄生于肺部时有咳喘或其他症状。病变主要是寄生的脏器的变形，如肝、肺的凹凸不平，有一些豌豆至核桃大小的棘球蚴包囊寄生，呈球形，切开后可流出黄色囊液。另外，也可在其他脏器如脾脏、肾脏、肌肉、皮下、脑、脊髓等处发现棘球蚴。

【预防措施】

预防本病要注意不要以未煮熟的含有棘球蚴的肉喂犬，新引进的犬要检察是否有此虫寄生，以免成为人和兔感染棘球蚴的来源，发现有成虫寄生的犬要立即驱虫；兔的饲料和饮水不要被犬粪污染。

本病的防治措施类似于豆状囊尾蚴病，可参考进行。但对犬的驱虫和兔的驱虫用药量需大大增加，驱除犬细粒棘球绦虫仍用吡喹酮，用量按每千克体重 10～20 毫克；对兔可按每千克体重 50～100 毫克，1 次口服。

（十二）兔日本血吸虫病

日本血吸虫病是我国长江流域及其以南地区重要的人兽共患寄生虫病。它的宿主广泛，各种家畜和野生哺乳动物几乎都可以感染。家兔一般为圈养或笼养，自然感染的机会比较少，在疫区一般是通过饮用水和采食带有尾蚴的青草而感染。

【临床症状】

少量感染时，一般无明显的临床症状，大量感染时可出现贫血、消瘦、体温升高、腹泻、便血，后期出现腹水，最后衰竭而死。发病早期，患病兔肝脏表面散布有许多针尖大小、稍突出于肝脏表面的灰白色的结节。严重感染时，肝脏显著肿大，病变晚期，肝脏多半表面粗糙不平，变硬，出现腹水，脾脏也不同程度肿大。在肠道黏膜表面有灰白色的结节。

【预防和治疗】

本病宿主范围广泛且病原生活史复杂，综合防治是一项系统工程。但家兔多为圈养和笼养，可采取以下措施：注意饮水和饲料卫生，避免感染尾蚴；患病兔要及时治疗或淘汰；兔粪进行无害化处理；注意消灭中间宿主钉螺，阻断该病的发育循环途径。

治疗该病可用六氯对二甲苯（血防-846），按每千克体重100毫克，每天1次，连用7天，口服；吡喹酮，按每千克体重50～70毫克，1次口服。

（十三）兔结膜吸吮线虫病

本病是由眼结膜吸吮线虫寄生于兔的眼结膜或泪管中引起的眼寄生虫病。兔、犬、猫及人均可感染，犬、猫是主要宿主，家兔感染也较为普遍。虫体呈线状，乳白色或象牙色，圆柱状。果蝇为其中间宿主，成虫在眼结膜囊内产卵，含有幼虫的卵被果蝇吞食后，幼虫逸出，穿过果蝇肠壁进入体腔等部位，发育为侵袭性幼虫，并移行头部，当果蝇在兔眼睛吸食分泌物时，侵袭性幼虫主动穿出果蝇的唇瓣进入兔眼睑内，经40～50天发育为成虫。

【临床症状】

本病可引起兔的结膜炎、角膜炎，可见兔眼分泌物异常增多，眼结膜充血、出血、瘙痒、流泪；严重时引起糜烂和溃疡，形成疤痕，角膜混浊，视力减退或失明，病兔采食困难、消瘦、虚弱。

【预防和治疗】

本病的预防措施主要是加强卫生管理，防蝇、灭蝇。

治疗可用下列药物：

（1）2%～3%硼酸溶液，冲洗2次。

（2）0.2%海群生溶液，冲洗2～3次。

（3）2%可卡因滴眼，检出虫体；或10%敌百虫溶液滴眼。

（4）1/1 500碘溶液（碘片1片，碘化钾1.5克，水1 500

毫升），冲洗2次。

（十四）兔肝毛细线虫病

本病是家兔及许多其他动物常见的寄生虫病，猪及人也可感染，犬和猫是暂时性宿主。本病不需中间宿主，成虫寄生于肝组织内，并就地产卵，卵一般无法离开肝组织，当动物尸体腐烂分解释放出虫卵；或肝脏被犬、猫等吞食，肝组织被消化，虫卵随其粪便排出体外，并在有空气条件下发育为感染性虫卵，兔或其他动物吞食了此种感染性虫卵而感染。

【临床症状】

病兔少量感染时常无明显症状，严重感染时，可见有消化紊乱、消瘦、黄疸等肝炎症状。病变主要是肝脏中出现黄豆大小白色或淡黄色结节，质硬，有时成堆，内含虫卵。有时可见成虫移行孔道，并可找到虫体，本病生前诊断较为困难，根据剖检病变，取结节压片找到虫卵可以确诊。

【预防和治疗】

对本病应以预防为主，消灭鼠及野生啮齿动物，禁止犬、猪进入兔舍内，避免鼠粪污染饲料和饮水；加强饲养管理和卫生管理，经常打扫兔舍和兔场，对饲料和饮水器等定期消毒；及时将发病兔隔离，病兔的尸体要焚烧深埋；兔的肝脏不能生喂给犬、猫等暂时宿主。

对本病的治疗可选用以下药物：

（1）丙硫咪唑，按每千克体重20～25毫克，口服。

（2）甲苯唑，按每千克体重30毫克，口服。

（3）盐酸左旋咪唑，按每千克体重36毫克，口服。

（十五）兔连续多头蚴病

本病是连续多头绦虫的幼虫——连续多头蚴寄生于兔皮下组织、肌间、脑、脊髓、结缔组织引起的寄生虫病。其成虫连续多头绦虫寄生于犬的小肠。本病呈世界性分布，人也可以感染。虫卵随犬的粪便排出体外，污染饲料和饮水，被兔等中间宿主吞入而感染此病。

【临床症状】

本病的症状因寄生部位不同而异，大多数虫体包囊寄生于皮下和肌间结缔组织，此时主要表现为皮下肿块和关节活动不灵，个别寄生于脑脊髓，可出现神经症状及麻痹。

【预防和治疗】

防止犬粪污染兔的饲料和饮水，同时避免用含有连续多头蚴的兔肉喂犬。定期进行驱虫。具体措施和用药可以参考豆状囊尾蚴病。有人用麝香草酚溶解于油质内，隔天注射1次，可使皮下包囊退化。也可以用丙硫咪唑进行治疗。另外，少数感染时用手术摘除包囊也是好的治疗方法。

（十六）兔毛圆线虫病

蛇形毛圆线虫为世界性分布，主要寄生于绵羊等反刍动物，野生啮齿类、兔、棉尾兔、野兔及哺乳动物等也有寄生。家兔感染时，虫体寄生于兔的小肠和胃。一般感染时没有明显的临床症状，严重感染时可能有腹泻症状。对兔的治疗方法尚未明确。应避免兔从草和水中吃到幼虫。

【预防措施】

本病的预防措施主要有加强饲养管理，给家兔提供充足的营养和适宜的温度、湿度、光照等饲养环境。兔笼、兔舍及用具应保持清洁干燥、通风良好。每天清扫笼舍内的粪便及污物，并运至远离兔舍的地方堆积，发酵30天以上再用作肥料。饲草和饮水要清洁，避免兔吃发霉、腐败饲草和饲料。清除兔舍周围杂物、垃圾及乱草堆等，并采取杀虫、灭鼠和灭蝇措施。加强卫生防疫和消毒工作，对病兔应进行隔离饲养，致死的兔尸或因病扑杀的死兔应进行无害化处理。

（十七）兔蚤病

兔蚤病是由兔蚤寄生于兔身上引起的一种慢性体外寄生虫病，对兔造成一定的危害。由于兔蚤吸食血液，刺激皮肤，引起瘙痒，可见到患兔用嘴啃咬或者摩擦瘙痒部，致使患部被擦伤或咬伤，出现红肿、部分脱毛。重者可出现消瘦贫血，抓伤部位继发细菌感染，引起化脓性皮炎。

【预防措施】

（1）清除孳生地　宜在平时结合灭鼠、防鼠进行，包括清除鼠窝、堵塞鼠洞、清扫兔舍、室内暗角等，并用各种杀虫剂杀灭残留的成蚤及其幼虫。

（2）灭蚤防蚤　用敌百虫、敌敌畏等喷洒杀蚤有效。使用杀虱药对于兔蚤病的治疗也有效。同时，注意对家兔的饲养管理，提高家兔自身抵抗力。在鼠疫流行时应采取紧急灭蚤措施，并加强对家兔的防护。防止野兔进入家兔饲养场，并保持兔舍的清洁、干燥、做好定期消毒工作。

五、兔常见的代谢病及中毒病

（一）兔腹泻综合征

腹泻是家兔冬季常发病，本病多因为饲喂不洁或腐败变质的饲料、露水草和陈旧饲料等引起，如果垫草潮湿、饲料配方突然改变，幼兔断奶过早，贪食过量等容易引起腹泻；有些会由于兔舍寒冷、饲喂不定时、兔采食不洁或腐败变质的饲料和陈旧饲料等所致。腹泻多见于刚断奶至 3 月龄的幼兔，由于幼兔在这个时期内要变更几种饲料类型，即由吃奶、以吃奶为主、到以吃料为主三个阶段。在这个时期里，如果饲养不当，则容易发生腹泻。

【病因】

腹泻可分为传染性腹泻与非传染性腹泻，传染性腹泻病因是病原微生物，病死率高；而非感染性腹泻病因是饲料因素，表现为消除病因就可停止腹泻。根据症状又可分为酸性、碱性、感冒性腹泻。酸性腹泻常是由于喂食污秽、变质、易发酵或大量多汁饲料的原因，症状为排便频繁，粪便稀薄，有黏液和气泡，常有肠臌胀并存；碱性腹泻因大量喂食青草及多汁饲料导致消化不良而引起的，症状为腹泻，粪便呈暗褐色，并有腐败的臭味，乳白色尿液；感冒性腹泻多由于受凉引起的，如喂食冰冻的饲料、饮水，在水泥地板上腹部受凉等，其症状表现是粪便稀、频繁、粪便黄褐色。

【临床症状】

对于幼兔来说，腹泻比较常见，主要有：

1. 食物性腹泻 幼兔食用了腐烂变质的饲料、有毒植物和被农药污染的饲料，饲喂不定时定量，贪食过多，饲料突然改变，饮水不清洁，食用了化学药品、农药等，引起中毒性胃肠炎而出现腹泻。病初幼兔消化不良，食欲不振，粪便带黏液，随后拒食，精神倦怠，粪便稀薄并有恶臭味。

2. 黏液性腹泻 幼兔发病后排白色带黏液粪便，病兔腹部膨胀，四肢发冷，磨牙，流涎。发现病兔后要立即隔离，并对兔笼和用具进行消毒。

3. 痢疾性腹泻 幼兔发病初期粪便量多，带有半透明的胶状物，随后粪便减少或没便，只有黏稠的胶状物，后期便中带血，经5～7天死亡。

【预防和治疗】

1. 预防措施 为了预防非传染性腹泻的发生，保证仔兔健康生长，改善饲养管理条件，不喂发霉变质、冰冻或不洁饲料，经常更换笼内的褥草，保持兔舍清洁、温暖，并应给哺乳母兔以营养丰富、易消化的饲料。仔兔由哺乳为主转变为以吃饲料为主时，应逐渐变更，使其有个适应过程。

2. 治疗措施 治疗非传染性腹泻与传染性腹泻的用药和方

法是不同的。对非传染性腹泻首先要考虑除去病因，不要用抗生素，以吸附和调理为主。给予药用炭2～3克，或鞣酸蛋白1～2克，口服，1天2次。对轻症患兔可在干草饲料中加入少量木炭或炒过的高粱面，几天后可治愈。酸性腹泻应口服人工盐2～3克，碳酸氢钠（小苏打）2～3克，或大黄3～5克；碳酸氢钠溶液静脉注射5～10毫升。同时服用乳清，可收到满意的效果。碱性腹泻可灌服0.02%高锰酸钾溶液10～15毫升，每天2次。龙胆酊3～5毫升，每天2次。乳酶生片1～2片，每天2次。感冒性腹泻可用黄连素片1～2片，每天2次。如果腹泻较重，可静脉注射10%葡萄糖生理盐水20～40毫升，加维生素C 2毫升。如果在腹泻过程中有胃肠臌胀，可灌服鱼石脂5～10毫升。或内服磺胺脒每只每次0.2～0.5克，每天3次；或土霉素粉0.1～0.25克，每天3次。对失水过多、体质衰弱的病兔，应静脉注射25%葡萄糖10～20毫升或皮下注射10%葡萄糖30～50毫升。

（二）兔胃臌胀

胃臌胀病是由于胃内食物急剧发酵产生大量气体，食物、分泌物和气体积聚在胃内，致使胃急剧臌胀的一种疾病。家兔臌胀病常发生在秋冬之交季节，多见于2～6月龄的幼兔和青年兔。

【病因】

患病原因主要是家兔不适应温差变化较大的气候。另外，兔多吃了过多适口性好的饲料，特别是难消化的玉米等精饲料和容易发酵的麸皮等饲料，还有吃了易发酵、易膨胀的饲料，霉败、变质的饲料，含露水、雨水、霜雪和经冰冻的青草、树叶和豆科饲料等，都可引起臌胀。兔舍寒冷、潮湿、阳光不足也是发病的诱因。

【临床症状】

通常在采食后数小时内发病。病初表现为伏卧，食欲废绝，反射性流涎、磨牙，腹部逐渐增大等，触诊胃部食物充满且有气体，肠内也存有大量气体，叩诊呈鼓音，心跳加快，呼吸急迫，有腹痛表现，不断鸣叫，常蹲着或伏卧，呼吸困难，心跳加快，可视黏膜潮红，甚至发绀，粪粒变小、干硬，如不及时治疗则会发生胃破裂或窒息、死亡。

【预防和治疗】

1. 预防措施 防止家兔积食，应加强饲养管理，注意清洁卫生，注意定时定量饲喂。不要饲喂变质、腐败、易发酵和冰冻饲料。尤其是刚断奶的时候，应逐渐增加喂量，不要让家兔饥饿不均，暴饮暴食。兔舍应通风良好，防湿、防潮。

2. 治疗措施

（1）在家兔发病初期，可停止喂食 1～2 天，或停喂精料，只喂易消化的青绿饲料。喂料定量、定时，精粗饲料合理搭配，不喂霉败、变质和冰冻的饲料，带露水、霜雪饲草晾干后再喂兔。防寒保暖，避免家兔受冻。

（2）先用手指有节奏地轻轻按摩胃部数分钟，然后用 2%普鲁卡因 1 毫升、生理盐水 20～40 毫升静脉注射；或及时使用制酵剂，如捣烂大蒜 6 克，食醋 5～10 毫升，1 次口服；或先灌服 1 片阿托品，然后服用多酶片 2～3 片；或十滴水 8 滴，薄荷油 1 滴，加水适量，1 次内服。

（3）石菖蒲 8 克、山楂 8 克、橘皮 10 克、神曲 10 克，加水煎汁，1 次内服，效果较好。

（4）灌服 10%鱼石脂液 5～8 毫升，或 5%乳清 7～10 毫升、大黄苏打片 1～2 片，或大蒜酊 2 毫升，加水适量，口服。

（5）硫酸镁 5 克、植物油 15 毫升、姜酊 2 毫升、大黄酊 1 毫升，大黄苏打片 1～2 片，1 次内服。

病重者静脉注射葡萄糖生理盐水 20～40 毫升，维生素 C 2 毫升；出现急剧腹胀时，可皮下注射新斯的明 0.5 毫升，肌内注射黄连素和维生素 C 各 2 毫升，口服大黄苏打片 4 片、胃复安 2

片，同时按摩腹部，每次 10 分钟，一般用药 2 次可见效。在用药期间不要喂精料。

（三）兔便秘

便秘是多量的肠内容物停滞于肠道的某部位逐渐变干、变硬，致使肠道堵塞不通的疾病。

【病因】

由于饲养管理不当，长期饲喂干饲料而饮水不足又不及时，精料饲喂过多，精、粗饲料比例不合理，饲料内混有如灰、砂、泥、土和兔毛等物，家兔患毛球病等均能引起便秘，且老龄兔缺少运动也易发病。大量食物停滞在盲肠、结肠和小肠内，使肠、胃蠕动无力而引发该病。当家兔患慢性肠炎、肠结石、直肠或肛门部疼痛，也可引起便秘。

【临床症状】

家兔出现便秘时，粪便减少，排粪困难或排粪量少，甚至数日不排粪便，以后则排粪停止，粪球细小而且干燥坚硬，有的呈两头尖形状。家兔食欲不振或废绝，喜喝水，耳色苍白；肠音减弱或消失，精神不安，有的病兔头颈部常常弯曲，俯视或回顾腹部、肠管胀满引起不安征象，如嘴啃肛门，有时鼻尖上沾满粪便等；当肠管阻塞而产生过量的气体时，则出现“肚胀”；便秘严重的，粪粒外有一层透明状的胶样物，尿呈红色。如果没有并发症，体温无显著变化。剖检时，在结肠、直肠中可见干硬粪球。结肠、盲肠坚硬似腊肠，在结肠下部与直肠上部粪球干硬阻塞肠道而产生过多气体时，则出现臌胀。

【预防和治疗】

1. 预防措施 平时应注意青饲料、精饲料合理搭配，经常供给清洁饮水，定时定量饲喂，防止饥饱不均及兔贪食过量，并促使家兔适当运动。对病兔要绝食，多给饮水。

2. 治疗措施 对病兔要绝食，多给清水。为了使肠管蠕动，排除积滞的内容物，可口服盐类泻剂。

（1）液体石蜡或蓖麻油，成年兔15～20毫升、幼兔8～10毫升，加等量温水灌服，每天1～2次，连服2天，便秘消失，立即停药。

（2）花生油或菜籽油25毫升、蜂蜜10毫升，加水适量，内服，每天1次，便秘消失停药。

（3）人工盐或硫酸钠，成年兔5～8克，幼龄兔3～4克，加温水10～20毫升溶解后灌服，每天1～2次。便秘消失，立即停药。

（4）大黄苏打片2～3片，加温水30～40毫升灌服。

（5）中药治兔便秘。银花、生地各10克，石膏、火麻仁、甘草各6克，用水200毫升煎为20%浓药液，每只每次服10～15毫升，每天3次。

必要时用温肥皂水灌肠，促使粪便排出。操作方法：将患兔后躯抬高，用粗细能插入患兔肛门的塑料软管（顶端应光滑），蘸点植物油后缓缓插入患兔肛门内5～8厘米处，用手固定，缓缓灌入40℃温肥皂水50～100毫升后，缓慢拉出软管，用手捏住肛门，封闭数分钟后，任其粪水流出即可。患兔恢复正常排粪后立即停药。

（四）兔脱毛症

【病因】

兔脱毛症的病因很多，其中最主要的饲料营养缺乏，特别是蛋白质和维生素不足，降低了抵抗此病的能力。真皮内霉菌寄生及菌丝蔓延也可导致脱毛。夏天天气炎热，兔食欲下降也影响营养的摄入。脱毛部位多以大腿两侧、背部、额部多见。有的留着长毛根长不出新毛，有的长出新的也易于折断，严重的整个背部不长毛。皮肤呈浅红色，精神、食欲等正常。

【预防和治疗】

1. 预防措施 加强饲养管理，多喂含硫氨基酸和维生素A

较丰富的青绿饲料，如苜蓿、胡萝卜等，以保证兔毛生长必需的营养成分。毛用兔剪毛、拔毛交替进行。夏天要采取降温和充足的饮水。

2. 治疗措施 发病后，将病兔身上毛根拔光，不久就可以长出新毛；在患部擦1次煤油，1周后，毛根自行脱落，也会长出新毛。也可以用敏乐啶药剂内服和对脱毛部位局部涂擦，每只每天增喂含20%敏乐啶粉剂125毫克，连喂50天。患部每天涂擦1次药，连续1个月为一个疗程，共进行3个疗程。

（五）兔维生素缺乏症

维生素种类很多，理化性质亦各不相同，但它们却有一个共同的特点，即参与机体的代谢过程。日粮中某些维生素若长期缺乏，会引起动物机体代谢过程紊乱，呈现特有的临床症状。这些病症通常被称为维生素缺乏症。假如轻度缺乏，虽然不一定会出现明显的临床症状，但都会严重影响动物体的健康和生产性能，使抗病力减弱。因此，合理的维生素供给量，不仅可以防止维生素缺乏症的出现，而且是保证机体处于最佳健康水平所必需。

【病因】

1. 维生素A缺乏症 由于缺乏富含维生素A的青绿饲料，饲料的调制不当，或者由于贮存不当，如曝晒、酸败、氧化饲料等，使饲料中的维生素A或A原受到破坏。再者，兔舍潮湿，通风不良会造成此病，如果兔本身患有慢性胃肠病和寄生虫病等也会造成缺乏症。此外，如果饲料中含的磷酸盐过多，也会影响维生素A在兔体内的贮存。

2. 维生素D缺乏症 常发生于仔兔。对于生下就有佝偻病的，主要可能因为孕兔孕期营养失调或缺乏阳光照射，缺乏运动，饲料中缺乏无机盐、维生素D和蛋白质等，胎儿就会发育不良。如果是后天有佝偻病，主要因为幼兔过早断乳，饲料中钙、磷、维生素D和蛋白质不足，也有光照不足等原因。

3. 维生素 E 缺乏症 由于饲料中维生素 E 含量不足，长期饲喂劣质饲草或变质饲料，造成维生素 E 大量破坏。如果饲料中不饱和脂肪酸含量过高时，机体对维生素 E 的需要也增加，长期饲喂此种饲料也会造成缺乏。

4. 维生素 K 缺乏症 缺乏青绿饲料时，或当连续给予抗菌药物时，肠道微生物失调，造成自身合成维生素 K 困难。

5. 维生素 B_1 缺乏症 主要是因为饲喂低纤维高糖饲料或蛋白质严重短缺饲料，或对饲料进行热和碱处理，破坏了饲料中的维生素 B_1 造成缺乏，或长期使用抗生素，造成大肠微生物菌群紊乱，使其合成障碍。也有长期消化不良者影响了硫胺素的吸收。饲料中添加了吡啶硫胺素可阻断硫胺素向脑的转运，抑制硫胺素的焦磷酸化。

6. 维生素 B_2 缺乏症 通常此缺乏症不常见，但如果长期饲喂缺乏维生素 B_2 的日粮，或过度煮熟饲料；动物患有胃肠、肝、胰腺疾病；长期、大量地使用抗生素或其他抑菌药物；母乳中核黄素含量不足等原因造成缺乏症。

7. 维生素 B_6 缺乏症 分布于蛋黄、肉、鱼、豆等各类动、植物性食物中，一般不会引起缺乏症。但当长期饲喂单一饲料或饲料加工、调制不当，饲喂含有高蛋白质性饲料，对其需要量增加，均会造成缺乏症。

8. 维生素 B_{12} 缺乏症 此病多呈地区性发生，缺钴地区发病率高。平时饲料中含有很少量的钴，让兔吞食自己软粪，就不会发生此病。饲料中，钴、蛋氨酸或可消化蛋白缺乏，长期使用广谱抗生素，胃肠道微生物菌群失调，患慢性胃肠道疾病等均会造成缺乏症。此外，仔兔体内合成的量太少不能满足需要，如果从母乳中得不到充足的量也会发生此病。

9. 胆碱缺乏症 一般情况下，家兔很少发生此病，但是如果饲料中长期动物源性饲料不足，特别是具有生物活性的全价蛋白、叶酸及维生素 B_{12} 缺乏就会造成胆碱缺乏。另外，锰缺乏也会导致胆碱缺乏。

10. 生物素缺乏症 使用大量抗生素、磺胺或抗球虫药物能发生此病。

【临床症状】

1. 维生素A缺乏症 典型症状为夜盲症，干眼病，皮肤和黏膜干燥，生长迟滞，繁殖障碍。其他症状主要为引起生殖系统功能破坏。公兔性欲降低，射精量少；母兔不发情或排卵量减少，受精能力降低，胚胎生长发育受阻，流产，甚至引起死胎。病症严重时可引起夜盲症或失明。幼兔呈现生长缓慢，发育不良。有时可发生下痢、肺炎、胃炎、麻痹症和运动功能障碍等。

2. 维生素D缺乏症 典型症状为佝偻病，骨骼软化、变形、变脆、弯曲，关节疼痛，运动障碍。其他症状为四肢、脊椎、胸骨等出现不同程度的弯曲和脆弱。骨骼常常变粗，形成突起。因关节疼痛，行走时步态强拘、跛行，起立困难，特别是后肢行走时受到障碍。可见骨变形，关节肿胀，异食癖，消化障碍，消瘦。

3. 维生素E缺乏症 典型症状为白肌病，脑软化病，黄脂，渗出性素质，不孕症。其他症状为先肌肉僵直，随后进行性肌肉无力和萎缩，食欲减少，消瘦，最后衰竭而死亡。有的兔出现神经症状，转圈，共济失调，伏卧时头弯向一侧，最终死亡。繁殖母兔维生素E缺乏时，受胎率下降或不怀孕，产死胎，出生仔兔病死率高。

剖检可见死亡兔的骨骼、心肌、椎旁肌、咬肌和后肢肌肉萎缩，并极度苍白。心室壁和乳头肌有局限性灰白斑块。腰肌群还可以见到苍白点状或灰白色条纹状坏死斑。

4. 维生素K缺乏症 典型症状为皮肤和黏膜出血，凝血不良，凝血时间延长。其他症状表现为神经过敏，心跳加快，食欲不振，皮肤和黏膜出血，黏膜苍白，血液色淡呈水样，凝固不良，如有外伤则流血不止，有时还可见到皮下、肌肉和胃肠道出血。

5. 维生素 B_1 缺乏症 幼兔表现水肿型。前肢肿胀，呼吸困难，心跳加快。成年兔及老龄兔呈神经型，表现共济失调，步样奇特，步态不稳，后期出现后躯和四肢麻痹，有时倒地，角弓反张。

6. 维生素 B_2 缺乏症 生长缓慢，频繁腹泻，心跳迟缓，贫血，痉挛和虚脱，有的出现口炎、阴囊炎。

7. 维生素 B_6 缺乏症 耳朵周围皮肤增厚有鳞片，鼻端和爪有结痂，眼睛发生结膜炎。患兔骚动不安，瘫痪，最后死亡。母兔不发情或空怀，死胎。公兔睾丸萎缩，无精子或性能力丧失。仔兔生长发育滞后。

8. 维生素 B_{12} 缺乏症 患兔食欲减退，生长缓慢或停止生长。贫血、营养不良，神经兴奋性增高，便秘或腹泻。剖检可见黏膜苍白，全身贫血。有的肝肿大呈土黄色，质地脆弱易破裂，呈脂肪肝。

9. 胆碱缺乏症 食欲减退，生长发育缓慢，体重逐渐减轻，中度贫血，肌肉萎缩、无力，逐渐死亡。剖检可见脂肪肝、肝硬化、四肢肌肉萎缩，呈灰白色。

10. 生物素缺乏症 皮肤有炎症，出现鳞屑和薄片，背部、唇、眼睑和尾巴脱毛。

【预防和治疗】

1. 维生素 A 缺乏症

（1）预防措施

①饲喂青绿饲料，如嫩绿的苜蓿草、胡萝卜、豆科牧草、南瓜、黄玉米、绿色蔬菜等富含维生素 A 的饲料。

②怀孕母兔和幼兔，可以在饲料中添加多维素或维生素 AD 添加剂，或加入适量鱼肝油。

③注意饲料加工方法，不喂酸败变质的饲料。

（2）治疗措施

①肌内注射维生素 A 注射液，每次 0.5 毫升（1 毫升含

2 500 国际单位），1 天 1 次，连用 5～7 天。

②口服鱼肝油滴剂（维生素 AD 滴剂），每次 1～2 毫升，1 天 1 次，连用 7 天。对于群体发病的可按 10 千克饲料加 4 毫升鱼肝油，将鱼肝油均匀混入饲料中喂给。肌内注射或口服维生素 A，每千克体重 400 国际单位，连用 5～7 天。

2. 维生素 D 缺乏症

（1）*预防措施* 平时应注意给予营养成分全面的饲料。多汁饲料和青饲料经日光晒干的干草就含有维生素 D，饲喂干草可以预防维生素 D 缺乏症的发生；经常给兔日光浴，其也会在体内合成维生素 D；日粮中补给蛋壳粉、骨粉、石头粉等无机盐类；钙、磷比例以 1∶1 为宜。

（2）*治疗措施*

①口服鱼肝油，每次 1～2 毫升。

②口服维生素 D 制剂，2 万～4 万国际单位。

③补充维生素钙制剂，将钙剂添加在饲料中，每次 1 克，每天 1 次，连用 1 个月。

④配合维丁胶性钙注射液，每只兔每次 1 000～5 000 国际单位肌内注射，连用 3～5 天，或用 10%葡萄糖酸钙注射液每千克体重 0.5～1 毫升，静脉注射，每天 2 次，连用 5～7 天。

⑤鱼骨 3 克、龟板 4 克、茜草 2 克，水煎加红糖，每天 2～3 次，每次 20 毫升。

3. 维生素 E 缺乏症

（1）*预防措施* 加强饲养管理，多给予青绿饲料，可以补充一些大麦芽、苜蓿、植物油等；避免喂给酸败饲料；在低硒地区饲养的家兔，要添加硒和维生素 E。

（2）*治疗措施* 立即皮下注射维生素 C10～20 毫克，每天 1 次，连用 3～4 天；用维生素 E 添加剂，每天每千克体重 1.1 毫克；同时皮下注射 0.1%亚硒酸钠生理盐水溶液 1 毫升，深部肌内注射，10～20 天注射 1 次，连用 2～4 次，剂量不能过大，防止中毒；在饲料中添加一些豆油、花生油、菜油等有治疗作用；角板、骨粉、潞党参各3克，水煎口服，每天2次，每次10毫升。

4. 维生素K缺乏症

（1）预防措施　平时应给家兔多吃些青绿饲料，或者给予比例适当的维生素K添加剂；及时治疗一些消化道疾病；慎用抗生素，如果可以不用，应尽量不用，如果要用也不能长久使用。

（2）治疗措施　肌内注射维生素K_1 5毫克，或维生素K_3 20毫克，每天1～2次，并补充10%葡萄糖30毫升。

5. 维生素B_1缺乏症　饲料中多加些米糠、麦麸、豆类和一些酵母，及时治疗各类肠道疾病。病兔可口服维生素B_1，每次1～2片或每千克饲料添加10～15毫克，每天3次。对严重的病兔可肌内注射丙硫酸铵10毫克，每次1～2次，连用3～5克。

6. 维生素B_2缺乏症　调整食物种类，合理调配日粮，适当补充动物性饲料和酵母，或补充维生素B_2添加剂。对于出现症状的兔，口服核黄素10～15毫克，每天3次，连用1～2周之后改为预防量。

7. 维生素B_6缺乏症　合理调配日粮，适当添加动物性食品，如鱼粉、肉骨粉、酵母饲料等。也可以适当加入维生素B_6制剂。每千克体重加0.6～1毫克可有效预防本病。如果发病根据兔的生长期进行加药，发情期用1.2毫克，被毛生长前期用0.9毫克，被毛生长后期用0.6毫克。

8. 维生素B_{12}缺乏症　合理搭配日粮，适量补充动物性饲料、酵母等，同时喂给适量的氯化钴，特别是母兔。病兔按每千克体重向饲料中添加维生素B_{12} 0.4毫克进行治疗，病情减轻后再恢复到预防量每千克体重0.04毫克。

9. 胆碱缺乏症　加强饲养管理，喂给富含蛋白质的饲料。病兔可按每千克体重50～70毫克口服胆碱制剂，烟酸胆碱每千克体重0.3～0.5毫克。

10. 生物素缺乏症　合理搭配日粮，避免长期使用大量抗生素、磺胺药和抗球虫药。发病后，可用复合维生素 B，饲喂极富有生物素的啤酒酵母。或者肌内注射生物素，每次 1 毫克，每周 2 次，直到症状消失。

（六）兔微量元素缺乏症

兔微量元素缺乏主要是由于日粮中长期缺乏、比例失调、各种维生素含量不足等造成。

【病因】

1. 钙缺乏症 维生素 D 摄入不足是钙缺乏的诱因，长期饲喂缺钙饲料或饲料种植地区土壤缺乏钙，就会出现钙缺乏，特别是怀孕和泌乳期的母兔更易引起本病。如果长期饲喂单一的块根类饲料，内含草酸导致脱钙。钙、磷比例失调也造成钙吸收障碍。此外，肝病和胃肠道疾病也会影响钙的吸收。

2. 磷缺乏症 当饲料中的钙、磷比例为 2∶1 时，钙、磷能很好地结合。当土壤缺磷，造成饲料中也缺磷，不能满足兔的需要，特别是幼兔、妊娠或哺乳期母兔的需要。同样钙、磷比例失调，维生素 D 或光照不足均可造成磷缺乏症。

3. 镁缺乏症 兔食入的牧草中镁含量在 0.04%以上就能满足对镁的需要。此外，饲料中不饱和脂肪酸过多与镁形成皂盐，或牧草中钾、氮过多，影响镁的吸收而易诱发本病。

4. 铜缺乏症 主要是因为饲料中含铜量少，或者是因其他元素如锌、铁、镉、铅等，以及硫酸盐过多，影响铜的吸收；此外，如果有损伤肝脏的疾病，也可影响铜在体内的贮存。

5. 锰缺乏症 锰的主要来源是植物性饲料，动物性饲料锰含量极低。日粮中含量低于 2.5 毫克/千克，即可引起家兔发生锰缺乏症。此外，饲料中钙、磷、铁、钴等元素均可影响锰的吸收和利用而诱发本病。

6. 锌缺乏症 高蛋白饲料中锌的含量较多，奶类次之，蔬菜通常含量不多。但是，兔难以消化吸收大豆中的锌。日粮中锌含量不足导致兔锌缺乏症。此外，饲料中钙、铜、镉、锰等微量元素也可干扰锌的吸收，植酸盐、纤维素等物质过多，也会影响家兔对锌的吸收。

【临床症状】

1. 钙缺乏症 病兔食欲减退、异食，经常啃吃被粪尿污染的垫草、被毛。症状为骨骼软化、膨大，并易发生骨折，体质虚弱，眼球浑浊。成年兔体表面骨、长骨肿大，走路跛行，幼兔软骨症。分娩前后的母兔主要表现为产后瘫痪，难产和仔兔死亡率增高。血清中钙含量降低。

2. 磷缺乏症 兔患磷缺乏症的同时常伴随钙缺乏。主要表现为骨质软弱、腿骨弯曲、脊柱呈弓状和骨端粗大。生长发育期的青年兔表现为消化功能紊乱、异食癖、骨骼严重变形等软骨病的症状。分娩前后的母兔主要表现为产后瘫痪。

3. 镁缺乏症 幼兔容易患病。主要表现为被毛粗乱，无光泽，背部、四肢和尾巴脱毛，严重的有过度兴奋现象，体重减轻，食欲减退。急躁，心动过速，生长停滞、惊厥。母兔镁缺乏仍能妊娠，但胎儿不久死亡、吸收。在饲料中添加硫酸镁可使症状明显减轻。

4. 铜缺乏症 被毛褪色，深色毛变浅，黑色变为棕色或灰白色，甚至白色，常在眼睛周围、面部及躯体前部和脚部。被毛稀疏，弹性差，无光泽，严重者脱毛，并发生皮炎。腹泻，骨骼弯曲异常，关节肿大，四肢容易骨折。幼兔生长发育迟缓，母兔发情异常，不孕，甚至流产。

5. 锰缺乏症 骨骼发育异常、生长停滞、生殖功能障碍及新生仔兔运动失调。

6. 锌缺乏症 成年兔食欲下降，体重减轻，皮肤粗糙、增厚、起皱，严重的出现皮炎，被毛褪色，甚至脱落。幼兔生长发育不良，部分被毛脱落，皮肤出现鳞片，口腔周围肿胀、溃疡和疼痛。下颌和颈部被毛变湿成毡。幼兔成年后繁殖能力丧失。母兔排卵障碍，或分娩时间延长，胎盘停滞，仔兔多数难以存活，公兔睾丸萎缩。

【预防和治疗】

1. 钙缺乏症

（1）*预防措施* 喂给富含钙、磷的饲料，如豆科干草等，或喂给钙、磷补充饲料，并注意调整钙、磷比例（1～2∶1），还要保证维生素D的含量。对妊娠和哺乳母兔，加骨粉、贝壳粉或市售钙制剂。同时治疗各类肝、肠道疾病。

（2）*治疗措施* 静脉注射10％葡萄糖酸钙注射液，每千克体重1～1.5毫升，每天2次，连用1周。口服碳酸钙或医用钙片。肌内注射维生素D制剂，如维丁胶性钙注射液，每千克体重0.1毫克，每天1次，连续注射1周。对于产后瘫痪兔，可以耳静脉注射10％葡萄糖酸钙10毫升，注射后6～12小时病兔如无反应，可重复注射，但一般不能超过3次。加强护理，多加垫草，天冷时注意保暖，饲料中注意添加优质骨粉。

2. 磷缺乏症

（1）*预防措施* 加强饲养管理，合理搭配日粮，喂给富含钙、磷的饲料，如豆科干草、糠麸等，或喂给钙、磷补充饲料，并注意调整钙、磷比例。常用的补充钙、磷的饲料有骨粉、磷酸氢钙、磷酸钙、面粉、贝壳粉等，还要保证维生素D的含量，及时治疗肠、胃病。

（2）*治疗措施* 发病家兔可补充磷酸钙制剂。肌内注射维生素D制剂，如维丁胶性钙注射液，每千克体重0.1毫克，每天1次，连续1周，10％葡萄糖酸钙注射液静脉注射，每千克体重1～1.5毫升，每天2次，连续1周，或口服碳酸钙或医用钙片。同时饲料中添加优质骨粉。

3. 镁缺乏症 给家兔供给饲料时，适当补充镁制剂，用10％硫酸镁5～10毫升多点皮下注射，同时对于症状严重的，给予氯丙嗪、巴比妥等缓解症状。

4. 铜缺乏症 合理搭配日粮，每千克饲料中铜的含量达到40～60毫克。其他的疗法，如放置一块铜块于兔舍内，任意让兔舔食，或把铜块放于饮水器内，足可以满足兔对铜元素的需要，但不能将硫酸铜加入饲料中，因不能使其均匀分布，会腐蚀兔的消化道。同时如果铜的含量太多也会影响兔的生长，造成生长抑制。

5. 锰缺乏症 也是改善饲养管理，供给含锰丰富的青绿饲料，日粮锰含量应在每千克30～50毫克范围，可有效地防止本病的发生。病兔日粮中添加硫酸锰至每千克70毫克，连续用半月，或用1∶3 000高锰酸钾溶液饮水。

6. 锌缺乏症 保证日粮供给足够的锌，在日粮中添加锌盐（硫酸锌、碳酸锌），剂量为每千克日粮添加100毫克，饲喂半月以上。或按每千克体重2～3毫克肌内注射，连用10天以上。

（七）兔异食癖

一些家兔除了正常的采食以外，还出现咬食其他物体，如食仔、食毛、食土等，这些现象多为营养代谢病，称之为异食癖。

【病因】

1. 食仔癖 母兔产仔后，将其仔兔部分或全部吃掉。以初产母兔最多，多发生在产后3天以内。其主要原因：

（1）母兔在产前和产后没有得到足够的饮水，舔食胎衣和胎盘，口渴而黏腻，此时如果没有提前备有饮水，有可能将仔兔吃掉。

（2）营养缺乏，尤其是蛋白质和矿物质不足，产后容易出现食仔。

（3）产仔期间周围环境或垫草有不良气味（如鼠尿味、发霉味、香水味等），造成母兔的疑惑，从而将仔兔当仇敌吃掉。

（4）产仔期间和产后，母兔精神高度紧张，如果此时受到噪声、震动或动物等的惊吓，造成精神紊乱，多出现吃仔、咬仔、踏仔或弃仔（不再给仔兔哺乳）等现象。

（5）母兔一旦吃仔，尝到了吃仔的味道，可能在以后产仔时旧病复发，形成恶癖。

2. 食毛癖 多数情况下，患兔没有其他异常现象，开始仅见到个别家兔被毛不完整，会误认为是脱毛症，后来缺毛面积越来越大，有的整个被毛都没有了。仔细观察方知是吃毛。吃毛分自吃和它吃，以它吃为主。在群养时，当1只兔吃毛，诱发其他家兔都来效仿，而往往都是集中先吃同一只兔。有的将兔毛吃光后连皮肤也撕破吃掉。吃毛的主要原因是饲料中含硫氨基酸（蛋氨酸和胱氨酸）不足，忽冷忽热的气候是诱发因素，以断乳至3月龄的生长兔最易发病。

3. 食足癖 家兔将自己的脚部皮肉吃掉。对食足患兔进行调查，发现绝大多数患有腿、脚部骨折、脚皮炎和脚癣等腿部疾病。这时，由于腿部或脚部肌肉、血管、皮肤和神经受到一定损伤，造成代谢紊乱，使血液循环障碍，代谢产物不能及时排出，脚部末端炎性水肿，刺激家兔痛痒难忍而发生食足。

4. 食土癖 散养时，发现家兔舔食地上土，特别是喜食墙根土和墙上的碱屑。调查发现，出现食土的兔场，饲料中均缺乏食盐、钙、磷及微量元素，故认为是因矿物质缺乏所致。

5. 食木癖 家兔啃食笼舍内的木制或竹制的门窗和器具等。调查研究及查阅有关资料后认为，这主要是饲料中的粗纤维含量不足，饲料的硬度不够，使家兔不断生长的门齿得不到应有的磨损所致。

【预防和治疗】

异食癖是由多种原因所致的代谢疾病。有的是一种或少数几种原因引起，有的是多种因素所致。应根据具体情况认真分析，查出病因，采取相应措施。

1. 食仔癖 一般来说，预防食仔癖，应保证营养、提供充足的饮水、保持环境安静和防止异味刺激等。母兔在没有达到配种年龄和配种体重时，不要提前交配。对于有食仔经历的母兔，应实行人工催产，并在人工看护下哺乳。一般来说，经过 1 周的时间，不会再发生食仔现象。

2. 食毛癖 对于有食毛癖的家兔，应及时将患兔隔离，减少密度，并在饲料中补充 0.1%～0.2%含硫氨基酸，添加石膏粉 0.5%、硫黄 1.5%、补充微量元素等。一般经过 1 周左右，即可停止食毛。

3. 食足癖 关键在于预防。应在脚踏板上下工夫。保证板条平整，间隙适中，防止兔脚卡在间隙里造成骨折。还应积极预防脚皮炎和脚癣。

4. 食土癖 对于食土家兔，按营养需要，在饲料中补加食盐、骨粉和微量元素等，很快即可停止。

5. 食木癖 对于食木家兔，在配合饲料中应有足够的粗纤维，提倡有条件的兔场使用颗粒饲料。平时在兔笼的草架里放些嫩树枝或剪掉的果树枝，让其自由采食，既可预防异食，又可提供营养。

（八）兔有机磷中毒

有机磷农药种类很多，是目前应用最广泛的杀虫剂，如敌百虫、敌敌畏、1059、1605、3911、乐果、二嗪农等。

【中毒原因】

一是因为家兔误食了含有有机磷农药污染的饲料、饲草、谷类、蔬菜、植物种子；二是有机磷农药污染了田间杂草；三是用盛放有机磷农药的器具饲喂家兔；四是偶尔由于治疗体外寄生虫用消毒驱虫剂量浓度和方法不当而引起。

【临床症状和病理变化】

家兔常在采食含有有机磷农药的饲料后不久就出现症状。本病典型症状表现为各种腺体分泌增加，呈现流涎、流泪，瞳孔缩小，肠蠕动增加，腹泻，瞳孔缩小，肌肉震颤。同时还有流汗、腹痛、呕吐、心跳加快、呼吸急促、抽搐、痉挛等症状。表现兴奋不安，全身抽搐，继而沉郁、昏迷。最后，因为全身麻痹和呼吸中枢抑制窒息死亡，死亡率高。

本病无特征性剖检变化，主要是能闻到胃肠段中胃内容物有有机磷农药的特殊气味，一种蒜臭味。最急性病例剖检常无明显病变。病程稍长的主要病变表现为胃肠黏膜肿胀、充血、出血，上皮黏膜容易脱落或坏死，有时有出血斑块。肠系膜淋巴结有出血。肝、脾和肾都有轻度肿胀、出血。肺充血水肿，支气管内有很多分泌物。

【预防和治疗】

1. 预防措施

（1）对有机磷农药要妥善保管，避免将饲料、饮水中混入有机磷农药。

（2）喷洒过有机磷农药的蔬菜和青草要清洗晾干后再喂家兔。

（3）要防止兔误食伴有有机磷农药的种子。

（4）应严格控制青饲料的来源，不能在喷洒过农药的田地里割草喂兔。

（5）在用敌百虫等农药治疗家兔内、外寄生虫时，应准确计算用量，并加强护理，特别是体外用药时严防舔食。

2. 治疗措施 对已发生中毒的病兔应采用特效解毒和尽快除去尚未吸收的毒物。不论是哪一种有机磷农药中毒，都可以用阿托品缓解和解除症状，用解磷定或氯磷定解毒。阿托品每只兔可肌内注射0.5～5毫升，以流涎停止和瞳孔缩小症状消失为标准。由于阿托品作用不持久，重新出现症状时可重复用药1次。外用药中毒应及时清除体表残留药液，以防继续吸收。对重症病兔应同时强心补液，改善全身状况。如为敌百虫中毒，则不能用碱性溶液（如肥皂水）洗胃和洗涤，因为敌百虫在碱性条件下转变成毒性更强的敌敌畏，加重了中毒。

具体治疗措施如下：

（1）中毒刚开始时，用温水或生理盐水洗胃。

（2）轻度有机磷中毒，单用阿托品即可，剂量为每千克体重1毫克，并根据症状需连续多次应用，解毒作用不明显时可适当增加剂量。

（3）严重有机磷中毒时，必须以阿托品和氯磷定或解磷定配合应用。解磷定按每千克体重20～40毫克的剂量静脉注射。如中毒时间过长，磷酰化胆碱酯酶已老化，则难以发挥作用。因此，用药越早越好。解磷定对1605、1059、乙硫磷等急性中毒解毒作用强，而对敌百虫、敌敌畏、乐果等中毒的解毒效果较差。解磷定在碱性溶液中不稳定，易水解成剧毒的氰化物，故禁与碱性药物配伍使用。

（4）可口服药用炭3～5克、硫酸钠5～10克，可防止毒物继续吸收，促进毒物排出，但不能用植物油类泻剂。

（5）静脉注射葡萄糖生理盐水40～50毫升。能补充电解质、营养和增加肝脏的解毒功能。

（6）用西地兰0.1毫克，溶解于10%葡萄糖生理盐水中静脉注射，或安钠咖1毫升注射，以维持心脏功能，防止心力衰竭。

（7）静脉注射20%安溴注射液2～3毫升，抑制兴奋不安。

（九）兔有毒植物中毒

一般情况下，家兔有鉴别有毒植物的能力，但当饥饿、青草缺乏或有毒植物和普通饲草混在一起时，就易误食发生中毒。

【有毒植物】

常见的有毒植物为牵牛花、天空葵、芥菜、土豆秧和芽、乌头、颠茄、断肠草、马尾连、灰菜、青芹、野山茄子、水芋、山槐子、毒人参、椿树叶、柳叶、香叶乳草、毒芹、玉米苗、铃兰、蓖麻、夹竹桃、毛地黄、苍耳、回回蒜、三叶草、车前子、白头翁、蓖麻叶、半夏、高粱叶、烟叶、棉花叶、菠菜等。

【临床症状和病理变化】

中毒症状常表现为神经症状，感觉迟钝、失神、嗜睡、眩昏或兴奋不安，前肢或后肢麻痹，瞳孔散大或缩小；食欲减退，呕吐、流涎，腹痛、腹泻、呼吸困难等，可见有血尿，尿量减少或尿闭，或做排尿姿势。有的体温升高，有的体温下降，有的病兔舌苔厚黄或黑黄色，口臭。严重者知觉消失或麻痹、死亡。解剖症状不明显，常见胃肠黏膜充血或出血，肝脏质脆，有的变为土黄色。肾脏、脾脏、心肌出血。

【预防和治疗】

1. 预防措施 家兔误食有毒植物中毒后一般没有特别解毒的方法。因此，做好平时预防工作是关键。要及时供应充足的饲料、饲草、蔬菜等，特别是提供青饲料时一定要严格检查，防止普通草与有毒草混在一起喂兔，发现有毒草一定要去除掉。

2. 治疗措施 发现中毒后立即停止饲喂有毒植物，对已发生中毒症状的家兔要进行洗胃、吸附、泻或灌肠等措施。一般可采用生理盐水 25 毫升或 0.1%高锰酸钾溶液洗胃，并灌服 1%～2%硫酸铜溶液 10 毫升催吐，再服用硫酸镁 6 克，促其下泄排毒。最后用葡萄糖溶液静脉注射，并用维生素 C 和安钠咖每只兔 0.5 毫升皮下或肌内注射。其中，葡萄糖和维生素 C 用于增加营养，增强抵抗力，安钠咖用于强心利尿，促进毒素排出。

（十）兔常见的饲料中毒

饲喂家兔的一些饲料本身并不是有毒食物。但是，如果饲料管理不当，造成霉变等就会使家兔中毒。

【中毒原因】

1. 菜籽饼中毒 家兔饲喂鲜油菜或芥菜，特别是在开花结籽期，或菜籽饼不经脱毒处理，长期或大量饲喂就容易导致中毒。

2. 马铃薯中毒 马铃薯又叫土豆，其嫩绿茎叶、外皮，特别是胚芽均含有马铃薯毒素又称龙葵素。如果保存不当引起发芽、变质和腐烂，其龙葵素的含量显著增加。因此，如果把发芽、变质的马铃薯或开花至结绿色果实的茎叶喂兔，极易引起中毒。在马铃薯的茎叶中除含有马铃薯素外，还含有较多的硝酸盐，也能对机体产生毒害作用。

3. 鱼肝油中毒 由于连续服用鱼肝油导致聚集，造成了维生素A和维生素D中毒。

4. 棉籽饼中毒 棉籽饼含有棉籽毒和棉籽油酚，用未经去毒处理的棉叶或棉籽饼作饲料时，一次大量喂给或长期饲喂均可能引起中毒。腐烂、发霉的棉籽饼毒性更大。特别是孕兔和幼兔对棉籽毒尤为敏感，幼兔可因为吃用棉叶或棉籽饼作饲料的母兔乳汁而中毒。

【临床症状】

不同的饲料中毒症状不一样。

1. 菜籽饼中毒 病兔症状与马铃薯中毒症状差不多，但主要特征是腹痛、腹泻和血尿。体温升高，可达40～41℃。肾区常因疼痛呈拱背状，后肢不能站立呈犬坐式。一些怀孕母兔因此流产或产死胎。剖检可见胃肠黏膜出血、水肿等症状，肾脏肿大。

2. 马铃薯中毒 食后发病时间长短不一，严重的多以神经系统功能障碍为主，而轻型或慢性的以胃肠炎症状为主。急性中毒时有明显的神经症状，病初兴奋不安，乱奔乱撞，随之转为沉郁，继而发生阵发性痉挛，后躯摇摆，共济失调，最后麻痹卧地不起，可视黏膜发绀，呼吸加快，一般1～2天死亡。慢性中毒时精神沉郁，眼结膜发红，呕吐，体温略有升高，有明显的胃肠炎症状，腹痛、腹胀、腹泻或便秘，且粪便含有黏液和血液。口腔黏膜肿胀、流涎。常在口周围、肛门、尾根、四肢、阴户、乳房发生湿疹或水疱性皮炎。怀孕母兔流产，胃肠黏膜充血。剖检可见死兔尸体不僵硬，血液为暗红色，凝固不好，皮肤有红紫斑，胃肠黏膜有出血、糜烂，上皮脱落。肾脏充血，肝脏肿大，心内膜出血。

3. 鱼肝油中毒 主要表现为维生素A和维生素D中毒症状，多以新生仔兔发病为主。新生仔兔发育异常，身体畸形、无眼球或眼过早睁开，四肢短，脊柱多呈S形并且全身水肿。2～3月龄幼兔生长发育极为缓慢，身体消瘦，食欲不振，被毛稀疏脱毛，下痢，有的四肢关节僵直，有的不能站立，病重后四肢变得麻痹，大小便失禁。成年兔体重减轻或增重停止，耳朵变软，部分耷拉，远端蜷曲，兔被毛常脱落变稀疏。剖检可见仔兔发育不全，脑水肿，心脏肿大，肝脏肿大，脾脏萎缩，肾脏高度水肿，膀胱极度膨胀，尿液混浊。肠道充满血液或胆汁样物质。

4. 棉籽饼中毒 棉籽饼中毒是一种细胞毒和神经毒，对胃肠黏膜有强烈的刺激性，并能溶解红细胞。该病的发生多为慢性，严重中毒时也会很快死亡。其症状与上述马铃薯、菜籽饼中毒类似，但是以出血胃肠炎、肺水肿、神经紊乱为主。

【预防和治疗】

1. 菜籽饼中毒

（1）*预防措施* 用作饲料的菜籽饼应去毒后再作饲料，在家兔日粮中的比例应控制在5%～10%，幼兔和孕兔禁止饲喂。在每100千克菜籽饼中加0.1%硫酸亚铁溶液35升，再浸泡24小时以上，可以用来去毒。

（2）*治疗措施* 目前还没有特效药，主要以解毒、强心、止血、消炎为原则，进行对症治疗。发现病兔后：①立即停止饲喂菜籽饼，用高锰酸钾洗胃或内服；②10%安钠咖2毫升；③10%葡萄糖溶液50～100毫升；④维生素C 500毫克，静脉注射，每天1～2次。也可以肌内注射尼克刹米0.3～0.5毫克，严重腹泻的要保护胃肠黏膜。

2. 马铃薯中毒

（1）*预防措施* 用马铃薯作为饲料时，不宜一次多量的饲喂，应逐渐增加喂量；马铃薯茎叶用开水烫过后，方可做饲料；

禁止饲喂霜冻、发芽、带绿皮或腐烂的马铃薯，应先把胚芽、绿皮和腐烂部分削去，洗净，经煮熟后倒掉水再饲喂，煮过马铃薯的水不应混入饲料内。

（2）*治疗措施* 目前还没有特效药，主要采取洗胃、催吐、缓泻、镇静、消炎、强心、补液等对症疗法。发病后：初期可口服植物油泻剂，以排出毒物。先用0.05%高锰酸钾溶液、0.3%过氧化氢或浓茶洗胃。而后用盐类或油类泻剂导泻，如用硫酸钠2～6克灌服，促使胃内毒物排出。再用鞣酸蛋白0.3～0.5克灌服，每天2次，也可投醋。重症静脉注射25%硫代硫酸钠溶液5～10毫升或5%葡萄糖生理盐水。对脱水轻者，可自由饮用盐水或糖水，直到尿量增加。兴奋不安可静脉注射10%溴化钙2～3毫克，每天2次。皮肤有湿疹，可用1%硼酸溶液洗净后，再涂擦气化锌软膏或氢化可的松软膏。

3. 鱼肝油中毒 此病没有好的治疗方法，关键是预防，特别是怀孕母兔，鱼肝油用量一定不能超量。

4. 棉籽饼中毒

（1）*预防措施* 棉籽饼在饲喂前需经过减毒或无毒处理；未经脱毒的棉籽饼严禁饲喂孕兔、哺乳母兔和幼兔；要限制棉籽饼的饲喂量和持续饲喂的时间，并且要特别严格控制孕兔、哺乳母兔和幼兔的喂量，对于育肥兔的含量最高不要超过8%，用量最好在5%以内。要在日粮中增加青绿饲料、蛋白质和维生素、矿物质等。棉籽饼去毒法为加入棉籽饼重量10%的面粉或大麦粉，然后掺水煮沸1小时即可。

（2）*治疗措施* 发现中毒立即停喂棉籽饼。

急性患者内服盐类泻剂清肠，之后对症处理，如补液、强心等。用导泻药如硫酸钠（芒硝）2～6克冲水灌服，除去胃肠内的毒物。也可用淀粉糊或藕粉灌服，以保护胃肠黏膜。

中毒严重者可灌服鞣酸蛋白0.3～0.5克；将5%葡萄糖溶液20毫升、0.9%氯化钠溶液10毫升、安钠咖0.2克和抗坏血酸 5 毫升，混合后 1 次静脉注射。

对即将失明的病兔可用肌内注射维生素 A 10 万国际单位和维生素 D 20 万国际单位，每天 2 次，隔天注射。也可用中药治疗：茵陈 30 克、茯苓 16 克、泽泻 15 克、当归 10 克、白芍 10 克、甘草 10 克，水煎后分 2 次灌服，也有一定效果。

（十一）兔亚硝酸盐中毒

亚硝酸盐可使血红蛋白转变为变性血红蛋白。亚硝酸盐也是血管舒张剂，可引起外周循环衰竭，由于严重缺氧而迅速死亡。

【中毒原因】

家兔中毒常因为青绿饲料堆放潮湿发热，腐烂变质，尤其是潮湿闷热季节；或饲料没有摊开晾晒而堆在一起发热，尤其是在 20～25℃；或煮制精饲料时，温度不够高，长时间慢火焖煮；或煮后没有迅速冷却，使其长时间处于适宜细菌生长繁殖的温度范围以内，这些均可使硝酸盐还原为亚硝酸盐，导致家兔中毒。富含硝酸盐的饲料很多，主要有青菜、白菜、包心菜、萝卜叶、玉米幼苗叶、菠菜、甜菜叶、莴苣叶、芥菜、马铃薯茎叶、冬瓜及某些野草、野菜、甘薯藤及各种未成熟的小麦、大麦和燕麦等，植物在幼嫩时硝酸盐含量较多。

【临床症状和病理变化】

亚硝酸盐中毒出现症状很突然，呼吸困难逐渐加重，快的可在饱食后 30 分钟内死亡。开始时精神萎靡，肌肉震颤、痉挛，流涎，耳部及鼻青紫、流出淡红色泡沫状液体，眼球突出，可视黏膜蓝紫色，呼吸急促，心跳加快，走路摇摆不稳，腹部膨大。病兔体温低下，皮肤青紫，结膜充血、发绀。发病严重者全身痉挛，挣扎不止，呈角弓反张，最后窒息而死。

剖检可见死兔尸僵不全，黏膜紫色，血液呈酱油色，血液不凝固。胃肠膨胀，黏膜脱落、充血、出血，肝脏肿大、瘀血，心内外膜出血，气管内大量泡沫样液体，肺充血、水肿。

【预防和治疗】

1. 预防措施 喂家兔用的青菜等饲料一定要新鲜，不能堆放时间太久。如果需要煮时，要快速煮，不能焖的时间过长，凉后要当天喂完，不能隔夜再饲喂。

2. 治疗措施

（1）家兔发病后要立即停喂原料，并给病兔饮用0.1%高锰酸钾水溶液。

（2）也可用1%美蓝0.6毫升分点肌内注射。

（3）10%葡萄糖50～100毫升，维生素C 500毫克静脉注射。兔群可饮用绿豆甘草汤（绿豆200克、甘草100克、石膏150克，水煎后加白糖150克，凉后饮用）。

（十二）兔用药中毒

【中毒原因】

家兔用药中毒的病因常见的有：

1. 螨净中毒是由于螨净用量过大、浓度过高，或药浴后，残余药液被兔舔食引起中毒死亡。

2. 三氯杀螨醇治疗兔疥癣病和耳螨病，由于使用不当药液流入耳内中毒，麻痹兔神经，使家兔的头、颈平衡失调而歪头。

3. 马杜拉霉素是一种聚醚类离子载体抗生素，主要用于预防兔的球虫病。其毒性大，在剂量上只有低于0.000 5%浓度，在使用时必须充分拌匀，且不能随意加量，否则会引起中毒。

4. 磺胺二甲基嘧啶中毒，是由于过量或长期服用引起的贫血和广泛性出血的中毒。

5. 土霉素中毒，是由于在实践中往往用量过大，兔群长期用药造成。

【临床症状和病理变化】

1. 螨净中毒 家兔兴奋不安，心跳加快，呼吸困难，瞳孔缩小。剖检可见胃黏膜出血、易于脱落，胃内容物散发轻微的大蒜气味，脏器充血、肿胀。

2. 三氯杀螨醇中毒 轻度中毒的表现为轻度头颈震颤，但很快会痊愈；中度中毒表现为摇头震颤、歪头；深度中毒的，神经麻痹，严重歪头贴地，四肢不协调，采食困难。

3. 马杜拉霉素中毒 表现为发病急，死亡快，慢性者出现食欲下降，精神沉郁，流涎，喜伏卧、昏睡，运动失调等。剖检死兔，可见有心包液，肝脏肿大、质地变脆易破，肺水肿、有斑点状出血，胃黏膜脱落，在幽门处常有出血，肠黏膜脱落且出血，肾肿大且有出血点等。

4. 磺胺二甲基嘧啶中毒 症状与土霉素中毒类似。剖检可见死兔血凝不良，皮下和肌肉出血。胃黏膜脱落出血，肝脏肿大。

5. 土霉素中毒 病兔精神萎靡，采食量下降，被毛杂乱，磨牙，腹泻，排黏液或水样粪便，肛门附近有粪污，尿混浊，兔消瘦。严重的呼吸困难，瞳孔散大，倒地四肢划动，最后心力衰竭、窒息而死。剖检可见胃黏膜脱落出血，肝脏肿大。

【预防和治疗】

1. 预防措施 用药一定要按照规定的药量，不能随意增加剂量。

2. 治疗措施

（1）螨净中毒 使用时一定要按比例进行配置，严禁浓度过高或用量过大，药浴后，一定用干毛巾将兔体被毛上的残余药液擦干，防止兔因不适而舔食被毛上药液。发病后立即对病兔用阿托品和解磷定以2∶1的比例，并配合10%葡萄糖溶液耳缘静脉注射。

（2）三氯杀螨醇中毒 要少量涂抹在皮肤表层，严防药液流入耳内。发病后最简单的可用浓肥皂水滴入耳内3滴左右，每天2次，连用3天，有一定作用，病情严重的淘汰。

（3）马杜拉霉素中毒 目前尚无特效解毒药物。一般对症治疗，首先停止用马杜拉霉素驱虫，选用对兔比较安全的磺胺-6-

甲氧嘧啶、氯苯胍和敌菌净等药物。采用10%～25%葡萄糖10毫升，维生素C 5毫升混合静脉注射，对于能饮水的病兔施以灌服。用阿托品0.5毫升皮下注射，半小时1次，连用2～3次，如患兔昏迷用20%安钠咖2毫升肌内注射。

（4）*磺胺二甲基嘧啶中毒* 避免长期或过量服用此药，发病后立即停喂，对病兔腹腔注射50%葡萄糖溶液和维生素C，并肌内注射维生素B_{12}，1%碳酸氢钠溶液配用5%葡萄糖溶液进行饮服。

（5）*土霉素中毒* 避免长期或过量服用此药，发病后立即停喂，可静脉注射10%葡萄糖溶液20～50毫升、维生素C 100毫克，每天1次。或肌内注射维生素C，每只200毫克，每天2次，连用3天。同时在饮水中加服补液盐，病重兔可灌服1%～2%碳酸氢钠100毫升。

（十三）兔霉败饲料中毒

家兔吃了被霉菌及其毒素（如黄曲霉毒素、赤霉菌素、甘薯黑斑病真菌等）污染的饲料可引起中毒。

【中毒原因】

1. 黄曲霉毒素 黄曲霉是一种真菌，在温暖潮湿的环境中生长繁殖。各种饲料，特别是玉米、花生、豆饼、草粉、菜粕、鱼粉、棉籽饼、大麦、小麦等因变潮受热而发霉变质后，霉菌大量繁殖，兔食后引起中毒。

2. 赤霉菌素 赤霉菌广泛存在于自然界，在温暖潮湿的环境中生长繁殖。除侵染大麦、小麦外，还可侵染玉米、蚕豆、甘薯、稻谷等。赤霉菌在繁殖时常产生致吐作用的赤霉菌素。

3. 甘薯黑斑病真菌 甘薯黑斑病真菌为囊菌，常寄生在甘薯表层。甘薯被侵害后，病变部干硬、凹陷，上有黄褐色或黑色斑块，产生有毒的苦味物质，包括翁家酮、甘薯酮、翁家醇。毒素剧毒，耐热。当家兔吃了黑斑病甘薯或采食了甘薯藤，均可引起中毒。

【临床症状和病理变化】

兔吃了霉败饲料中毒后症状各异。

1. 黄曲霉毒素中毒 症状多以打蔫、震颤、麻痹、瘫痪、流涎、腹泻等为主，近似中暑。死前又似球虫病。发病急，死亡快，损失大，危及面广。典型症状表现为初期精神发蔫，行动缓慢，食欲减少或废绝，被毛粗乱，呼吸急促，流涎或吐白沫，口唇皮肤发绀，可视黏膜黄染，随后出现四肢无力，软瘫，全身麻痹而死。病初粪便先干后稀且带血液排黄色糊状或黄绿色粪便，并混有黏液或血液，迅速脱水，后期重症者粪便呈黑色煤焦油状、腥臭。多数出现神经症状，步态不稳，后肢麻痹或卧地不起，最后衰竭死亡。剖检死兔，可见肝脏浆膜有出血点，质脆、肝脏肿大1～2倍，表面呈淡黄色；胃肠黏膜脱落、坏死；喉头和气管黏膜均见弥漫性出血或环状出血；脑膜有出血；心包积液呈淡黄色或棕红色；肾呈淡灰色，有出血点，肾稍肿大；胃、小肠及肺充血、出血。

2. 赤霉菌素中毒 症状表现为食欲减退，逐渐消瘦，眼睑、口腔发紫，被毛粗乱易于掉毛。病初粪便不为球状还带有黏液，后期腹泻呈黑色。剖检可见肝脏肿大，有不聚集出血，后期萎缩、变硬，有淡黄色；胆囊肿大，胆汁浓稠，胃内容物较大，黏膜脱落或溃疡、有出血。

3. 甘薯黑斑病真菌中毒 显著症状是肺气肿，呼吸困难。往往突然发病，表现为精神不振，被毛粗乱，呼吸急促，鼻翼翕动，鼻孔中有鼻液流出，肌肉震颤，体温正常或略高。粪便中有黏液或血液或出现脱落的黏膜。后不进食，阵发性地头往后仰，呈角弓反张式，四肢强直痉挛，或前后摆动呈游泳式，间断发作，心跳较快，最后心脏衰竭，小便失禁，死亡前兴奋不安，口流白色泡沫，最后因窒息而死亡。剖检可见，病理变化主要在呼吸道。气管黏膜充血，并有泡沫。肺局部有坏死，胃底部黏膜有出血，黏膜易脱落，其内容物混有黏液或血液。肾水肿，膀胱内充满尿液有出血。

【预防和治疗】

1. 预防措施 本病多发生于多雨潮湿季节，尤其是7～8月份，因此，应加强草料管理，保持洁净干燥，定期检查、晾晒草料，采购饲料，特别是草料时应仔细检查，发现霉变不能进货。青草料采集后应薄摊晾晒存放。湿拌料应现拌现喂，并经常清理料，清洗消毒食料槽与饮水器具，防止饲料过量酸败霉变。颗粒饲料不易超量加工，一般5～7天加工一次就可以，加工好的颗粒料要在阳光下晾晒0.5～1小时再装入袋子中存放，否则，饲料虽然看上去是颗粒，但潮热不退去，更易变质。为了防止饲料霉变，可以在料中添加一些防腐剂，如丙酸钙等。本病关键在于注意不用发霉变质、腐烂菜叶或生黄豆、生豆饼（粕）、生菜籽、生棉籽饼等喂兔，一旦发病，难以转危为安。

2. 治疗措施

（1）对于黄曲霉素中毒目前尚无特效药物，如果发现患兔，应采取如下措施。

①立即停止饲喂发霉饲料，改喂新鲜草料代替。

②每只病兔喂制霉菌素3万～4万单位，每天2次。皮下分点或腹腔注射10%葡萄糖20～30毫升。维生素$B_1$10毫克、维生素K_1 3毫克、维生素C 30毫克、葡萄糖15克，肝乐60毫克，混合口服，每天1次。

③或者对症治疗用0.1%高锰酸钾液或碳酸氢钠溶液50～100毫升灌肠洗胃，维生素C 2毫升、5%葡萄糖30毫升灌服或静脉注射。也可用大蒜汁2克灌服，每天2次。

④如有兴奋不安症状者，可静脉注射水合氯醛或溴制剂。

（2）对于赤霉菌素中毒，要立即停喂发霉饲料，患兔用10%葡萄糖液10毫升和维生素C 2毫升静脉注射，每天1～2次，连续3～5天。还可灌服中药，其方剂为银花15克、连翘

15 克、蒲公英 15 克、甘草 10 克、绿豆 10 克，加水 1 000 毫升，煎至 500 毫升，每天每只兔 10～20 毫升，连服 3 天。

（3）对于甘薯黑斑病真菌中毒者，注意有黑斑病的甘薯和茎叶不要用来喂兔。一旦出现症状，立即停止饲喂黑斑病甘薯，患兔对症治疗。早期可用生理盐水、0.1%高锰酸钾溶液、1%过氧化氢溶液、2%碳酸氢钠溶液洗胃、灌肠，反复洗胃，然后内服 5%硫酸钠溶液 50 毫升，以促进毒物排出。静脉注射 5%葡萄糖生理盐水 5～10 毫升，每天 1～2 次。久治不愈的淘汰。

（十四）兔灭鼠药中毒

灭鼠药种类繁多，目前我国使用的有 20 余种。根据毒性作用分为两类：一类是速效药，包括磷化锌、毒鼠磷、氟乙酸钠、氟乙酰胺、安妥等；另一类是缓效药，主要有敌鼠钠盐、灭鼠灵等。

【中毒原因】

中毒原因多为对灭鼠药管理不严格，污染饲料或饲养环境；或在兔舍或饲料间投放灭鼠毒饵，家兔误食了灭鼠毒饵导致中毒；或饲喂用具被灭鼠药污染；或者养殖人员责任心不强，防止家兔接触和防止污染饲料的措施不力。

【临床症状和病理变化】

几种灭鼠药中毒的症状差不多，基本表现为精神萎靡、厌食、呕吐、口鼻流出灰色或血样泡沫，腹痛、腹泻、粪便有血液；尿量减少或血尿，瞳孔散大，呼吸困难，心律不齐，昏迷、抽搐死亡。剖检可见胃、肠黏膜出血，甚至脱落，肺水肿，气管内有泡沫状液体。

【预防和治疗】

1. 预防措施 凡买进的灭鼠药都必须弄清药物种类、药性，并保管好。在兔舍以及饲料间投放毒饵时，一定要将药物放在家兔活动不到的地方，距饲料堆积的地方有一定距离，同时注意及时清除，严禁使用饲喂用具盛放毒品。

2. 治疗措施

（1）洗胃与排泄　对于中毒不久的毒物尚在胃内的，用温水、0.1%高锰酸钾液、反复洗胃；毒物进入肠道的，要服盐类泻剂如硫酸镁，以促进毒物排出。

（2）使用特效解毒药　如毒鼠磷或磷化锌中毒，可用解磷定、阿托品（同有机磷化合物中毒）；氟乙酰胺中毒，肌内注射乙酰胺，每千克体重 20～50 毫克，1 天 2 次，一般持续 5～7 天；氟乙酸钠中毒，肌内注射乙二醇乙酸酯，每千克体重 0.1 毫克，1 天 2 次，一般持续 5～7 天；敌鼠钠中毒，可用维生素 K_1，每千克体重 0.1～0.5 毫克，1 天 2～3 次肌内注射，连用 5～7 天。同时给予足量的维生素 C 和可的松类激素。

（十五）兔食盐中毒

由于食入过多的食盐或采食不多，但是缺乏饮水引起。如在日粮中加入盐过多，且盐粉碎不细或者没有拌匀料，兔采食大量的咸鱼粉；长期不给盐，突然喂给足量食盐；食盐采食不多，但是饮水缺乏；日粮中缺少维生素 E、含硫氨基酸和矿物质等。

【临床症状和病理变化】

食盐中毒初期食欲减退，精神沉郁，呼吸加快，结膜潮红，下痢，口渴，兴奋不安，做转圈运动，头部震颤，步履蹒跚，重者痉挛，角弓反张，呼吸困难，口吐白沫，四肢痉挛，最后昏迷死亡。剖检可看到胃黏膜有出血点和出血斑，特别是胃底部和贲门部出血严重，甚至有溃疡。

【预防和治疗】

1. 预防措施　严格掌握食盐用量。停止饲喂含盐量高的饲料，采取饮水含盐量不宜多，日粮中含盐量控制在 0.5%以内，并与饲料混合均匀给予。一般每只仔兔每天应有 0.5 克食盐，成年兔 1～1.5 克，妊娠母兔 2 克，泌乳母兔 2.5 克。咸鱼粉不能超过混合饲料的 10％。平时要有充足的青绿饲料和饮水。加盐后拌料要拌匀，严禁将大粒食盐放在饲料中。

2. 治疗措施 发现中毒后应给予充足的饮水。初期服用油类泻剂如石蜡油 5～10 毫升进行排泄，已发生胃肠炎时，用鞣酸蛋白等保护胃肠黏膜的药。同时，在治疗上要注意不能采用硫酸钠（镁）下泻，在急性中毒的开始，要严格控制饮水，防止食盐的吸收和扩散。根据症状可采取镇静、补液、强心和利尿等药物，如皮下注射或者静脉注射葡萄糖溶液等。

六、兔病的共感染

（一）兔病毒性出血症病毒与巴氏杆菌共感染

【临床症状】

兔病毒性出血症病毒与巴氏杆菌混合感染时，临床上最急性型病兔突然抽搐惨叫，即死亡。急性型病兔精神委顿，食欲减少，体温升高，保持在 40℃以上，而后体温急剧下降，呼吸急促，抽搐，跳蹦后倒地死亡，有的病兔未见症状就突然死亡。亚急性型病兔鼻腔有黏性和脓性分泌物，并黏糊于鼻孔周围，呼吸困难，有时咳嗽，呼吸时发出呼噜声，常打喷嚏，用前爪搔鼻，眼结膜发炎，有黏脓性分泌物。病程 1～2 周，有的延至 1 个月以上，多数衰竭死亡，部分可自愈。慢性型病初只表现上呼吸道卡他，流出浆脓性鼻液，逐渐变为脓性鼻液，造成鼻孔周围的被毛潮湿脱落，缠结成团。兔发病后，上唇鼻孔及附近皮肤发炎肿胀，獭兔生长减慢，成活率降低，后因极度衰弱而死亡。

【病理变化】

剖检病兔尸体呈角弓反张姿势，眼结膜充血，鼻孔周围有血液污染，齿龈出血，鼻孔、气管黏膜小点或弥漫性出血，气管、细气管内充满大量泡沫状液体，全肺出血，从针尖大到绿豆大小不等，有的呈片状出血，肺的切面有大量泡沫状暗红色血液，肝严重瘀血肿大，脾肿大，胸腔内有黄色积液，胃内充满食糜，十二指肠、空肠及回肠黏膜充血，胃肠黏膜有时有点状或弥漫性出血，偶有黏膜脱落。

【预防和治疗】

1. 预防措施

（1）加强饲养管理，改善环境卫生，对笼具、地面、兔舍定期消毒。

（2）要注意观察兔群的变化，如有异常，要早发现、早隔离、早治疗。病情严重者或久治不愈者应坚决淘汰，病死兔要深埋或焚毁。

（3）科学喂养，不滥用药物。兔的饲料中不宜长期使用抗生素药或磺胺类药物。治疗兔病的药物应严格按照使用说明书使用，不能随意加大剂量，以免兔体产生耐药性。

（4）注意接种兔病毒性出血症与巴氏杆菌二联灭活疫苗，每只兔皮下注射 2 毫升，小兔 1 毫升。

2. 治疗措施 土霉素 2 万～5 万单位，肌内注射，每天 2 次，连用 3 天；10％磺胺嘧啶钠注射液，肌内注射，每次 4～8 毫升，每天 2～3 次；药水滴鼻，先用剪刀将患传染性鼻炎的兔鼻腔周围的被毛及两前肢内侧的不洁被毛剪去，医用酒精消毒后，用棉签蘸抗生素药水（青霉素 80 万国际单位和链霉素 80 万单位），用蒸馏水 10 毫升稀释，或用鼻炎净将病兔鼻腔的分泌物洗净，最后用该药水滴鼻，每侧鼻孔滴 3～4 滴，每天 3 次，连用 3～5 天；严重者先用卡那霉素肌内注射，每天 2 次，每千克体重 10 毫克，连用 3 天。

（二）兔病毒性出血症病毒和李氏杆菌共感染

【临床症状】

兔病毒性出血症病毒和李氏杆菌混合感染时，病兔精神沉郁，食欲废绝，兔耳耷拉，多数病兔体温在 40℃以上，并伴有拉稀现象，死前常出现挣扎、咬笼、全身颤抖等精神症状，倒卧后四肢呈游泳状划动，最后惨叫而死，病程 2～3 天。多数死兔鼻孔中留有血样泡沫，有的青年兔几乎未出现任何明显症状，在采食时突然抽搐几下倒地死亡。有的病兔眼内有白色分泌物，眼球昏暗。

【病理变化】

剖检病死兔，鼻腔、喉头和气管黏膜不同程度的发生瘀血和出血，特别以气管环出血较严重，有的呈“红气管”，支气管内积有泡沫样血液。肺气肿，各肺叶均有大小不一的出血斑块。肾瘀血，皮质有出血点。心脏瘀血，心外膜有针尖大小出血点。肝肿大呈紫红色，质地脆弱，肝、脾均可见到灰白色米粒大坏死灶。全身淋巴多数肿大、出血。胸腔和腹腔内有淡红黄色透明积液。脑膜毛细血管充血扩张，脑硬膜瘀血，脑实质水肿，大脑纵沟和腹侧有针尖大出血点。胃外观灰白不均，黏膜脱落，幽门部胃壁水肿。

【预防和治疗】

（1）病兔立即隔离于空舍内，未发病的兔立即采用兔病毒性出血症灭活苗，每只 2 毫升紧急免疫接种。

（2）刚发病的兔，应用兔病毒性出血症高免血清进行治疗，每只注射 4～5 毫升。

（3）发病兔用链霉素每千克体重 20 毫克或丁胺卡那霉素每千克体重 10～20 毫克的剂量肌内注射，每天 2 次，连用 3 天。

（4）有结膜炎的病兔同时用 2％硼酸水洗眼，洗后滴加抗生素眼药水，如发生化脓性结膜炎可用丁胺卡那霉素眼膏点眼。

（5）加强饲养管理，在日粮中适量增加维生素 A、维生素 B_{12}、维生素 C、维生素 E 及一些矿物质，增强兔体抵抗力，同时用 0.05％盐酸环丙沙星饮水，连用 4 天。

（6）对兔舍用百毒杀带兔每天消毒 2 次；金属兔笼可用喷灯火焰消毒。通过采取上述措施，4 天后基本控制疫情。

（三）兔波氏杆菌和巴氏杆菌共感染

【临床症状】

兔波氏杆菌和巴氏杆菌混合感染时，临床上，急性死亡的病兔有的不表现任何临床症状，突然倒地死亡，病程较长者 3～6 天死亡。病兔体温升高至 40℃左右，鼻腔流出浆液脓性分泌物。病兔呼吸困难，常打喷嚏，有时发生下痢，临死前体温下降，四肢抽搐死亡。慢性发病病例，主要表现鼻炎症状，开始流出浆液性鼻涕，以后转为脓性鼻漏。病兔常用前爪抓擦鼻部，使鼻孔周围被毛潮湿、脱落，上唇和鼻孔皮肤红肿、发炎。由于病兔常抓鼻部，可将病原传到眼内、耳内或皮下，引起化脓性结膜炎、中耳炎和皮下脓肿，严重时出现呼吸困难，常打喷嚏、咳嗽、有时下痢。

【病理变化】

剖检见鼻腔有多量浆液脓性分泌物、鼻腔黏膜充血或出血、水肿，喉及气管黏膜充血、出血，并有多量红色泡沫，肺部水肿、充血或出血。急性死亡兔可见到肝变形，并有坏死小点，淋巴结、脾肿大、出血，肠道黏膜有时可见充血和出血。母兔大部分剖检后可见到子宫积脓。

【预防和治疗】

（1）采取严格的消毒隔离措施，对症状较严重的病兔进行淘汰，较轻的病兔每天用庆大霉素肌内注射和滴鼻 3 次，结合磺胺药饮水治疗，治疗 3 天后全群接种兔瘟-巴氏杆菌-波氏杆菌三联疫苗，每只皮下注射 2 毫升，1 周后，症状得到了控制。

（2）制订一套切实可行的防治措施，每天清扫兔舍，用 1～3 克/升高锰酸钾溶液消毒食槽和水槽，每周用 4～5 毫升/升过氧化氢溶液或 1 毫升/升新洁尔灭溶液喷洒消毒兔舍、兔笼和用具等，场地用200克/升石灰水喷洒消毒。每月进行一次彻底的大消毒。若条件许可，可备用一套后备兔舍、兔笼，每月对后备兔笼用火焰或甲醛熏蒸消毒后将兔群轮流转移饲养，进行消毒。

（四）兔巴氏杆菌与附红细胞体共感染

【临床症状】

兔巴氏杆菌与附红细胞体混合感染时，临床上特急性型无任何明显症状，突然死亡。急性型临床症状病程1～4天，体温40.5～41.8℃，精神沉郁，绝食，饮欲增加，浆液性鼻汁，打喷嚏，呼吸急促，黑红色下痢，眼结膜潮红，有黄白色分泌物，死前四肢抽搐，体温下降。慢性型病程10天以上，精神、食欲较差，体温正常，体况消瘦，皮肤、黏膜苍白、稍黄染，鼻腔内有大量脓性鼻汁，腹泻，化脓性中耳炎，皮下脓肿，结膜炎。

【病理变化】

剖检可见皮下脂肪稍黄染；腹膜、浆膜面有少数出血点、斑；肝肿大，被膜散在灰白色坏死点、出血斑；肾、脾稍肿大、出血；小肠黏膜增厚、出血；鼻黏膜、喉头充血；气管黏膜充血、出血，有红色泡沫；肺水肿、充血、出血斑点。

【预防和治疗】

（1）预防本病发生必须坚持做好兔舍保温、防潮，减少应激，必须引种时先隔离、检疫3～4周，确定无疫病后方可入群。

（2）巴氏杆菌疫苗注射10天左右后方可产生有效抗体，附红细胞体病尚无疫苗可防。疫情发生后，注射疫苗只能增加应激，造成更多死亡，但可以选择敏感药物，采取全群投药方法进行控制。

（3）氟苯尼考既可抑制巴氏杆菌，还有抵抗附红细胞体的作用，配伍黄芪多糖、电解多维饮水3～5天。

（五）兔波氏杆菌与球虫共感染

【临床症状】

兔波氏杆菌与球虫混合感染时，临床少数病兔突然出现抽搐、惊叫，随即倒地死亡。有的两鼻孔流出带血泡沫或鲜血。多数病兔表现为精神萎靡，食欲减少或废绝，被毛零乱，无光泽，耳聋；鼻腔内流出黏性乃至脓性分泌物，呼吸困难，体温升高可达41℃，饮欲增加，部分病兔呈现腹胀、下痢，个别病兔腹泻与便秘交替出现，肛门周围常黏有粪便结痂，排尿频繁或常做排尿姿势，临死前常兴奋、惊厥、蹦跳、狂奔，然后前肢卧地，后肢支起震颤，最后倒地抽搐、四肢划动、角弓反张、惨叫而死亡。

【病理变化】

剖检可见鼻孔内充塞分泌物，鼻腔黏膜及支气管黏膜充血，肺脏有大小不等的脓疱，脓疱内积有乳白色液体，少数病例肝脏有蚕豆大小的脓疱，肠腔充满气体和大量血红色黏液，十二指肠、空肠、回肠、盲肠等肠黏膜充血，并有出血点，肝脏肿大，表面及实质可见白色或淡黄色结节病灶，切开结节可见绿色、奶酪样液体。病程长的肝脏萎缩，肠黏膜呈淡灰色，肠壁增厚，有许多少而硬的白色结节。

【预防和治疗】

（1）对病兔立即进行隔离，坚持每天清扫兔舍，定期、不定期地用0.05％百毒杀溶液对兔群进行消毒，对地面、料槽、水槽等耐热、耐腐蚀的公共卫生设施、器具，可用2％的热氢氧化钠溶液冲洗，最好用火焰喷灯进行消毒，灭虫，不耐热、不耐腐蚀的器具可用百毒杀或热水冲洗、消毒。

（2）对兔群要坚持自繁自养，实行全进全出制，注意不要从疫区引种，引购种兔时要严格检疫，并进行隔离观察，经3～4周确定无病后方可并群。

（3）加强兔群的饲养管理，供给优质的全价配合饲料，以增强机体抵抗力。

(4) 对隔离病兔用恩诺沙星注射液按每千克体重 5 毫克，肌内注射，每天 2 次，连用 5 天，同时口服球痢灵，用量为按每千克体重 50 毫克，每天 2 次，连用 7 天。

(六) 兔金黄色葡萄球菌和波氏杆菌共感染

【临床症状】

家兔金黄色葡萄球菌和波氏杆菌混合感染时，在临床上出现以流鼻涕、鼻塞、打喷嚏、咳嗽，严重者流脓性鼻液为主的呼吸道疾病，大多数病兔无体温变化，发病率 85%～95%，消瘦，被毛粗糙，很少死亡，发病时间达 2 个月。

【病理变化】

剖检病兔可见鼻腔黏膜充血、肿胀，鼻黏膜呈鲜红色，充满清亮鼻液或灰色浓稠鼻液；咽喉部会厌软骨肿胀、充血，有点状出血，气管内充满浓稠黏液，其中混有黄色干酪样物，气管环有零星出血点；肺局部组织肿胀、充血，切面多汁。

【预防和治疗】

防治除定期消毒兔场外，更重要的是保证兔舍通风换气，避免贼风侵袭，减少应激。目前治疗用药物主要有第二三代头孢、红霉素、甲砜霉素、阿奇霉素、恩诺沙星、泰乐菌素等，要效果理想，最好通过药物敏感试验。

(七) 兔巴氏杆菌和葡萄球菌共感染

【临床症状】

兔巴氏杆菌和葡萄球菌混合感染时，幼兔和成年兔均有发病，大部分病兔表现为呼吸短促，体温升高，来不及用药或只用药 1～2 次便很快死亡。有些病兔表现为精神不振、厌食、消瘦，少量饮水，体温升高，咳嗽、打喷嚏，流出浆液性鼻汁，发病 1～2 天后死亡，病死率为 100%。

【病理变化】

剖检病死兔，病变基本一致，主要表现为皮下有少量的渗出液；鼻腔内有脓性分泌物，鼻黏膜充血红肿，鼻窦黏膜有少量脓性分泌物；气管内有粉红色黏液或纤维素性渗出物；肺水肿有广泛性出血斑，肺边缘变性，有化脓性坏死灶；胸腹腔内有少量黄色或茶色积液；心内外膜有出血斑点；肝肿大有灰白色坏死点；脾肿大有出血斑。

【预防和治疗】

（1）兔舍、笼具、用具每天都用0.3%的过氧乙酸消毒。

（2）引进种兔时一定要先做好免疫接种，并隔离观察2周后，无异常现象再与本场兔合养。

（3）发病兔按庆大霉素每天每千克体重1万单位，分2次皮下注射，连续用5天；全群兔按氟哌酸每天每千克体重50毫克，分2次拌精料喂服。

（八）兔大肠杆菌和魏氏梭菌共感染

【临床症状】

兔大肠杆菌和魏氏梭菌混合感染时，病兔病初主要表现为吃料减少，腹泻剧烈，粪便成串，有的排出胶冻样、黑色、腥臭粪便，有的排出带血粪便，脱水，后躯污染，尿液茶褐色，精神沉郁，四肢无力，病程较短，一般1～3天死亡。

【病理变化】

剖检胃内充满食物，胃多处有灰色溃疡斑，胃黏膜脱落，肠道充满气体，胃肠黏膜和浆膜出现明显的弥散性条纹状出血，肾脏色暗，带有针状大的点状出血；心脏表面血管呈树枝状充血；膀胱内残留茶褐色的尿液。

【预防和治疗】

（1）对病兔进行隔离，全场每天用1∶300消特灵，每天消毒1次。

（2）对全场未表现症状的兔注射产气荚膜梭菌（A型）灭活疫苗，每只2.0毫升，并免疫兔大肠杆菌多价灭活疫苗，每只1.2毫升。

（3）用葡萄糖生理盐水灌肠，每只20～50毫升，每天2次，连用3～5天。

（4）根据兔大小不同，用乳酸环丙沙星、链霉素、维生素C、维生素B_1每只兔分别注射1～3毫升，每天2次，连用3～5天。

（九）兔链球菌与痒螨共感染

【临床症状】

兔链球菌与痒螨混合感染时，在临床上表现为病兔体温升高，精神沉郁，呼吸困难，间歇性下痢。多数病兔耳根部肿胀，耳下垂，摇头，搔耳，外耳道内有多量黄色呈纸卷状干酪样渗出物。重症病兔歪头、倒地、转圈、抽搐，甚至死亡。

【病理变化】

剖检病死兔，耳根部肿胀，外耳道内有干酪样渗出物，形成厚的纸卷样痂垢；皮下组织出血、水肿；肝、脾脏肿大；气管黏膜充血，气管内有黏液；肠系膜淋巴结水肿、充血、出血，肠黏膜弥漫性出血；膀胱黏膜充血。

【预防和治疗】

1. 预防措施

（1）全场立即封锁，隔离病兔，用1∶2000百毒杀溶液每天1次对圈舍及周围环境喷洒消毒并洗刷水槽，焚毁病死兔及陈旧的垫料、粪便。

（2）对同群无症状兔按每千克体重0.2毫克皮下注射阿维菌素1次。

2. 治疗措施 针对有临床症状的病兔：

（1）使用青霉素按每千克体重4万国际单位，肌内注射，每天2次，连用7天。

（2）使用阿维菌素，按每千克体重 0.2 毫克，皮下注射 1 次，10 天后重复用药 1 次。

（3）用棉球蘸取生理盐水浸软病兔耳垢，然后轻轻清除耳垢，用 1∶300 除癞灵反复擦耳郭及耳道，剩余药液再加温水 2～5 倍稀释后喷洒周围地面、墙角及活动场所，10 天后按同样方法再给药 1 次；采取上述防治措施，1 个月后兔场将不再发生新的病兔。

（十）兔球虫和大肠杆菌共感染

【临床症状】

病兔食欲不振或废绝，腹围增大，肝区有压痛，贫血，黄疸，被毛脆而易脱落，尿频或常做排尿姿势，眼、鼻分泌物增多，唾液分泌增多，口腔周围被毛潮湿。病兔有精神症状，颈、腰、四肢出现痉挛，头向后仰，四肢抽搐，尖叫，常因极度衰竭而死。有的病兔表现为周期性腹泻，腹部膨胀，肛周常沾染粪便，腹部皮肤发黑，最后贫血虚脱而死。

【病理变化】

病兔尸体消瘦，黏膜苍白或黄染。胃内有较多的气体和腐败液体，胃底部黏膜充血，有的黏膜脱落。十二指肠、空肠、结肠和盲肠黏膜均有不同程度的充血、出血、水肿，肠道臌气，内容物呈红褐色或灰褐色黏液状。肝肿胀，比正常的大 3～5 倍。胆囊肿大，胆汁浓稠、色暗。肝脏有黄白色小结节，有的可见化脓性病灶。膀胱充盈，尿液黄色、浑浊。

【预防和治疗】

1. 预防措施

（1）加强饲养管理，减少应激因素，断奶前后饲料要逐步加量和改变。

（2）搞好兔舍卫生，防止粪便污染饮水和草料。笼舍水槽要经常消毒，粪便要堆积发酵，消灭兔舍鼠、蝇及其他昆虫，杜绝疫病传播。

（3）定期在饲料中添加抗菌、抗球虫药，预防疾病的发生。

2. 治疗措施

（1）对病兔进行隔离，对养殖场所进行全面消毒，1天1次，连续1周。

（2）用磺胺氯吡嗪钠饮水，浓度为0.3%，连用1周；不喝水的，配成10%的浓度，按每千克体重1毫升灌服。

（3）全群用氟必康每千克饲料500毫克拌料，每天1次，连用3次。

（4）饲料中拌入头孢噻肟钠，每50千克料添加10克，连用3天。

（5）让病兔自由饮用口服补液盐溶液，补充电解多维。

（十一）兔球虫和魏氏梭菌共感染

【临床症状】

大多数病兔表现为被毛蓬乱，采食量减少，后期食欲废绝，精神沉郁，常拱背蜷缩于笼内，急剧下痢，开始粪便呈黄色水样，无特殊气味，后期转为褐色水样腹泻，具有腥臭气味，病兔后躯被粪便污染，腹部膨胀，多数于腹泻2天内死亡，病程长的可持续1～2周，最后因极度衰竭而死亡。

【病理变化】

剖检病死兔，可见腹腔积液，胃内容物充满，胃黏膜脱落和出血，胃壁有大小不等的黑色溃疡，小肠壁变薄，小肠内充满带有腐败气味、褐色稀薄并混有气泡的粪便，小肠黏膜呈弥漫性充血、出血。部分兔肝脏肿大，肝表面及实质有淡黄色的结节性病灶；肾表面有点状出血。

【预防和治疗】

1. 预防措施

（1）将病兔隔离，对金属笼具用火焰喷灯彻底消毒，水槽、料槽用百毒杀浸泡消毒，舍内环境每天用百毒杀喷雾消毒1次。同时对假定健康兔群立即接种A型魏氏梭菌苗，每只兔皮下注射2毫升。

（2）对兔群加强饲养管理，增加青草及干草饲喂量，并减少精料量，以减轻家兔胃肠道的负担。

（3）饮水中加入乳酸诺氟沙星，饲料中拌入抗球虫药——兔健宝。

（4）对刚出现临床症状的家兔肌内注射环丙沙星，每天2次，同时饮水中加入口服补液盐。

2. 治疗措施

（1）对发病兔可使用抗血清进行紧急治疗，每千克体重2～3毫升皮下或肌内注射，每天2次，连用2～3天，同时口服糖盐水（水50千克、盐250克、糖2.5千克）；氯丙胍按30毫克/千克混入饲料喂服，疗效显著。

（2）对病兔用土霉素肌内注射每千克体重40毫克，每天1次，连用5天；磺胺-6-甲氧嘧啶按0.1%的浓度混入饲料，连用5～7天。

（3）红霉素，按每千克体重20～30毫克肌内注射，每天2次，连用3天；抗球星300克拌饲料100千克，连用5天。

（4）卡那霉素，按每千克体重20毫克肌内注射，每天2次，连用3天。

（5）采取对症疗法，如强心、补液、健胃（内服食母生、胃蛋白酶、鞣酸蛋白）等。

（十二）兔球虫和巴氏杆菌共感染

【临床症状】

病兔精神沉郁，食欲减退或废绝，体质虚弱，消瘦、呼吸困难、打喷嚏，有的兔常用爪搔鼻，眼角有炎性分泌物流出，有眼屎。病兔腹部增大，拉稀，有时含有血液，肛门周围常沾有粪便结痂，最后倒地抽搐、痉挛而死，一般出现临床症状2～3天死亡。

【病理变化】

剖检病死兔，腹胀、消瘦。鼻黏膜肿胀、出血，鼻腔内积有浆液性鼻液，喉头、气管黏膜有出血点；肺水肿、出血，呈淡红色；心内外膜有针尖出血；肝肿大，部分肝表面和实质内有粟粒大白色或淡黄色结节；小肠内充满气体和多量微红液体，肠黏膜出血，个别病例肠黏膜呈淡灰色，散布有小而硬的白色结节；膀胱积有尿液；淋巴结肿胀、出血。

【预防和治疗】

1. 从兔场实际情况出发，改变室内平养为笼养，加强饲养管理，改善卫生状况，每周消毒 2 次。

2. 对兔群用卡那霉素注射液，每千克体重 15 毫克，肌内注射，每天 2 次，连用 5 天；氯苯胍每千克体重 30 毫克拌料，连用 4～6 天；严重的用磺胺嘧啶注射液每千克体重 0.1 克，肌内注射，每天 2 次，连用 3 天。

3. 兔群定期接种兔瘟-巴氏杆菌-魏氏梭菌三联苗，3 个月 1 次，并用兔健宝拌料。

（十三）兔波氏杆菌、大肠杆菌和绿脓杆菌共感染

【临床症状】

当家兔混合感染波氏杆菌、大肠杆菌和绿脓杆菌时，病兔从鼻孔、眼角流出黏液性或浆液性分泌物，个别病兔从鼻孔或眼角流出脓性分泌物，重病兔仰头呼吸。但在气温较高的天气，大量病兔突然出现流鼻血现象，经过注射抗生素治疗，病情有所控制。青年兔、成年兔多发鼻炎、眼炎，幼兔较少发生，大部分病愈兔反复发生。个别病兔久治不愈，病重而死。

【病理变化】

剖检病死兔，眼结膜出血呈红色，有炎性分泌物；鼻黏膜出血呈红色，有大量炎性物附着；气管黏膜充血、出血，表面附有

大量脓汁；胸腔充满脓性积液，积液中浮有黄色豆腐渣样絮状物；肺萎缩、肉样变；心包膜内积满黄色黏液；肝、脾肿大；其他脏器，眼观无明显病变。

【预防和治疗】

1. 预防措施

（1）定期保质保量地做好疫苗的接种。要努力做到一兔一针，严防交叉感染。

（2）发现病兔及时隔离、治疗。

（3）用0.05%的新洁尔灭带兔消毒，尤其是春季、夏季、秋季，病原繁殖迅速，要及时清粪、清洗用具。坚持一周2～3次带兔消毒，将兔毛、笼具喷湿才能达到消毒效果。

（4）人员进入兔场之前要更衣消毒，严防把病原带入兔舍。饲养员禁止串岗，或交换兔舍内用具，防止病原扩散。

（5）加强饲养管理，减少应激因素。

2. 治疗措施 根据药敏试验结果，用恩诺沙星溶液滴鼻或点眼，同时联合使用氟哌酸、细菌康、庆大霉素、卡那霉素等有效抗菌药物，疗效显著。

图书在版编目（CIP）数据

兔病／朱瑞良编著．—2版．—北京：中国农业出版社，2013.8

（最受养殖户欢迎的精品图书）

ISBN 978-7-109-18795-5

Ⅰ．①兔…　Ⅱ．①朱…　Ⅲ．①兔病-诊疗　Ⅳ．①S858.291

中国版本图书馆CIP数据核字（2013）第320813号

中国农业出版社出版

（北京市朝阳区农展馆北路2号）

（邮政编码 100125）

责任编辑　刘　玮

中国农业出版社印刷厂印刷　　新华书店北京发行所发行

2014年3月第2版　　2014年3月第2版北京第1次印刷

开本：850mm×1168mm　1/32　　印张：10.125

字数：250千字

定价：28.00元